建筑设计合规性技术要点

中国联合工程有限公司　编
李志伟　主　编
朱炜航　沈蔚如　副主编

中国建筑工业出版社

图书在版编目（CIP）数据

建筑设计合规性技术要点 / 中国联合工程有限公司编；李志伟主编；朱炜航，沈蔚如副主编．—北京：中国建筑工业出版社，2024.3 （2024.9重印）

ISBN 978-7-112-29643-9

Ⅰ．①建… Ⅱ．①中… ②李… ③朱… ④沈… Ⅲ．①建筑设计－研究 Ⅳ．①TU2

中国国家版本馆 CIP 数据核字（2024）第 052019 号

责任编辑：李　璇
责任校对：赵　力

建筑设计合规性技术要点

中国联合工程有限公司　编
李志伟　主　编
朱炜航　沈蔚如　副主编

*

中国建筑工业出版社出版、发行（北京海淀三里河路9号）
各地新华书店、建筑书店经销
北京鸿文瀚海文化传媒有限公司制版
北京凌奇印刷有限责任公司印刷

*

开本：787毫米×1092毫米　1/16　印张：16¼　字数：406千字
2024年3月第一版　2024年9月第二次印刷
定价：**88.00**元

ISBN 978-7-112-29643-9
（42677）

《建筑设计合规性技术要点》
指导委员会

主　　任： 钱向东

委　　员： 姜传鉷　陆　锋　吴克寒　邱　陵
林　鑫　周展浩

《建筑设计合规性技术要点》
编写委员会

主　　编： 李志伟

副 主 编： 朱炜航　沈蔚如

参编人员： 林　隽　杨　萍　余　磊　朱筱琦
王一翔

审核人员： 陆　锋　吴克寒　郭纪鸿　贝春花
胡永超　林　鑫　邱　陵　周展浩

序

进入新时代，中国城市发展转变为存量提质改造和增量结构调整并重的阶段。党的二十大报告提出，坚持人民城市人民建、人民城市为人民，提高城市规划、建设、治理水平，加快转变超大特大城市发展方式，实施城市更新行动，加强城市基础设施建设，打造宜居、韧性、智慧城市。这为推动新型城镇化高质量发展指明了方向，也是企业参与中国式现代化建设的根本遵循和行动指南。

“十四五”时期，中国联合工程有限公司依托综合优势，强化核心功能，不断成为政府和企业投资发展的高端智库，行业规范标准的制定者，城市现代化建设、现代化产业体系建设的引领者，中国标准“走出去”和“一带一路”倡议的践行者。坚持科技领跑，依托工程科学研究院，在城市安全、城市更新、绿色双碳、乡村振兴等多领域开展研究。为解决建筑行业深层次问题，我们组织一大批经验丰富的技术专家，总结设计实践经验，系统性编制《建筑设计合规性技术要点》，这将有力支撑建筑设计合理性和科学性的提升，也是“产学研”一体化运行的成果之一。

期待本书能够助力专业技术人才成长，助力设计能力提升，助力建筑行业高质量发展。

钱[illegible]

中国联合工程有限公司 党委书记、董事长

2023年12月27日

编辑说明

一、基本情况

《国务院办公厅关于全面开展工程建设项目审批制度改革的实施意见》（国办发〔2019〕11号）要求全面开展工程建设项目审批制度改革，精简审批环节和事项，减少审批阶段，压减审批时间（至2019年上半年，全国工程建设项目审批时间压缩至120个工作日以内），提高审批效能。《住房和城乡建设部关于印发〈建筑工程五方责任主体项目负责人质量终身责任追究暂行办法〉的通知》（建质〔2014〕124号）规定，参与新建、扩建、改建的建筑工程项目负责人（含设计项目负责人），须按照国家法律法规和有关规定，在工程设计使用年限内对工程质量承担相应责任。两者均要求设计文件具有更高的质量和完整性，既要求设计文件的编制深度需满足相关规范的要求，同时要求设计文件所采用的技术标准需全面、正确，即设计文件需"合规"。

行政审批、施工图审查是依法依规依标进行的。审批、审查原则上仅作"合规"性判定，即审查设计文件是否符合法律、政策的规定，是否符合国家强制性标准的要求，是否符合国家标准和地方标准的要求等。设计是否"合理"，是否"好看"，更多的是建设方、设计方探讨的范围，而不属于审批、审查的范围（城乡规划主管部门对建筑立面、布局的审批除外）。本书仅讨论"合规"，通过对涉及审批、审查的技术要点的分析，便于设计师在设计中能把握技术要点，确保设计文件得以顺利通过审批、审查。

本书紧扣审批、审查的关注点，循着设计的渐进过程和审批时序，展开陈述。

第1章作了综述，介绍设计的目的和作用，设计的基本任务、设计阶段、涉及的专业范围、设计文件深度等。

第2章说明了建筑设计需要收集的设计依据，包括政府批文、建设方任务书、基础资料，以及相关国家及地方的政策文件和技术标准等；说明了设计文件的主要内容和深度。

第3章结合浙江省杭州市的建设工程方案设计、初步设计文件申报及审批程序，详细说明了设计申报文件的关注要点。行政职能部门或其认定（或指定）的技术机构，从各自分管的职权角度出发，阅读、审批设计文件，设计文件的格式应能便捷、清晰、针对性地向审批者表述设计所采用的技术策略。审批环节关注程序的合法性、送审文件的格式和深度。评审依据政策性文件和技术标准，其中技术标准除主管部门作原则性审查外，委托技术机构、专家协助评审。行政审批的关注要点，即是设计的关注要点。

第4～9章结合浙江省施工图图审的专项章节和内容（浙江省施工图图审报告分消防、人防、节能和建设等四个部分），详细说明建筑专业施工图设计文件（包括需要反映在建筑专业设计文件上的其他专业的内容）的技术要点。第4章说明了消防施工图设计的关注要点，第5章说明了人防施工图设计的关注要点，第6章说明了绿色建筑及建筑节能的关注要点，第7章说明了总平面图设计（包含日照、面积计算）的技术要点，第8章说明了建筑通用设计如建筑通用空间、无障碍、建筑防水、安全防护、环保卫生、门窗、建筑幕墙、吊顶、推广或限制使用的建筑材料、危大工程、建筑防雷设计等应关注的技术要点，第9章列举了专项建筑包括车库、住宅、"老、幼、医"（包括老年人照料设施、托儿所、幼儿园、中小学校、医院）、宿舍、办公、商店等建设项目设计应关注的技术要点。

"老、幼、医"建设项目既是政府投资的重要项目，也是社会关注度较高的建设项目，设计师需关注"老、幼、病"等"弱势"使用者的需求，分析这些使用者的行为特征，既需要在建筑空间设计上提供更多的便利措施，也需要在安全防护、安全疏散和避难等方面采取更有效的加强措施，以保障使用者的日常使用安全、消防安全。另外，设计师需关注无障碍设计，在建筑设计中设置相应的通行设施和服务设施，包括无障碍通行设施、无障碍服务设施、第三卫生间等。

附录 A 列举了主要现行国家及地方性法规、标准、规定。

附录 B 列举了相关法规文件和术语。

附录 C 列举了杭州 * 住宅项目规划设计条件及评审意见实例。

设计师在编制设计文件的过程中，面对各种不同的任务需求，纷杂的场地条件，众多的政策文件、技术标准，常常会觉得迷茫，抓不住重点，不知道该如何做（画图），做（画）到什么深度；不知道该如何说，说到什么程度。希望通过本书的导引，可提高设计人员对设计全过程的认知，提高对设计重点环节的管控能力、分析能力，从而提高设计质量和设计效率。同时，本书也可以作为建设方的设计管理人员、咨询工程师等的工作指引，提高其对设计全过程及审批全过程的认知，从而提高设计管理咨询水平和效率。

二、引用标准情形说明

1．本书引用现行的国家及地方性法规、标准、规范等的相关规定，其中本书引用的地方性法规、标准、规定以浙江省、杭州市、金华市为例，阅读时，请注意地方标准的适用范围。

2．引用的标准具有时效性，除特殊情形外，设计原则上应遵循现行的国家及地方标准、规定。

3．鉴于设计的复杂性、多样性，本书所引用的条文及描述的合规性技术要点，不可能涵盖所有的技术标准问题。

4．对于同一场所，可能涉及多个技术标准，且需在多阶段、多份图纸中说明、绘制的，为保证每个环节的完整性，部分标准引用及条文内容会重复表述。

5．行政审批、施工图审查的关注点，即是建筑设计应关注的技术要点，陈述时不拘泥于"审查……是否符合规定"等语句模式，更多的是简明扼要地直接阐述要求及引用条文。

三、致谢

对在本书的编辑过程中给予支持和帮助的张玲、陈美云、汤佳媛、陈洪、朱红玉、吴清萍、丰琳琅、潘海洋、倪莉莎等设计师致以诚挚的感谢。

目　　录

1 设计综述

1.1 设计的目的和作用

建设方基于生产、服务或其他需要，决策建设一座工厂或一幢大楼，需要经过策划、筹融资、获得土地使用权、设计、审批、采购、施工、验收等一系列过程。设计仅是项目全过程中的一环。设计公司根据设计咨询合同，依据建设方的需求，收集相关的设计资料，向建设方提供设计文件和全过程的咨询服务，协助建设方完成审批、施工招标、施工交底、竣工验收。

设计公司向建设方提供的成果主要是设计文件。从阶段上可分为概念方案文件、报批方案文件、初步设计文件和施工图设计文件；从内容、形式上可以分为设计文本（包含设计说明、效果图、技术图纸）、设计专项报告、建筑模型、动画、计算书（一般只提供给特定审查方）、申报表等。

建筑设计提交的设计文件不是建设方需求的最终目标，它只是一个媒介，是设计师向建设方、审批方、施工方、协作方介绍其设计构想、设计策略的一个介质。

设计文件的第一个作用，即概念方案或报批方案初期的目的，就是让建设方能读懂，设计师描述的“作品”是否能满足建设方需求。

设计文件的第二个作用，即报批方案、初步设计阶段的目的，就是让审批方能读懂，设计文件是否满足法律、规定、技术标准的要求。

设计文件的第三个作用，即施工图设计文件的目的，就是让施工方能读懂，设计文件是否满足采购、施工的需要。

1.2 设计的基本任务

设计的基本任务，首先是要解决建设方的基本功能需求，如工厂的生产需求、仓库的储存需求、住宅的居住需求等；其次是要关注生态环境保护，关注建筑工程的消防安全、人防防护安全，关注绿色建筑，包括节能、节地、节水、节材、可再生能源利用等，关注建筑工业化，关注无障碍设计。同时，建筑设计应适度体现历史的、文化的、地域的需求，这也是建筑的社会属性。

1.3 设计阶段

根据《建筑工程设计文件编制深度规定》第 1.0.4 条规定，建筑工程一般应分为方案设计、初步设计和施工图设计三个阶段；对于技术要求相对简单的民用建筑工程，当有关主管部门没有初步设计阶段的审查要求，且合同中没有编制初步设计的约定时，可在方案设计批准后直接进入施工图设计。

《政府投资条例》（国令第 712 号）第九条规定，政府采取直接投资方式、资本金注入方式投资的项目（以下统称政府投资项目），项目单位应当编制项目建议书、可行性研究报告、初步设计，按照政府投资管理权限和规定的程序，报投资主管部门或者其他有关部门审批。项目单位应当加强政府投资项目的前期工作，保证前期工作的深度达到规定的要求，并对项目建议书、可行性研究报告、初步设计以及依法应当附具的其他文件的真实性负责。

1. 项目建议书（项目申请书）

项目建议书通常指政府投资项目在项目设计前期最初的工作文件。建设项目需政府审批时，由项目主管单位或业主对拟建项目提出总体设想，从宏观上说明拟建项目建设的必要性，同时初步分析项目建设的技术可行性；项目的资金筹集（投资效益）；项目对生态环境的影响分析；项目对经济和社会的影响分析。

项目申请书一般指企业投资项目在项目设计前期最初的工作文件，《企业投资项目核准和备案管理条例》规定，项目申请书应当包括下列内容：企业基本情况；项目概况，包括项目名称、建设地点、建设规模、建设内容等；项目利用资源情况分析；对生态环境的影响分析；项目对经济和社会的影响分析。

2. 可行性研究报告

可行性研究是建设项目投资决策前进行技术经济论证的一种科学方法。通过对项目有关的工程、技术、环境、经济及社会效益等方面的条件和情况进行调查、研究、分析，对建设项目技术上的先进性、经济上的合理性和建设上的可行性，在多方案分析的基础上做出比较和综合评价，为项目决策提供可靠依据。

对于政府投资项目，投资主管部门组织对拟建项目的可行性研究报告进行评价，审查项目可行性研究的可靠性、真实性和客观性，对最终决策项目投资是否可行进行认可，确认最佳投资方案。

3. 概念设计

概念设计是对设计对象的总体布局、功能、形式等进行可能性的构想和分析，并提出设计概念及创意。概念设计不是审批程序上的必须项，由投资方根据项目的建设目标，自行组织设计及评价。

4. 方案设计

方案设计是对拟建的项目按设计依据的规定进行建筑设计创作的过程，对拟建项目的总体布局、功能安排、建筑造型等提出可能且可行的技术文件，是建筑工程设计全过程的最初阶段。

5. 初步设计

在方案设计文件的基础上进行的深化设计，解决总体布局、使用功能、建筑用材、工艺、系统、设备选型等工程技术方面的问题，符合防火、环保、绿色节能、建筑工业化、海绵城市等技术要求，以满足编制施工图设计文件的需要；并提交工程概算。

6. 施工图设计

在已批准的初步设计文件基础上进行深化设计，绘制各专业详细的设计图纸、设备参数，以满足设备材料采购、非标准设备制作和施工的需要。

1.4 设计专业范围

1. 土建设计

建筑工程的设计，一般涉及建筑、结构、给水排水、暖通、电气（强电）五个专业，常称“土建设计”或“建筑主体设计”。

在民用建筑工程设计中，建筑专业是众多专业中的“龙头”专业。由建筑专业首先根据建设方提出的生产、使用空间需求，完成建筑方案，包括总平面布局、建筑平面功能布置和建筑造型等。后续的建筑深化设计、结构设计、设备设计等，均是围绕确定的建筑方案，完整地提供相应的建筑、结构、设备的技术方案。

2. 专项设计

随着社会经济的发展，民用建筑的需求日益趋于丰富，并且对各方面品质的要求越来越高，与之相对应的建筑工程设计，趋向于精细化，设计分工也越来越细，涉及的专业也越来越多。

建筑专业细分为建筑主体设计、装修（装饰）设计、景观设计、幕墙设计（含结构）、门窗深化设计。

结构设计细分为结构设计、钢结构设计及深化设计（因其与钢筋混凝土不同的材料特性，近乎成为一个独立的专业）、基坑围护设计、装配式建筑中的预制构件深化设计。

随着电子信息产业的发展，建筑趋于智能化，也相应增加了弱电设计（或称智能化设计），并且从刚开始时的有线电视、电话、安保监控等简单的系统，逐步发展到全楼宇的智能化控制系统。

为解决城市内涝，给水排水专业增加了海绵城市设计。

响应国家的节能基本国策，增加了绿色建筑设计。

另外根据项目需求，尚有医疗工艺设计、厨房工艺设计、舞台设计、声学设计、灯光设计、泛光照明设计、展陈设计、标识系统设计等专项设计。

3. 工艺设计

工业厂房的建筑设计一般以生产工艺为核心，须明确生产、仓库的物品、规模；明确工艺流程，确定建筑空间的大小、层高、荷载及设备需求；明确运输流线，确定电梯、叉车、吊车等的位置、数量及主要参数，以及其他需要或影响总图布局、建筑功能布置和立面设置的条件。

就民用建筑而言，工艺流程也可以理解为功能布局、分区，可由建筑专业完成，或由专业工艺团队完成。比如医院项目设计，首先对门诊、急诊、医技、住院部、传染病区、行政区等进行功能流线上的分析，结合场地条件，确定总体布局；然后对每一个区块进行更精细化的工艺设计，如医技区内核磁共振、CT、B 超等检查室的布置，消毒供应中心的收件、消毒、打包、发货的流程、设备设计，手术区、检验区的布置。

工艺设计或功能组织的影响不仅体现在平面上，也会影响建筑造型，比如其对建筑空间的尺度、开窗等的要求，如体育场馆、剧院等的造型。

4. 各专业在各设计阶段的参与度（表 1.4）

各专业在各设计阶段的参与度 表 1.4

序	专业	报批方案	初步设计	施工图
1	工艺设计	按需	按需	按需
2	建筑	√	√	√
3	结构	配合	√	√
4	设备	配合	√	√
5	弱电	按需配合	按需配合	按需配合
6	专项设计	按需配合	按需配合	按需配合

注：
1．当建筑方案采用大跨度、大悬挑等造型时，结构在方案阶段即需介入，包括初步分析和计算，确保建筑方案技术可行、经济可控。
2．复杂幕墙如拉索结构、跨层、出挑较大等需在初步设计阶段协同设计。

5．设计发包

根据建设方需要，设计任务可采用设计总包的模式，也可采用分阶段发包的模式，也可采用按设计专业发包的模式。当采用设计总包的模式时，专项设计可仅作为其中的一个专业，从属于某一个设计阶段；当采用单独发包的模式时，一般由专业设计公司完成。

不论设计采用设计总包模式，还是采用分专业，或分阶段发包模式，设计文件需要多专业、多阶段甚至是多公司的协作。设计是一个循序渐进的过程，设计各阶段、各专业（或各设计单位）相互关联处的深度应满足后续设计的需要，各阶段、各专业之间应互相协调，合理安排设计时序，完成各自的设计界面，以形成一个高完成度的设计文件。

1.5 设计文件深度

1.5.1 一般规定

为保证设计文件的质量和完整性，其编制深度应符合《建筑工程设计文件编制深度规定》及地方相关规定。各阶段设计文件的编制深度应按以下原则进行：

1．报批方案设计文件，应满足方案审批或报批的需要，应满足编制初步设计文件的需要。

2．初步设计文件，应满足初步设计审批的需要，应满足编制施工图设计文件的需要。若建设项目采用 EPC 模式，初步设计文件尚应满足 EPC 招标的需要。

3．施工图设计文件，应满足施工图审查的需要，应满足设备材料采购、非标准设备制作和施工的需要。

1.5.2 从阅读者的角度看设计文件的深度要求

设计文件不是为了“深度”而“深度”。设计文件不是设计的目的，它只是向“阅读者”说明、交代设计构思、技术策略的一份说明书。设计文件的“阅读者”主要是建设方、审批方、施工方等，从“阅读者”的角度看，设计文件深度的管控原则自然就是能让阅读者“读懂”设计师的设计构思、解决工程问题的技术策略。在设计的各个阶段，需从建设方、审批方、施工方的角度，针对性地描述各自的关注要点，该简处简，该详处详。

在概念方案、方案阶段（报批前），设计文件的主要“阅读者”是建设方。在这个阶段，设计师基于对建设方的需求和场地的客观条件、规划条件等的理解，提出实现建设方需求的构思、技术策略；并向建设方汇报，经沟通协调，最终确定建筑设计方案的原则，包括总平面布局、建筑单体的主要功能布局、层数、高度、建筑风格等。这一阶段一般只有效果图、能表达建筑意向的分析图，说明，建筑主要平、立、剖面图等。这一阶段也是解决建筑设计的“合理”“好看”的阶段。

在报批方案阶段，设计文件的主要“阅读者”是城乡规划主管部门和其他相关主要行政主管部门包括生态环境主管部门、公安（交警）、人民防空主管部门等。这一阶段除规划外的行政审批，主要是原则性、程序性的，如环境保护主管部门关注是否产生污染物及相应的审批手续，人民防空主管部门关注结建指标，市政主管部门关注给水、排水、电、电信等的接口、容量等。设计文件的内容，是在上一阶段的基础上，完善并复核设计文件是否符合上位规划和规划设计条件的要求；是否符合可研批复的要求；是否符合消防总图的要求（消防车道、消防车登高操作场地、消防间距）；是否符合主要经济技术标准的要求；复核结构、设备等的基本技术可行性，分析并初步拟定对建筑平面布局、建筑造型影响较大的结构、设备的技术方案。设计文件的深度、格式，应按地方规定，从审批的角度，有条理地编制相应内容。这一阶段的设计文件主要为效果图，能表达建筑意向的分析图，交通、绿化等审批相关的分析图，设计总说明（含各专业、专篇），建筑技术图纸，水、电总图（简单反映与外部的市政接口）等。

在初步设计阶段（政府投资项目需要编制初步设计），设计文件的主要阅读者是投资主管部门、城乡规划主管部门和其他相关行政主管部门、相关技术机构。设计文件的内容，是在上一阶段的基础上，进行相关的计算，编制建筑、结构、设备等的技术方案，确保项目全面符合技术标准的要求，项目总投资符合建设方要求和政策要求。在这个阶段，建设内容、建筑面积、总投资等应确定，初步设计文件经审批核准后，原则上不应调整。

在施工图设计阶段，设计文件的主要“阅读者”是图审机构和施工方。建筑设计文件的内容，是在上一阶段的基础上，完善平、立、剖面图，原则上不应调整上一阶段确定的主要平面、立面、剖面图等。并绘制放大图、详图节点、施工说明，编制计算书（仅按需提交专门部门或机构），按地方审批要求填写申报表和设计专篇，以杭州为例，需编写全专业的消防设计专篇、人防转换方案、公共建筑（或居住建筑）绿色建筑节能设计专篇，建筑节能计算书等。

同时，设计文件的“阅读者”是下一阶段的设计师或专项设计的协作方。设计是一个循序渐进的过程，设计各阶段、各专业（或各设计单位）相互关联处的深度应满足后续设计的需要，各阶段、各专业之间应有一个明确的界面，以便合理安排设计时序，有助于各方之间、各方内部之间互相“读懂”、互相协调、互相理解。

2 设计依据和设计内容及深度

2.1 设计依据

2.1.1 施工图前相关文件

《国务院办公厅关于全面开展工程建设项目审批制度改革的实施意见》(国办发〔2019〕11号)第六条要求合理划分审批阶段。将工程建设项目审批流程主要划分为立项用地规划许可、工程建设许可、施工许可、竣工验收四个阶段。其中，立项用地规划许可阶段主要包括项目审批核准、选址意见书核发、用地预审、用地规划许可证核发等。工程建设许可阶段主要包括设计方案审查、建设工程规划许可证核发等。

对于政府投资项目，报批方案前项目相关的文件应包括且不限于项目建议书及批复，项目代码，可行性报告及批复，用地预审与选址意见书，环境影响评价文件，重大决策社会风险评估报告，国有土地划拨决定书、建设用地批准书，建设用地规划许可证。

对于企业投资项目，报批方案前项目相关的文件应包括且不限于项目代码、国有土地有偿使用合同、建设用地批准书，建设用地规划许可证。

《国务院办公厅关于全面开展工程建设项目审批制度改革的实施意见》(国办发〔2019〕11号)要求精简审批环节和事项，减少审批阶段。自然资源部近几年逐步推行规划用地“多规合一”“多审合一”“多证合一”改革，将建设项目选址意见书、建设项目用地预审报告两证合一；将建设用地规划许可证、建设用地批准书、国有土地划拨决定书，三证合一或两证合一。因此，本章所列的施工图前相关文件，以地方实际核发为准。

2.1.1.1 用地预审与选址意见书及附件、附图

用地预审与选址意见书附件即规划设计条件，附图即用地红线图或称规划选址范围图。

1. 根据《中华人民共和国土地管理法实施条例》第二十二条相关规定，建设项目可行性研究论证时，由土地行政主管部门对建设项目用地有关事项进行审查，提出建设项目用地预审报告；可行性研究报告报批时，必须附具土地行政主管部门出具的建设项目用地预审报告。

《中华人民共和国城乡规划法》第三十六条规定，按照国家规定需要有关部门批准或者核准的建设项目，以划拨方式提供国有土地使用权的，建设单位在报送有关部门批准或者核准前，应当向城乡规划主管部门申请核发选址意见书。前款规定以外的建设项目不需要申请选址意见书。

选址意见书内容包括项目名称、项目代码、建设单位名称、项目建设依据、项目拟选位置、拟用地面积、拟建设规模。选址意见书规定有效期。如对土地用途、建设项目选址等进行重大调整的，应当重新办理。

2. 根据《城市国有土地使用权出让转让规划管理办法》第五条规定，出让城市国有土地使用权，出让前应当制定控制性详细规划。出让的地块，必须具有城市规划行政主管部门提出的规划设计条件及附图。

第七条规定，城市国有土地使用权出让、转让合同必须附具规划设计条件及附图。规划设计条件及附图，出让方和受让方不得擅自变更。在出让转让过程中确需变更的，必须经城市规划行政主管部门批准。

3. 规划设计条件应当包括：地块面积，土地使用性质，容积率，建筑密度，建筑高度，停车泊位，主要出入口，绿地比例，须配置的公共设施、工程设施，建筑界线，开发期限以及其他要求。

附图应当包括：地块区位和现状，地块坐标、标高，道路红线坐标、标高，出入口位置，建筑界线以及地块周围地区环境与基础设施条件。

2.1.1.2 建设用地批准书

根据《中华人民共和国土地管理法》相关规定，建设单位使用国有土地，应当以出让方式或划拨方式取得。有偿使用国有土地的，由市、县人民政府土地行政主管部门与土地使用者签订“国有土地有偿使用合同”；划拨使用国有土地的，由市、县人民政府土地行政主管部门向土地使用者核发“国有土地划拨决定书”。

以划拨方式取得用地的建设项目包括国家机关用地和军事用地、城市基础设施用地和公益事业用地、国家重点扶持的能源、交通、水利等基础设施用地、法律和行政法规规定的其他用地。根据《中华人民共和国土地管理法实施条例》第二十二条的相关规定，建设单位持建设项目的有关批准文件（含可行性研究报告），向市、县人民政府土地行政主管部门提出建设用地申请，由市、县人民政府土地行政主管部门审查，拟订供地方案，报市、县人民政府批准；需要上级人民政府批准的，应当报上级人民政府批准。供地方案经批准后，由市、县人民政府向建设单位颁发建设用地批准书。

根据《中华人民共和国土地管理法》第五十五条的相关规定，以出让等有偿使用方式取得国有土地使用权的建设单位，按照国务院规定的标准和办法，缴纳土地使用权出让金等土地有偿使用费和其他费用后，方可使用土地。

2.1.1.3 建设用地规划许可证

根据《中华人民共和国城乡规划法》第三十七条规定，在城市、镇规划区内以划拨方式提供国有土地使用权的建设项目，经有关部门批准、核准、备案后，建设单位应当向城市、县人民政府城乡规划主管部门提出建设用地规划许可申请，由城市、县人民政府城乡规划主管部门依据控制性详细规划核定建设用地的位置、面积、允许建设的范围，核发建设用地规划许可证。

建设单位在取得建设用地规划许可证后，方可向县级以上地方人民政府土地主管部门申请用地，经县级以上人民政府审批后，由土地主管部门划拨土地。

根据《中华人民共和国城乡规划法》第三十八条规定，在城市、镇规划区内以出让方式取得国有土地使用权的建设项目，建设单位在取得建设项目的批准、核准、备案文件和签订国有土地使用权出让合同后，向城市、县人民政府城乡规划主管部门领取建设用地规划许可证。

城市、县人民政府城乡规划主管部门不得在建设用地规划许可证中，擅自改变作为国有土地使用权出让合同组成部分的规划条件。

根据《中华人民共和国城乡规划法》第三十九条的相关规定，规划条件未纳入国有土地使用权出让合同的，该国有土地使用权出让合同无效。

2.1.1.4　矿产资源（甲类）压覆

城乡规划主管部门出具建设用地是否存在矿产资源（甲类）压覆，开挖山体，开采砂、石、土类矿产资源情形。

2.1.1.5　地质灾害防治

根据城市地质灾害防治规划图，城乡规划主管部门出具建设项目是否位于地质灾害易发区（不易发区）情况证明。若建设项目位于地质灾害不易发区，依法不要求进行地质灾害危险性评估。若建设项目位于地质灾害易发区，则依法要求进行地质灾害危险性评估。

2.1.1.6　项目代码

根据《政府投资条例》（国令第 712 号）第十、十一条的相关规定，投资主管部门或者其他有关部门应当根据国民经济和社会发展规划、相关领域专项规划、产业政策等，对政府投资项目进行审查，作出是否批准的决定。对获得批准的政府投资项目，除涉及国家秘密的政府投资项目外，投资主管部门和其他有关部门应当通过投资项目在线审批监管平台，使用在线平台生成的项目代码办理政府投资项目审批手续。政府投资项目的项目代码一般在项目建议书批复后办理。

根据《企业投资项目核准和备案管理条例》（国令第 673 号）第三、四条的相关规定，对关系国家安全、涉及全国重大生产力布局、战略性资源开发和重大公共利益等项目，实行核准管理。对前款规定以外的项目，实行备案管理。除国务院另有规定的，实行备案管理的项目按照属地原则备案。除涉及国家秘密的项目外，项目核准、备案通过国家建立的项目在线监管平台（以下简称在线平台）办理。核准机关、备案机关以及其他有关部门统一使用在线平台生成的项目代码办理相关手续。企业投资项目的项目代码一般在土地拍卖后办理。

2.1.1.7　各阶段设计文件及审批

1. 对于政府投资项目，项目单位应当委托具备相应资质的工程咨询单位编制项目建议书，并按照规定程序报审批机关审批。

项目建议书批准后，项目单位应当委托具备相应资质的工程咨询单位编制可行性研究报告，连同依法应当附具的用地预审与选址意见书、环境影响评价文件、重大决策社会风险评估报告等相关文件，按照规定程序报审批机关审批。

可行性研究报告批准后，项目单位应当委托具备相应资质的工程设计单位编制报批方案，按照规定程序报审批机关审批。

报批方案批准后，项目单位应当委托具备相应资质的工程设计单位编制初步设计文件。

初步设计批准后，项目单位应当委托具备相应资质的工程设计单位编制施工图设计文件。

2. 对于企业投资项目，除地方另有规定外，项目单位应当委托具备相应资质的工程设计单位编制报批方案设计文件，并按照规定程序报审批机关审批。

报批方案批准后，项目单位应当委托具备相应资质的工程设计单位编制施工图设计文件。

2.1.1.8　建设工程规划许可证

根据《中华人民共和国城乡规划法》第四十条的相关规定，在城市、镇规划区内进行建筑物、构筑物、道路、管线和其他工程建设的，建设单位或者个人应当向城市、县人民政府城乡规划主管部门申请办理建设工程规划许可证。

申请办理建设工程规划许可证，应当提交使用土地的有关证明文件、建设工程设计方案等材料。对符合控制性详细规划和规划条件的，由城市、县人民政府城乡规划主管部门核发建设工程规划许可证。

城市、县人民政府城乡规划主管部门应当依法将经审定的建设工程设计方案的总平面图予以公布。

2.1.1.9 规划批后修改

1. 政府修改

根据《中华人民共和国城乡规划法》第五十条的相关规定，在选址意见书、建设用地规划许可证、建设工程规划许可证或者乡村建设规划许可证发放后，因依法修改城乡规划给被许可人合法权益造成损失的，应当依法给予补偿。

2. 建设方修改

根据《中华人民共和国土地管理法》第五十六条规定，建设单位使用国有土地的，应当按照土地使用权出让等有偿使用合同的约定或者土地使用权划拨批准文件的规定使用土地；确需改变该幅土地建设用途的，应当经有关人民政府自然资源主管部门同意，报原批准用地的人民政府批准。其中，在城市规划区内改变土地用途的，在报批前，应当先经有关城市规划行政主管部门同意。

根据《中华人民共和国城乡规划法》第五十条的相关规定，经依法审定的修建性详细规划、建设工程设计方案的总平面图不得随意修改；确需修改的，城乡规划主管部门应当采取听证会等形式，听取利害关系人的意见；因修改给利害关系人合法权益造成损失的，应当依法给予补偿。

2.1.2 设计任务书

由建设方编制工程项目建设大纲，向受托设计单位明确建设单位对拟建项目的设计内容及要求。从ISO的管理需求和法律角度，建设方要求应采用书面形式，并宜签字盖章；建设方要求为口述时，一般需要整理成书面文件（如会议纪要、备忘录等），以会签、函件、邮件等形式确认。

2.1.3 依据的政策文件和技术标准

1. 法律文件和政策文件、技术标准的关系。

建筑设计和审批依据的主要是相关的国家及地方的法律、政策文件、技术标准等。相关的法律条文规定审批的程序及权限，但一般不直接应用于建筑设计，其对建筑设计的要求比较宏观，需在实施条例、导则、技术标准等中落实具体要求。

例如在人防设计中，设计依据可包括且不限于：

（1）《中华人民共和国人民防空法》《浙江省实施〈中华人民共和国人民防空法〉办法》。

（2）《浙江省人民防空办公室　浙江省住房和城乡建设厅　关于防空地下室结建标准适用的通知》（浙人防办〔2018〕46号）。

（3）《浙江省人民防空办公室关于〈浙江省人民防空工程防护功能平战转换管理规定（试行）〉的通知》（浙人防办〔2022〕6号）。

（4）《金华市防空地下室设计技术咨询服务要点（试行）》。

（5）《人民防空地下室设计规范》GB 50038—2005。

其中第1项的法律文件，设计一般不直接引用，主要依据第2～4项的省、市政策文件和第5项的现行国家标准。

2．新建项目原则上应遵循现行国家及地方标准、规定。

3．特殊规定：

（1）是否采用在取得国有土地使用权到施工图审查期间开始执行的国家技术标准和地方政策，需咨询相关部门确定，一般应执行施工图图审受理时间前已经生效、执行的国家技术标准；对于绿色建筑建设标准、建筑工业化装配率、海绵城市等政策类要求，一般执行土地使用权出让日（含）前有效的标准、政策。

（2）分期建设项目，或取得土地使用权时间较久的项目，宜咨询相关部门确定执行的技术标准和地方政策。

（3）既有建筑改造需根据改造的内容及地方规定，确定执行的技术标准，详见本书第3.17节。

2.1.4 设计基础资料

1．用地红线图和实测地形图

用地红线图与规划设计条件由城乡规划管理部门核发。用地红线图一般包含用地红线范围内及周边不小于50m范围的地形、地貌、地物。实际地形、地貌、地物可能具有一定偏差，特别是场地和道路标高。需实测拟连接的周边市政管线接口、窨井等定位坐标和标高，并宜探查基地内及周界市政管线；标注地块周边的地铁、铁路、公路、高架桥、架空管线的位置和标高；基地周边为山体时，实测范围应满足设置护坡和防洪的需要（或申请调取相关地形资料）。

按需查询常水位、洪水位标高（50年或100年一遇）。

按需查询地块是否处于航空限高、通信通道区域。

2．相关城市规划

用地红线图涵盖范围一般为基地周边50～100m，编制建设工程设计方案除遵循规划设计条件和用地红线图外，尚应遵循项目所在城市的城市规划管理规定，以及相关城市规划，包括且不限于城市总体规划、控制性详细规划、修建性详细规划等，详见本书附录B。

3．交通条件

根据规划条件和城市道路规划，核实周界道路宽度、公交站台、绿化隔离带、相关的交通标志标线等。核实基地拟开口位置的道路标高（市政道路标高设计标高与实际标高有施工误差和沉降差）。

4．市政设施条件

（1）核实一路或两路供水条件，核实水源接入点、管径、供水水压。宜调查市政消火栓接口。供水条件影响拟建项目的消防水池、生活水池等设计。

（2）核实排水（含雨水、污水）接入点位置、管径、标高。

（3）核实一路或两路供电条件，明确供电电源电压、接入点位置。一级负荷但供电电源仅一路时，需设置发电机房。用电需求巨大且可靠性要求高的项目，如数据中心建设项目，其供电方案对建筑总平面布置、平面布局，甚至项目选址均可能产生较大影响。

（4）核实网络和电话接入条件、接入点位置。在数据中心设置涉密专线等项目应与相关部门协调。

（5）核实燃气类别、接入点位置、压力、管径等。

5．地质勘察报告

可行性研究勘察应符合选择场址方案的要求；初步勘察应符合初步设计的要求；详细勘察应符合施工图设计的要求；场地条件复杂或有特殊要求的工程，尚宜进行施工勘察。

勘察点位和具体要求一般由主体设计单位结构专业提供。

6．环保

（1）土壤氡浓度

2003年至2004年住房和城乡建设部组织了全国土壤氡概况调查，利用国内放射性航空遥测资料，进行了约500万km^2的国土面积的土壤氡浓度推算，得出全国土壤氡浓度的平均值为7300Bq/m^3。并粗略推算出了全国144个重点城市的平均土壤氡浓度，首次编制了中国土壤氡浓度背景概略图。与此同时，在统一方案下，运用了多种检测方法，共开展了20个城市的土壤氡实地调查，所取得的数据具有较高的可信度，并与航测研究结果进行了比较研究，两方面结果大体一致。调查结果表明，大于10000Bq/m^3的城市约占被调查城市总数的约20%。

建设工程在工程勘察设计阶段可根据建筑工程所在城市区域土壤氡调查资料，结合《建筑环境通用规范》GB 55016—2021的要求，确定是否采取防氡措施。当地土壤氡浓度实测平均值较低（即不大于10000Bq/m^3）且工程地点无地质断裂构造时，土壤氡对工程的影响不大，工程可不进行土壤氡浓度测定。当已知项目所在城市土壤氡浓度实测平均值较高（即大于10000Bq/m^3）或工程地点有地质断裂构造时，工程需要进行土壤氡浓度测定。土壤氡浓度不大于20000Bq/m^3时或土壤表面氡析出率不大于0.05$Bq/(m^2 \cdot s)$时，工程设计中可不采取防氡工程措施。

（2）按需监测建设用地内的污染物

根据《中华人民共和国土壤污染防治法》第十七条的相关规定，地方人民政府生态环境主管部门应当会同自然资源主管部门对下列建设用地地块进行重点监测：曾用于生产、使用、贮存、回收、处置有毒有害物质的；曾用于固体废物堆放、填埋的；曾发生过重大、特大污染事故的；国务院生态环境、自然资源主管部门规定的其他情形。

杭州某共有产权房项目建设条件须知中要求：“土地调查发现现状为非敏感用地，规划用途调整为敏感用地（居住用地、公共管理和公共服务用地、公园绿地中的社区公园和儿童公园）的，应先开展土壤污染调查（本条款由生态环境主管部门负责解释并监督实施）”。

2.2　报批方案和初步设计文件的内容和深度

2.2.1　报批方案和初步设计总说明

设计总说明包括项目概况、项目背景、各专业设计说明；对于涉及绿色建筑、建筑节能、环保卫生、人防、消防、建筑工业化等设计的专业，应编制设计专篇。

（1）项目背景，包括政治、经济、文化、地域、气候等，有助于说明项目的必要性。

（2）应说明主要技术经济指标，并复核是否符合规划设计条件。

（3）效果图包括室内外透视图、鸟瞰图、模型等，数量根据合同约定和表达设计概念需要。效果图表达内容比较直观，但应注重其“真实性”，不论是销售的建设项目，还是政府投资项目，因完成后的实际形象与“效果图”差别较大时，易引起纠纷。

（4）报批方案阶段按需说明反映建筑造型的立面材料色彩；初步设计阶段应详细说明屋面、外墙面、楼地面、内墙面、顶棚等构造做法，涉及节能计算的部分应经计算确定保温材料类型和厚度（施工图阶段原则上不应变更保温材料，确需变更时，应按规定程序向相关部门申报）；初步设计阶段尚应说明采用的建筑设备包括电梯、自动扶梯等的设备参数。

（5）结构专业的设计说明，报批方案阶段简述拟采用的结构类型、结构选型、桩基选型（可依据相邻地块工程经验、相邻地块地质资料或初步地质勘探资料），对于复杂结构等按需分析结构可行性及可能的论证、验证程序。初步设计阶段根据地质勘察报告和结构计算结果，详述结构类型、结构选型、桩基选型；对于复杂结构等按需进行专项论证、验证程序。

（6）设备专业的设计说明，报批方案阶段简述设备对外的接口、估算拟定总量（根据同类工程经验），拟定设计的主要原则；初步设计阶段详述设备对外的接口，计算确定总量、系统划分、设备选型等。

（7）环保卫生、绿建节能、建筑工业化等设计专篇，方案阶段应明确设计目标（可根据规划设计条件或地方规定），简述拟定的技术措施；初步设计阶段，应经过计算确定各项技术措施，包括建筑构造、设备选型、可再生能源的形式和规模（如计算确定的光伏板面积、安装位置）。

（8）人防设计专篇，方案阶段应确定应建人防面积或申请易地建设；建设时战时功能（一般为二等人员掩蔽所）、人防的类别（甲类、乙类）、抗力等级、防化等级等，若申请建设物资库或其他战时功能时，则应报人防主管部门批准；初步设计阶段应确定以上各项内容，并编制各项指标、设备表等。

（9）消防设计专篇，方案阶段应确定消防类别、防火分区的主要原则、疏散楼梯的形式，应确定总图消防救援设施和消控室的位置等；初步设计除上述外，应计算确定疏散宽度、疏散距离等。

2.2.2　报批方案和初步设计的建筑专业图纸

方案阶段需完成总平面图、建筑主要平面图、立面图、剖面图，按需完成特殊空间的布置图，如剧院的观众厅布置图、视线分析图。

不需要初步设计审批的建设项目，报批方案的建筑图纸的深度，尤其是总平面的深度应符合初步设计的深度要求。

2.2.2.1 总平面图

报批方案阶段与初步设计阶段的总平面内容基本相同，包括且不限于以下内容：

（1）用地红线外不小于 50m（杭州某规划设计条件要求“在设计方案中应考虑该地块 500m 范围内现状与规划市政设施分布情况”）范围内的地形、地貌、标高（宜实测）；绘出用地红线及坐标、道路红线、建筑红线、绿线及其他规划控制线。

（2）绘出连接城市道路的基地出入口，标注基地机动车出入口道路的宽度、坡度、标高，标注应急消防车出入口。

（3）绘出内部道路，道路应能通达建筑物的主要出入口；绘出停车场、回车场等。

（4）绘出消防车道及消防车登高操作场地、消防回车场，标注道路转弯半径、坡度。

（5）绘出绿地范围，并计算绿地面积，按需编制绿地计算表。

（6）绘出围墙大门。

（7）按需绘出驳坎、截水沟、标高，标注并复核其与建筑的距离。

（8）绘出新建建筑、构筑物，标注建筑物坐标、层数、高度，按需标注建筑物尺寸、审批有要求的间距，包括规划要求的间距和消防间距。

（9）初步设计阶段应绘出化粪池、雨水收集池、燃气调压站（柜）等。

（10）编制主要技术经济指标。指标应符合规划设计条件；政府投资项目，尚应符合项目可研批复。

报批方案审批后，城乡规划主管部门核发《建设工程规划许可证》；施工图审批后由住房和城乡建设主管部门核发《建筑工程施工许可证》。两本证的用地面积、建设规模应一致。对建筑设计文件而言，即初步设计文件和施工图设计文件的主要技术经济指标应一致；影响建筑面积计算的建筑内、外轮廓线，初步设计文件和施工图设计文件应一致。确有需要调整的，需重新申请方案或初步设计批后修改程序，变更《建设工程规划许可证》。

2.2.2.2 平面图

报批方案阶段应绘出各层平面图，但设备夹层、局部夹层可省略。初步设计阶段应绘出各层平面图，包含设备夹层、局部夹层。人防需分别绘制平时平面图、战时平面图。

报批方案阶段的平面图应确定平面外轮廓线，主要空间的位置、大小（含层高），各辅助用房或空间的位置、大小；绘出门、窗；汽车坡道的位置、宽度和数量，确定楼梯的形式和基本位置，确定电梯的数量和布置方式等；初步拟定设备用房的位置、大小，卫生间的位置。

初步设计阶段应在方案阶段的基础上，进一步完善、深化图纸，包括且不限于以下内容：

（1）绘出外轮廓线及明确表示外围护结构的材料，包含墙体、外门窗、玻璃幕墙和装饰性幕墙。施工图原则不应改变外轮廓线及外立面，尤其是涉及日照计算参数的内容。

（2）协调结构专业，确定结构选型，绘出承重墙、柱，并复核其对空间的影响（包含梁截面对空间的影响）。

（3）绘出平面功能布置图，绘出剧院、教室等主要空间的平面布置图及视线分析图等。

（4）确定防火分区、防火分隔，确定安全疏散的模式，计算确定安全出口的数量、位置、总宽度、各个楼梯的宽度等，按需编制计算表和防火分区（疏散）示意图。

（5）确定楼梯空间的大小、定位，应按实绘出楼梯的踏宽、踏级数量，复杂时需绘出简图以保证楼梯空间的准确定位（可不出图）。采用机械防烟系统时应确定送风井的位置、大小和送风机房的大小、位置，采用自然排烟时应确定自然排烟口的大小、位置。

（6）确定电梯、自动扶梯的设备型号（包括电梯载重、速度、数量、井道尺寸、基坑深度和顶层高度）、布置方式（包括电梯厅宽度）。

（7）协调设备专业，确定设备用房、设备管井，屋顶消防水箱、空气源热泵、冷却塔、风冷热泵机组等的大小、位置，协调确定主要管线的走向，包括风管、桥架，协调确定设备管线的外部接口（包括立面的风口、出屋面管井的位置、大小、高度）；确定空调外机的安装位置；确定光伏板的安装位置、面积（安装在外墙时，应在立面图中绘出）等。

（8）确定卫生间的位置、布置，确定无障碍卫生间的方式、位置。

（9）确定厨房等辅助空间的范围和平面布置，包括货物入口、主食库、副食库、粗加工、精加工、热加工、面点制作、配餐送餐、餐盘回收及清洗消毒、垃圾出口（地下室时含提升间）等。对于复杂的厨房确定时宜有厨房工艺的介入。

（10）门窗可不编号，但应区分防火门；应绘出有特殊要求的门如金库门、防盗门等；外门窗的大小、型材及玻璃等应经过节能计算确定（这部分对概算影响较大）。

（11）绘出防火卷帘，宜确定大小（即编号）。

2.2.2.3　立面图

报批方案阶段应绘出体现建筑造型的特点的主要立面图；说明主要饰面材料；绘出楼层标高并标注 2 道尺寸线；绘出并复核女儿墙顶、最高点、室外地面等的面标高和过街楼、底层雨棚的底标高等与规划条件、消防等相关的标高控制点。当与相邻建筑（或原有建筑）有直接关系时，应绘制相邻或原有建筑的局部立面图，并复核是否满足消防要求。

初步设计阶段宜绘出全部立面图，说明饰面材料。幕墙、复杂装饰线条应与概算协调以确保工程量的计算准确。

施工图原则上不应改变外轮廓线及外立面，尤其是涉及日照计算参数的女儿墙高度、开窗位置及大小（满窗日照）。

注：① 立面标高的控制点一般分为面标高和底标高。雨棚、通道、悬挑体块等一般控制底标高（其下部的空间高度是设计、审批的关注要点）；室外地面、女儿墙、最高点等控制面标高，这也是规划审批的关注要点；楼层虚拟线的标高一般为楼地面标高；门窗洞口一般标注顶标高。

② 建筑立面中的门窗洞口、檐口线脚及其他装饰构件，在设计和施工工序上分为土建和饰面。其最终是以全部工序完成后的效果呈现在人们“眼”前的，因此，在这些构件的尺寸、标高等需根据最终的完成面来进行控制。涂料墙面、面砖墙面等饰面厚度不大（一般约为 20mm）且明确的，标注构件尺寸时可省略粉刷的构造厚度，直接标注构件的土建尺寸；幕墙、干挂石材、金属幕墙等，一般需控制幕墙深化图纸，应标注完成面尺寸；湿法粘贴的花岗石、外保温墙面等按需绘出。

2.2.2.4 剖面图

报批方案阶段应绘出体现建筑造型的特点的主要剖面图；绘出楼层标高并标注 2 道尺寸线；绘出并复核女儿墙顶、最高点、室外地面等的面标高和过街楼、底层雨棚的底标高等与规划条件、消防等相关的标高。与日照相关的女儿墙非实体部分应满足地方规定。当与相邻建筑（或原有建筑）有直接关系时，应绘制相邻或原有建筑的局部剖面图，并复核是否满足消防要求。

初步设计阶段应在方案阶段的基础上，绘出栏杆、女儿墙等防护设施，并复核其高度。应绘出幕墙、装饰线条等与主体的关系。

2.2.2.5 幕墙

报批方案阶段应绘出幕墙轮廓线。

初步设计阶段应明确幕墙的构造厚度，并相应明确结构边线。这与面积计算相关，原则上初步设计阶段、施工图阶段不应改变报批方案阶段确定的外轮廓线。

幕墙面积较大的建筑工程项目，幕墙部分的造价在项目中占比较大，幕墙专项设计宜在初步设计阶段同步完成，以保证概算的准确性。复杂幕墙如出挑较大、层高较大（跨层）、无框幕墙、拉索结构幕墙、玻璃采光顶等幕墙体系以及地方上要求进行幕墙结构安全论证的项目，应在初步设计阶段同步完成或完成相关结构计算，并与建筑、结构专业协调一致。

2.2.3 报批方案和初步设计的其他专业图纸

2.2.3.1 结构专业

方案阶段可不绘制技术图纸；初步设计阶段绘制基础图（含桩基图），结构布置图（确定截面大小），按需绘制基坑围护图（该项对概算影响较大）。

对于不良地质情况、超限高层和复杂多层建筑工程，在初步设计阶段应编制专项报告并论证、验证。

2.2.3.2 给水排水专业

报批方案阶段绘制水总图，拟定与市政管线的接口位置、管径等。初步设计阶段室外如水表井、阀门井、水处理设备、化粪池、隔油池等给排水构筑物的布置；室外给水排水（干管）布置；室外消火栓及消防水泵接合器、消防吸水口布置；按地方规定绘制海绵城市图纸。

报批方案阶段可不绘制单体图纸；初步设计阶段应绘制首层、主要标准层、设备复杂层等平面布置图，复杂设备机房的设备平面图，给水排水专业各系统原理图等，编制设备表及主要材料表，按需编制计算书（设备选型、管径等需要经计算确定）等。

2.2.3.3 电气专业

报批方案阶段绘制电气总图，拟定外部接线位置和接线数量。初步设计阶段应绘出变配电室位置、高低压线路及其他系统线路走向、回路编号、导线及电缆型号规格及敷设方式；室外照明。

报批方案阶段可不绘制单体图纸；初步设计阶段应绘制平面布置图、系统图、原理图等，编制设备表、计算书，确定变压器型号（根据地方要求）、变配电室位置和大小。

2.2.3.4 暖通专业

方案阶段可不绘制技术图纸；初步设计阶段绘制系统流程图、原理图，防排烟通风布置图、空调平面布置图、冷热水机房平面布置图等，编制设备表。设置在屋顶或每层的设备平台应与建筑协调一致。

2.2.4 其他

（1）涉及新材料、新工艺、新技术的项目，按需编制专项说明、技术图纸，验证并论证。

（2）涉及场地内需保留的建筑物、构筑物、古树名木、历史文化遗存等，按需编制专项说明、技术图纸并论证。

2.3 设计专项报告

报批方案、初步设计阶段按需进行日照、交评、环保、节能、建筑工业化、抗震审查、幕墙论证等专项技术审查。专项报告由设计院或第三方具有相应资质的单位编制，除日照分析报告、交通组织影响评价报告与报批方案文本三合一申报外，其他根据地方规定程序申报。

2.3.1 日照分析报告

有日照要求的项目，以及对有日照要求的相邻地块有影响的项目（2倍建筑高度范围内），应由相应资质的单位编制日照分析报告。

有日照要求的项目，包括居住类建筑：老年人住宅，普通住宅，独立式及联排式农居，居住用地内的集体宿舍，大、中、小学校学生宿舍，中、小学教室楼，幼儿园及托儿所，医院病房楼，休（疗）养院的寝室楼。根据地方规定，有日照要求的项目尚应包括住区配套中的婴幼儿照护用房，老年人照料设施等。

日照分析报告应在报批方案阶段完成，并与报批方案阶段同步提交，由城乡规划主管部门负责审批。初步设计阶段应复核与上一阶段的参数变化，包括建筑高度和楼宇位置，参与日照计算的窗户的位置、窗台高度和窗宽，套型内居室数量、宿舍的总间数等，按需调整日照分析报告；施工图阶段原则上不应调整与日照相关的设计参数。

2.3.2 交通影响评价报告

一般大型工程需要编制交通组织影响评价报告（或交通组织专篇），具体根据地方规定。以杭州为例，根据《杭州市建设用地选址论证管理办法》（杭政办函〔2014〕12号）的相关规定：单幢建筑（不含地下室）面积在20000m^{2}以上或配建机动车泊位在1000个以上的新建火车站、长途汽车客运站、轨道交通站点、机场、大型商业和物流设施、影剧院、体育场（馆）、医院等对交通有重大影响的建设用地，应编制交通影响评价专篇。

交通影响评价专篇应由相应资质的设计单位编制。

交通影响评价专篇包括且不限于下列内容：

（1）通过定量的分析建设项目开发后对项目周围相关道路交通设施的影响程度。

（2）基地出入口、内部总平面布置、动静态交通组织及设施配置是否能保证内外交通系统正常运行。

（3）项目停车配建指标分析：机动车泊车位包含无障碍车位、充电桩车位、出租车位、卸货车位、大客车车位（按需）、访客车位等；非机动泊车位包括自行车泊车位、电动自行车泊车位、公共自行车泊车位。

（4）项目交通安全分析。

（5）专篇结论。

交通影响评价专篇应在报批方案阶段同步提交。

2.3.3 地质灾害危险性评估报告

根据城市地质灾害防治规划图，城乡规划主管部门出具建设项目是否位于地质灾害易发区（不易发区）情况证明。若建设项目位于地质灾害易发区，则依法进行地质灾害危险性评估。

地质灾害危险性评估报告应由相应资质的单位编制。

2.3.4 节能评估书或节能评估表

以浙江省为例，根据《浙江省绿色建筑条例》第十二条的相关规定：

总建筑面积 3 万 m^2 以上的新建公共建筑和总建筑面积 15 万 m^2 以上的新建居住建筑，应当编制节能评估报告书；

总建筑面积 1 万 m^2 以上不足 3 万 m^2 的新建公共建筑和总建筑面积 5 万 m^2 以上不足 15 万 m^2 的新建居住建筑，应当编制节能评估报告表；

总建筑面积不足 1 万 m^2 的新建公共建筑和总建筑面积不足 5 万 m^2 的新建居住建筑，应当填写节能登记表。

节能评估报告书应由具备相应资质的单位编制。

2.3.5 超限高层和复杂多层建筑工程抗震设防专项设计

结构专业按需编制超限高层建筑工程抗震设防专项设计文件、复杂多层建筑工程抗震设计文件。以浙江省为例，根据《超限高层建筑工程抗震设防专项审查技术要点》（建质〔2015〕67 号）的相关规定，超限高层建筑工程抗震设防专项审查工作由浙江省建设工程抗震技术委员会或全国超限高层建筑工程审查专家委员会负责。

2.4 施工图设计文件的内容和深度

施工图设计文件内容与深度应满足《建筑工程设计文件编制深度规定》第 4 章的相关规定。根据《房屋建筑和市政基础设施工程施工图设计文件审查管理办法》第三条的相关规定，国家实施施工图设计文件（含勘察文件）审查制度，由建设主管部门认定的施工图审查机构按照有关法律、法规，对施工图涉及公共利益、公众安全和工程建设强制性标准的内容进行的施工图审查。施工图未经审查合格的，不得使用，建设主管部门不得颁发施工许可证。

施工图设计文件的“阅读者”主要是施工方，施工图设计文件需要说明的是建筑构件、配件的定位、尺寸、色彩和施工时序，建筑材料和设备的规格、性能参数，以满足施工和采购的需要。

施工图设计原则上不应改变已经通过审批的报批方案和初步设计的主要设计原则和内容。设计是在初步设计文件基础上的进一步完善和深化。

1．施工图说明

（1）简述项目概况、设计工作年限和主要特征包括消防分类、耐火等级、防水等级等。

（2）说明建筑规模、层数、高度，且其应与已经通过审批的报批文件一致。

（3）简述设计总则，施工注意事项，包括危险性较大的分部分项工程专篇。

（4）说明建筑用料、性能要求及工程做法，原则上不应改变已经通过审批的节能相关的材料与构造。

（5）说明建筑设备包括电梯、自动扶梯等规格、参数。

（6）说明消防设计的原则，简要陈述设计的主要措施，说明材料的耐火极限、燃烧性能等要求，说明防火封堵要求。

（7）说明技术图纸不易表达的其他要求。

2．技术图纸

（1）在初步设计图纸基础上完善，补充标注、标高，确保所有建筑、道路、建筑构配件、建筑设备等能准确定位（包括水平和竖向）。

（2）绘出消防、人防的分析图，以便于审批。

（3）在初步设计图纸基础上补充放大图、详图，补充门窗编号并编制门窗表。

3．其他文件

按照地方规定要求填写消防、绿建、节能、人防等申报表，编制消防设计专篇、绿建专篇、人防平战转专篇等，按需提交计算书。

以下文件中的主要技术经济指标信息（包括总建筑面积、单体建筑面积等）应严格一致（包括精度，一般精确到小数点后两位）：《建设工程规划许可证》《建筑工程施工许可证》，施工图图审报告，消防申报表、人防申报表，报批方案、初步设计和施工图设计中的总图，建筑单体技术图纸及说明，消防设计专篇，人防平战转换专篇，绿色建筑节能设计专篇等。

3 设计申报文件的关注要点

根据《国务院办公厅关于全面开展工程建设项目审批制度改革的实施意见》（国办发〔2019〕11号）第六条的相关规定，将工程建设项目审批流程主要划分为立项用地规划许可、工程建设许可、施工许可、竣工验收四个阶段。其中，立项用地规划许可阶段主要包括项目审批核准、选址意见书核发、用地预审、用地规划许可证核发等。工程建设许可阶段主要包括设计方案审查、建设工程规划许可证核发等。施工许可阶段主要包括设计审核确认、施工许可证核发等。竣工验收阶段主要包括规划、土地、消防、人防、档案等验收及竣工验收备案等。根据第四条的相关规定，精简审批环节，调整审批时序，地震安全性评价在工程设计前完成即可，环境影响评价、节能评价等评估评价和取水许可等事项在开工前完成即可；可以将用地预审意见作为使用土地证明文件申请办理建设工程规划许可证。根据第八条的相关规定，实行联合审图，将消防、人防、技防等技术审查并入施工图设计文件审查，相关部门不再进行技术审查。根据第九条的相关规定，推行区域评估。在各类开发区、工业园区、新区和其他有条件的区域，推行由政府统一组织对压覆重要矿产资源、环境影响评价、节能评价、地质灾害危险性评估、地震安全性评价、水资源论证等评估评价事项实行区域评估。

行政职能部门审批的范围和程序需遵循国家及地方规定。以浙江省杭州市为例，涉及的行政职能或市政部门一般有投资主管部门、城乡规划主管部门、生态环境主管部门、住房和城乡建设主管部门、住房和城乡建设主管部门（消防）、人民防空主管部门、交通主管部门、城市管理局、园文局、卫生健康委员会、教育局、国家电网、水务公司、燃气公司、铁塔公司（5G）、地铁集团等。上述部门根据各自分管的职能，对项目的设计文件进行“条块化”的审查。设计文件，特别是设计说明的编制，宜形成专篇，针对性地描述各行政职能或市政部门各自关注的设计内容。如针对人民防空主管部门，技术图纸需绘出战时平面图，说明中需编制人防专篇，阐述人防指标（包含应建人防建筑面积、设计人防建筑面积等）、人防功能、抗力等级、防化等级、全专业的相关说明、平战转换方案等。

行政审批的主要依据是法律文件、政策、规定、技术标准。其中技术标准的执行多委托专家或第三方技术机构进行。评审会议一般会邀请相关专家列席，或授权相关技术委员会组织专家进行专项技术评审（如节能评估审查、幕墙结构安全论证、超限高层建筑工程抗震专项审查等），并出具评审结论；施工图设计文件审查由住房和城乡建设主管部门委托第三方图审机构审查并出具图审报告。

3.1 规划设计申报文件的关注要点

根据城市总体规划、控制性详细规划、地方城市规划管理规定及其他相关政府文件，城乡规划主管部门编制《建设项目选址意见书》及“附件”即规划设计条件、“附图”即用地红线图。不论是政府投资项目还是企业投资项目，不论是通过划拨还是出让方式取得国有土地使用权的建设项目，其设计的基础条件即是用地红线图及规划设计条件。

设计申报文件编制时，应逐条复核规划设计条件的内容，包括且不限于地块面积，用地性质和建设内容，容积率，建筑密度，建筑高度，停车泊位，主要出入口，绿地比例，建筑界线（退界和间距），围墙及管线退界，须配置的公共设施、工程设施，开发期限以及其他要求。

涉及建筑造型、色彩、天际线、建筑风格等的审批，评判没有严格的标准，设计方案宜预先征求城乡规划主管部门的意见。

3.1.1 用地性质

建设方在取得土地使用权后，其建设项目的建设内容应与国有土地使用权证或土地出让合同上约定的用地性质严格一致。

部分土地在出让时，约定有两种及以上的用地性质。当土地出让合同或规划设计条件中有明确约定不同功能之间用地及总建筑面积之间比例时，则其应与土地出让合同严格一致。例如商住混合用地，一般会分别限定商业、住宅的总建筑面积，或限定其中一种功能的总建筑面积；工业用地出让时，一般会限定非生产性质的用地比例不得超过总用地面积的7%，非生产性用房建筑面积不得超过地上总建筑面积的15%。

建设方基于商业或使用目的，想突破用地性质限制时，设计文件的“表征”不可能突破，与用地性质相对应的需执行的规范、标准也不可能改变，即两者标准不一致时，按土地性质确定的“使用功能”相对应的标准执行。如建设方在商务办公用地开发“住宅”“公寓”“平层大宅”时，设计文件表述的功能不应是“住宅”；该项目执行的是公共建筑类标准，也不可能执行“住宅”类标准（表3.1.1）。

城市建设用地分类　　表3.1.1

代码	用地类别
R	居住用地
A	公共管理与公共服务用地
B	商业服务业设施用地
M	工业用地
W	物流仓储用地
S	道路与交通设施用地
U	公用设施用地
G	绿地与广场用地

资料来源：本表格引用自《城市用地分类与规划建设用地标准》GB 50137—2011表2.0.2。

居住用地R包括住宅和相应服务设施的用地。住区主要公共设施和服务设施用地，包括“幼托”、文化体育设施、商业金融、社区卫生服务站、公用设施等用地，不包括中小学用地（用地代码为A33）。

3.1.2　规划指标

1．一般规定

（1）主要技术经济指标的格式需与当地城乡规划主管部门要求一致；指标应符合城市规划条件。

（2）用地面积应与建设用地规划许可证严格一致。若实测面积与用地红线不一致时，需与土地主管部门协调一致。

（3）主要技术经济指标的计算以一本不动产权证书（或土地使用权转让合同）的土地使用权面积为基准。分期建设时应分列总指标和各期指标。改扩建时应分列既有建筑、新建筑、拆除建筑的指标。

（4）非一次性规划，后续扩建、新建单体工程的项目。当主要技术经济指标符合规划设计条件时，其建设内容应报城乡规划主管部门核准；当不符合规划设计条件书（特别是容积率、建筑占地面积、绿地率、建筑高度等指标）时，应先行申请，调整规划设计条件书（由相应资质单位编制选址论证报告暨控规局部调整）；经批准后，再按规定程序报批建设项目。

2．建筑面积计算相关国家及地方标准、规定

（1）《民用建筑通用规范》GB 55031—2022；

（2）《建筑工程建筑面积计算规范》GB/T 50353—2013；

（3）浙江省《建筑工程建筑面积计算和竣工综合测量技术规程》DB 33/T 1152—2018。

3．面积计算关注要点

1）建筑面积计算关注要点

（1）阳台、飘窗、设备平台等面积计算是否符合地方规定。

（2）架空层面积计算是否符合地方规定。

（3）层高超标的建筑面积是否符合地方规定。

（4）单个产权面积划分是否符合地方规定。

（5）幕墙面积计算是否符合规定。

2）建筑占地面积计算关注要点

（1）外墙装饰层（含装饰性幕墙）的建筑面积计算应根据地方政策。

（2）阳台、建筑主体悬挑等部位的投影面积是否计入建筑占地面积应根据地方政策。

（3）空中连廊、一层连廊是否计入建筑占地面积应根据地方政策。

3）绿地面积计算关注要点

（1）根据地方政策，关注地下室、屋顶绿化的覆土厚度及占比的计算。

（2）根据地方政策，关注绿地计算范围是否符合规定要求。如杭州规定，建筑周边1.5m范围的绿地不计算。

（3）根据地方政策，关注绿地中水面、小径和广场占比等要求。

（4）关注集中绿地、组团绿地的指标要求。

4）配套用房建筑面积是否符合规划设计条件

（1）关注是否按规划设计条件或相关规定设置配套公建，如某住宅地块要求“配套公建不大于地上总建筑面积的10%”。

（2）关注是否按规范设置物业用房（0.4% 的物业经营用房和 0.3% 的物业办公用房）。

（3）关注是否按规定配建社区配套用房（尤其是住宅地块），包含且不限于社区服务用房、养老用房、婴幼儿照护服务用房、公共体育设施。

（4）智能快递柜或者预留建设智能快递柜的场地。

（5）垃圾收集站。

（6）公共卫生间。

（7）开闭所。

（8）移动基站（5G 机房）。

3.1.3　退界

退界，一般包含多层建筑、高层建筑、地下建筑、围墙、大门等。除满足技术标准外，退界尚应遵循规划设计条件或地方城市管理规定中的规定。规划设计条件及用地红线图有明确规定的，按规定执行；没有规定的，按照当地城市规划管理文件相关规定执行。

1．建筑退界应符合《民用建筑通用规范》GB 55031—2022、《民用建筑设计统一标准》GB 50352—2019 等的相关规定：

1）除建筑连接体、地铁相关设施以及管线、管沟、管廊等市政设施外，建筑物及其附属设施不应突出道路红线或用地红线（《民用建筑通用规范》GB 55031—2022 第 4.2.1 条）。

2）建（构）筑物的主体不应突出建筑控制线；地下室、地下车库出入口，以及窗井、台阶、坡道、雨篷、挑檐等设施可突出建筑控制线但不应突出用地红线或道路红线（《民用建筑通用规范》GB 55031—2022 第 4.2.2 条）。

3）骑楼、建筑连接体、沿道路红线的悬挑建筑等，不应影响交通、消防安全（《民用建筑通用规范》GB 55031—2022 第 4.2.3 条）。

4）既有建筑改造，经当地城乡规划主管部门批准，在人行道上空的突出物应符合下列规定：

（1）2.5m 以下，不应突出凸窗、窗扇、窗罩等建筑构件；2.5m 及以上突出凸窗、窗扇、窗罩时，其深度不应大于 0.6m。

（2）2.5m 以下，不应突出活动遮阳；2.5m 及以上突出活动遮阳时，其宽度不应大于人行道宽度减 1.0m，且不应大于 3.0m。

（3）3.0m 以下，不应突出雨篷、挑檐；3.0m 及以上突出雨篷、挑檐时，其突出的深度不应大于 2.0m。

（4）3.0m 以下，不应突出空调机位；3.0m 及以上突出空调机位时，其突出的深度不应大于 0.6m（《民用建筑统一设计标准》GB 50352—2019 第 4.3.2 条）。

2．地上建筑退界。

（1）根据规划设计条件和地方城市规划管理规定，关注多层、高层退界要求。

（2）关注蓝线、绿线的退界要求。

（3）关注临地铁、快速路、高架路、公路、高速公路、铁路、高压线等退界要求。

其中学校主要教学用房设置窗户的外墙与铁路路轨的距离不应小于 300m，与高速路、地上轨道交通线或城市主干道的距离不应小于 80m。当距离不足时，应采取有效的隔声措施（《中小学校设计规范》GB 50099—2011 第 4.1.6 条）。

（4）根据用地红线内、外的建筑、构筑物、堆场、储罐等的功能性质、建筑高度、火灾危险性类别等，关注其之间的防火间距，关注范围不小于基地周边 50m［根据《建筑设计防火规范》GB 50016—2014（2018 年版）第 3.4.2、3.5.1 条的规定，甲类厂房、甲类仓库等有爆炸危险的建筑与重要公共建筑的防火间距不应大于 50m。这也是建筑物之间最大的建筑间距］。

（5）对相邻地块有日照影响的，或相邻地块已建建筑或规划建筑对地块有影响的，应根据城市规划管理规定和日照分析确定建筑退界。

3．地下建筑退界。

（1）地下室退界一般按照当地城市规划管理文件相关规定执行。以杭州市为例，根据相关规定，新建建筑的地下室，后退城市公共绿地的距离不宜小于 1m；与现状住宅的外墙距离不宜小于 10m，与住宅的山墙距离不宜小于 6m；后退城市道路、相邻建设用地和已建用地边界的距离，不宜少于地下室深度（自室外地坪至地下室底板的距离）的 0.7 倍，且不少于 3m。

（2）与相邻地块、地铁工程或隧道工程等连通时，应获当地规划行政主管部门批准。

（3）地下室退界应符合地铁相关要求。

（4）地下室退界应满足施工要求，其与地下室埋深、建筑结构设计、场地地质情况、周边市政情况、周边建筑结构设计等相关。

4．围墙、大门退界。

围墙、大门退界应满足地方规定。

3.1.4　基地开口

基地开口应符合规划设计条件的要求，同时需遵循交通主管部门的意见（具体设置要求，详见本书第 7.1.4、7.1.5 条）：

（1）机动车出入口（含消防出入口）的位置、数量、开口宽度和方式（如右进右出）。

（2）人行出入口、集散广场（含学校接送等候区）的位置和数量。

（3）临时泊位、港湾式临时泊位（含学校接送泊位）等设置位置，并关注其与用地红线的关系。

（4）公共自行车停放点规模及位置（应在用地红线范围内设置）。

3.1.5　建筑高度及层数

1．建筑高度应符合规划设计条件和相关规划的要求。执行时需厘清规划设计条件限定的是女儿墙或檐口的建筑高度、最高点建筑高度、最高点绝对高度，或其他特殊规定（如特定视点是否可见）。

（1）建筑物室外设计地坪至女儿墙顶（平屋顶）、檐口、屋脊的建筑高度。一般情况，规划设计条件限定的建筑高度指的是女儿墙顶或檐口的建筑高度。《民用建筑通用规范》GB 55031—2022 第 3.2.1 条规定，平屋顶建筑高度应按室外设计地坪至建筑物女儿墙顶点的高度计算；第 3.2.2 条规定，坡屋顶建筑应分别计算檐口及屋脊高度，檐口高度应按室外设计地坪至屋面檐口或坡屋面最低点的高度计算，屋脊高度应按室外设计地坪至屋脊的高度计算；第 3.2.3 条规定，当同一座建筑有多种屋面形式，建筑高度应分别计算后取其中最大值。

当同一座建筑有多个室外设计地坪时，建筑高度应分别计算后取其中最大值，或遵循地方规定，以杭州某项目为例，在计算建筑时，取室外道路的平均标高为计算基准。

（2）最高点建筑高度：《民用建筑通用规范》GB 55031—2022 第 3.2.4 条规定，“机场、广播电视、电信、微波通信、气象台、卫星地面站、军事要塞等设施的技术作业控制区内及机场航线控制范围内的建筑，建筑高度应按建筑物室外设计地坪至建（构）筑物最高点计算”；第 3.2.5 条规定，“历史建筑，历史文化名城名镇名村、历史文化街区、文物保护单位、风景名胜区、自然保护区的保护规划区内的建筑，建筑高度应按建筑物室外设计地坪至建（构）筑物最高点计算”。

根据《民用建筑设计统一标准》第 4.5.2 条规定，上述控制区域的建筑高度应以绝对海拔高度控制建筑物室外地面至建筑物和构筑物最高点的高度。目前采用“1985 国家高程基准”（《国务院关于启用“1985 国家高程基准”的批复》（国函〔1987〕78 号），1985 年国家高程基准高程 =1956 年黄海高程 –0.029m），标高值指的是某点铅锤线方向到黄海平均海面的距离。

规划设计条件所限制的最高点建筑高度，一般指的最高点的绝对标高。

注：编制规划设计条件书中，当限制“相对高度”时，常用词为“建筑高度不大于 × 米”；当限制“绝对高度”时，常用“建筑限高 × 米”（1985 国家高程基准）。但其没有统一的标准术语规定，因此执行时宜向相关部门问询、厘清。

（3）特殊规定：在自然保护区、文物保护区等区域，有时以“特定场地是否可见”为建筑高度的控制标准，以杭州为例，杭州西湖、良渚遗址保护区等周边的建设项目，设计需作三维景观分析，“客观性”描述在既定的几个城市控制节点（如西湖的三潭印月、良渚的莫角山），是否“可见”拟建建筑。

2．天际线。

除上述的刚性指标外，建筑高度应符合规划设计条件或修建性详细规划或城市设计中的“天际线”的要求，以形成城市规划的高度控制梯度。天际线在执行时，应与规划主管部门协调。

3．建筑层数和高度应符合现行国家标准中关于建筑高度或层数的要求，其一般在规划选址论证阶段列入城市规划设计条件，包括且不限于以下规定：

1）《建筑设计防火规范》GB 50016—2014（2018 年版）第 5.3.1A 条规定：独立建造的一、二级耐火等级老年人照料设施的建筑高度不宜大于 32m，不应大于 54m；独立建造的三级耐火等级老年人照料设施，不应超过 2 层。

2）《中小学校设计规范》GB 50099—2011 第 4.3.2 规定：各类小学的主要教学用房不应设在四层以上，各类中学的主要教学用房不应设在五层以上。

3）《托儿所、幼儿园建筑设计规范》JGJ 39—2016（2019 年版）第 4.1.3A 条规定：幼儿园生活用房应布置在三层及以下。

4）当建筑耐火等级为三、四级时，各场所的层数限制，应按照《建筑防火通用规范》GB 55037—2022、《建筑设计防火规范》GB 50016—2014（2018 年版）的相关规定执行，包括且不限于下列情形：

（1）医院和疗养院的住院部分采用三级耐火等级建筑时，不应超过 2 层。

（2）教学建筑、食堂、菜市场采用三级耐火等级建筑时，不应超过 2 层。

4. 地下室层数。

（1）当规划设计条件书对地下室层数有要求时，应严格执行。

（2）当场地有坡度时，地下室周界一部分临空（不符合地下室、半地下室的定义），应关注该部分建筑面积是否需计入容积率（同时，尚应关注该部分消防设计是否按地上还是地下进行消防设计）。

3.1.6 场地标高和建筑高程

（1）有洪涝威胁的场地应采取可靠的防洪、防内涝措施；当场地标高低于市政道路标高时，应有防止客水进入场地的措施；场地设计标高应高于常年最高地下水位（《民用建筑通用规范》GB 55031—2022 第 4.1.5 条）。

（2）场地设计标高不应低于设计洪水位 0.5m（《民用建筑设计统一标准》GB 55031—2022 第 5.3.1 条）。

（3）场地标高一般宜高出周边市政道路的最低路段标高 0.2m 以上；建筑物的底层地面宜高出室外地面 0.15m（《民用建筑设计统一标准》GB 55031—2022 第 5.3.1 条；《建筑地面设计规范》GB 50037—2013 第 3.1.5 条）。

（4）关注地方规划管理对地下室顶板标高的限定，以杭州为例，根据相关规定，地下室顶板标高不应高于 1.200m，超过时计入容积率。

（5）关注地方规划管理对场地标高的限制，以杭州为例，根据相关规定，场地设计标高不宜超过相邻地块、道路中心标高 0.6m。

3.1.7 建筑间距

1. 建筑与建筑的距离

（1）建筑之间的间距应符合地方规划管理文件的规定。

（2）建筑之间的间距应满足日照要求。

（3）建筑之间的间距应满足防火要求。

2. 建筑与道路的间距

（1）建筑与道路的间距应符合地方规划管理文件的规定。

（2）建筑与道路的间距应符合相关国家标准的规定，包括且不限于以下内容（表 3.1.7-1）。

居住区道路边缘至建筑物、构筑物最小距离（m） **表 3.1.7-1**

与建、构筑物关系		城市道路	附属道路
建筑物面向道路	无出入口	3.0	2.0
	有出入口	5.0	2.5
建筑物山墙面向道路		2.0	1.5
围墙面向道路		1.5	1.5

资料来源：本表格引用自《城市居住区规划设计标准》GB 50180—2018 第 6.0.5 条。

注：道路边缘对于城市道路是指道路红线；附属道路分两种情况：道路断面设有人行道时，指人行道的外边线；道路断面未设人行道时，指路面边线。

（3）厂内道路边缘至建筑物、构筑物的最小距离应符合表 3.1.7–2 的规定。

厂内道路边缘至建筑物、构筑物的最小距离（m） 表 3.1.7-2

序号	建筑物、构筑物名称	最小距离
1	建筑物、构筑物外面： 面向道路一侧无出入口 面向道路一侧有出入口，但不通行汽车 面向道路一侧有出入口，且通行汽车	 1.50 3.00 6.00 ～ 9.00（根据车型）
2	标准轨距铁路（中心线）	3.75
3	各种管架及构筑物支架（外边缘）	1.00
4	照明电杆（中心线）	0.50
5	围墙（内边缘）	1.00

资料来源：本表格引用自《工业企业总平面设计规范》GB 50187—2012 第 6.4.17 条。
注：表中距离，城市型道路自路面边缘算起，公路型道路自路肩边缘算起，照明电杆自路面边缘算起。

（4）66kV 及以下架空电力线路导线与建筑物的最小距离应符合表 3.1.7–3 的规定。

导线与建筑物的最小距离（m） 表 3.1.7-3

线路电压	3kV 以下	3 ～ 10kV	35kV	66kV
垂直距离	3.0	3.0	4.0	5.0
有风偏情况下最小水平距离	1.0	1.5	3.0	4.0
无风偏情况下最小水平距离	0.5	0.75	1.5	2.0

资料来源：本表格引用自《66kV 及以下架空电力线路设计规范》GB 50061—2010 第 12.0.9，第 12.0.10 条。

（5）110kV ～ 750kV 架空输电线路导线与建筑物的最小距离应符合表 3.1.7–4 的规定。

导线与建筑物的最小距离（m） 表 3.1.7-4

线路电压	110kV	220kV	330kV	500kV	750kV
垂直距离	5.0	6.0	7.0	9.0	11.5
有风偏情况下最小水平距离	4.0	5.0	6.0	8.5	11.0
无风偏情况下最小水平距离	2.0	2.5	3.0	5.0	6.0

资料来源：本表格引用自《110kV ～ 750kV 架空输电线路设计规范》GB 50545—2010 第 13.0.4 条。

（6）1000kV 架空输电线路导线与建筑物的最小距离应符合表 3.1.7–5 的规定。

导线与建筑物的最小距离（m） 表 3.1.7-5

线路电压	1000kV
垂直距离	15.5
有风偏情况下最小水平距离	15
无风偏情况下最小水平距离	7

资料来源：本表格引用自《110kV ～ 750kV 架空输电线路设计规范》GB 50545—2010 第 13.0.4 条。

（7）以杭州为例，根据相关规定，建筑物与电力线的最小距离应符合表 3.1.7–6 的规定。

建筑物与电力线的最小距离（m）　　**表 3.1.7-6**

电压等级	500kV	330kV	220kV	110kV	35kV 以下
建筑后退	30	20	15	8	5

资料来源：本表格引用自《杭州市城市规划管理技术规定》第三十七条。

在中心城区内的建筑物，执行确有困难的，其后退距离由城市规划管理部门会同电力、环保部门核定。

城市高压架空线沿建筑布置的，应满足环保、电力部门的要求，并按国家相关规范要求留出必要的安全距离。

3．其他技术标准规定

（1）高度大于 2m 的挡土墙和护坡的上缘与住宅间水平距离不应小于 3m，其下缘与住宅间的水平距离不应小于 2m（《住宅建筑规范》GB 50368—2005 第 4.5.2 条）。

（2）中小学各类教室的外窗与相对的教学用房或室外运动场地边缘间的距离不应小于 25m。主要教学用房外墙与铁路距离不应小于 300m。主要教学用房外墙与高速路、地上轨道交通、机动车流量超过每小时 270 辆的城市主干道距离不应小于 80m，当距离不足时，应采取有效的隔声措施（《中小学校设计规范》GB 50099—2011 第 4.3.7 条）。

（3）病房建筑的前后间距应满足日照和卫生间距要求，且不宜小于 12m。传染病医疗用建筑物与院外周边建筑、院内其他医疗用房的卫生间距应不小于 20m（《综合医院建筑设计规范》GB 51039—2014 第 4.2.6 条、《传染病医院建筑设计规范》GB 50849—2014 第 4.1.3 条、《传染病医院建设标准》建标 173—2016 第二十条）。

3.1.8　日照分析报告

当设计建筑有日照要求，或设计建筑对周边有日照要求的建筑产生影响时，在方案报批时应编制日照分析报告。日照分析报告的编制单位需具有规划资质，或由当地规划主管部门指定。

日照分析报告编制完成且审批通过后，项目设计中对日照分析结果有影响的设计内容不应变更，包括建筑位置，建筑高度（含女儿墙），对日照分析结果有影响的建筑外轮廓，列入日照时间分析范围内的窗户大小、高度（主要是南向窗户、东西向窗户）等。确需变更的，需重新修订日照分析报告并报规划主管部门审批。

日照分析报告的关注要点：

1．主要国家和地方标准、规定。

（1）《住宅建筑规范》GB 50368—2005；

（2）《住宅设计规范》GB 50096—2011；

（3）《中小学校设计规范》GB 50099—2011；

（4）《托儿所、幼儿园建筑设计规范》JGJ 39—2016；

（5）浙江省《城市建筑工程日照分析技术规程》DB 33/1050—2016。

2. 有日照要求的新建建筑、既有建筑与已经完成规划报批的建筑，均应满足日照要求；若既有建筑本来不满足日照要求时，新建项目或既有建筑改造不应使其原有日照时长降低。

3. 关注项目日照时长是否满足日照标准要求。

4. 关注满足日照标准的房间数量是否满足日照标准要求。

5. 关注是否采用真太阳时。

6. 根据地方要求选择日照分析软件。

3.1.9 建筑幕墙

建筑幕墙包括玻璃幕墙、石材幕墙、金属幕墙、人造板材幕墙和其他幕墙。

幕墙专项设计宜与初步设计、施工图设计同步进行；特别是出挑较大、层高较大（跨层）、无框幕墙、拉索结构幕墙、玻璃采光顶等幕墙体系，对建筑立面、结构影响较大。

幕墙的造价远高于外墙涂料及外墙砖，幕墙的形式、采用的材料价格差异也较大，在概算中应充分考虑。

1. 主要国家和地方标准、规定。

（1）《玻璃幕墙光热性能》GB/T 18091—2015；

（2）《建筑环境通用规范》GB 55016—2021；

（3）《关于进一步加强玻璃幕墙安全防护工作的通知》（建标〔2015〕38 号）；

（4）《建筑幕墙安全技术要求》（浙建〔2013〕2 号）；

（5）《杭州市建筑玻璃幕墙使用有关规定》（杭规发〔2007〕234 号）。

2. 对于采用幕墙的项目，前期报批文件编制时，需关注以下内容：

1）建设项目是否可以设置幕墙。

（1）《关于进一步加强玻璃幕墙安全防护工作的通知》（建标〔2015〕38 号）第二条规定：新建住宅、党政机关办公楼、医院门诊急诊楼和病房楼、中小学校、托儿所、幼儿园、老年人建筑，不得在二层及以上采用玻璃幕墙。

（2）《建筑幕墙安全技术要求》（浙建〔2013〕2 号）第 1.1 条规定：中小学、托儿所、幼儿园、青少年宫和养老院二层以上部位不得采用玻璃或石材幕墙。住宅、医院的新建、改建、扩建工程以及立面改造工程不宜采用玻璃或石材幕墙。

（3）《杭州市建筑玻璃幕墙使用有关规定》（杭规发〔2007〕234 号）第四条规定“禁止设置”玻璃幕墙的建筑为：一是历史街区、西湖风景名胜区内的建筑；二是居住小区内的建筑；三是住宅建筑周边 100m 范围内朝向住宅的建筑立面；四是 T 形路口正对直线路段的建筑。以上建筑，因情况特殊，确需设置的，经市城市规划专家咨询委员会组织论证后报市政府确定。

2）玻璃幕墙、金属幕墙设计是否产生光污染。

（1）《建筑幕墙安全技术要求》（浙建〔2013〕2 号）第 1.2 条规定：在 T 形路口正对直线路段处，不得采用玻璃幕墙。第 1.3 条规定：十字路口或多路交叉口处的建筑、城市立交桥、高架桥两侧相邻建筑以及城市道路红线宽度大于 30m 的，其道路两侧建筑物 20m 以下立面，其余路段两侧建筑物 10m 以下立面，其幕墙用玻璃的可见光反射比不得大于 0.16；其他玻璃幕墙用玻璃的可见光反射比不得大于 0.30。

（2）《杭州市建筑玻璃幕墙使用有关规定》（杭规发〔2007〕234号）第四条规定：以上“道路两侧的”建筑，结合建筑方案经专家论证可以设置玻璃幕墙的，其单个立面透明玻璃占墙面比不得大于0.6，且幕墙用玻璃的可见光反射比不得大于0.16。

（3）《玻璃幕墙光热性能》GB/T 18091—2015第4.4条规定在城市快速路、主干道、立交桥、高架桥两侧的建筑物高度20m以下及一般道路10m以下的玻璃幕墙，应采用可见光反射比不大于0.16的玻璃。第4.5节规定在T型路口正对直线路段处设置玻璃幕墙时，应采用可见光反射比不大于0.16的玻璃。第4.6节规定构成玻璃幕墙的金属外表面，不宜使用可见光反射比大于0.30的镜面和高光泽材料。第4.7节规定道路两侧玻璃幕墙设计成凹形弧面时应避免反射光进入行人与驾驶员的视场中，凹形弧面玻璃幕墙设计与设置应控制反射光聚焦点的位置。

第4.11节规定在与水平面夹角0°～45°的范围内，玻璃幕墙反射光照射在周边建筑窗台面的连续滞留时间不应超过30min。第4.12节规定在驾驶员前进方向垂直角20°、水平角±30°，行车距离100m内，玻璃幕墙对机动车驾驶员不应造成连续有害反射光。

该标准4.8条对应进行玻璃幕墙反射光影响的情况进行了规定：

① 在居住建筑、医院、中小学校及幼儿园周边区域设置玻璃幕墙时。

② 在主干道路口和交通流量大的区域设置玻璃幕墙时。该标准对玻璃幕墙反射光分析典型日选择及时段也进行了详细要求。

（4）《建筑环境通用规范》GB 55016—2021第3.2.8条规定建筑物设置玻璃幕墙时应符合下列规定：

① 在居住建筑、医院、中小学校、幼儿园周边区域以及主干道路口、交通流量大的区域设置玻璃幕墙时，应进行玻璃幕墙反射光影响分析。

② 长时间工作或停留的场所，玻璃幕墙反射光在其窗台上的连续滞留时间不应超过30min。

③ 在驾驶员前进方向垂直角20°、水平角±30°，行车距离100m内，玻璃幕墙对机动车驾驶员不应造成连续有害反射光。

3）幕墙是否列入建筑面积计算范围。

一方面应区分围护性幕墙和装饰性幕墙；二是要充分预留幕墙外轮廓线与结构边线的安装空间。

在既有建筑改造时，当在建筑外围增加围护性幕墙引起建筑面积变化的，应报城乡规划主管部门审查批准。

3.1.10 三维景观分析

三维景观分析需要利用城市的三维数据模型，一般由具有相应资质的指定（或认定）的设计公司完成。

（1）对于城市设计建筑景观要求较高、注重沿路景观界面的塑造与统一的项目，规划设计条件可要求在“方案阶段应进行三维景观影响分析评价”，便于更直观地分析建筑风格、造型、体量、色彩等与周边环境协调性。

（2）以杭州为例，对于在西湖、运河、良渚等自然或文化资源保护区内的建设项目，杭州市规划和自然资源局在规划设计条件中，一般要求“方案报审须符合重要景观控制相关要求，并进行三维景观分析”，提交的“三维景观分析”报告中，需“客观性”描述在既定的几个城市控制节点（如西湖的三潭印月、良渚的莫角山），是否“可见”拟建建筑，以供专家、主管部门“决策”。

3.1.11 消防车道和消防车登高操作场地

消防车道应按相应防火规范要求设置（详见本书第 4.4.3 条），宜设置在用地红线范围内。消防车道是否可以借用城市道路，宜咨询地方规定。

消防车登高操作场地应设置在用地红线范围内。当确有困难，需借用城市道路的，应报相关部门审查批准。

3.2 投资申报文件的关注要点

投资项目可分为政府投资项目和企业投资项目。投资申报文件应围绕项目建设必要性、方案可行性及风险可控性等三大目标，注重项目投资高质量发展，注重是否符合国家和地方的重大战略、重大规划和产业政策，注重从项目全生命周期出发统筹拟定项目投融资和建设实施方案，注重经济、社会、环境等新评价理念的应用，注重项目可行性研究重点内容的前后逻辑和统筹协调。

投资申报文件内容包含项目建设必要性、建设地点及规模、技术经济可行性、总投资及资金来源、社会风险等。对于政府投资项目可行性研究报告原则上应按照相关法规编写并执行，并作为各级政府及有关部门审批政府投资项目的基本依据。对于企业投资项目，在落实企业投资自主权基础上，引导企业重视项目可行性研究，加强投资项目内部决策管理，促进依法合规生产经营，实现健康可持续发展。

3.2.1 项目核准、备案

除涉及国家秘密的项目外，项目核准、备案通过国家建立的项目在线监管平台办理。核准机关、备案机关以及其他有关部门统一使用在线平台生成的项目代码办理相关手续。

投资申报文件的关注要点为项目建设的必要性，项目建设的可行性，项目建设的地点、规模和内容，项目建设周期，项目总投资及资金筹措。

项目应当按照投资主管部门或者其他有关部门批准的建设地点、建设规模和建设内容实施；拟变更建设地点或者拟对建设规模、建设内容等作较大变更的，应当按照规定的程序报原审批部门审批。

1. 政府投资项目的核准

根据《政府投资条例》（国令第 712 号）第十一条的相关规定：投资主管部门或者其他有关部门应当根据国民经济和社会发展规划、相关领域专项规划、产业政策等，从下列方面对政府投资项目进行审查，作出是否批准的决定：

（1）项目建议书提出的项目建设的必要性；

（2）可行性研究报告分析的项目的技术经济可行性、社会效益以及项目资金等主要建设条件的落实情况；

（3）初步设计及其提出的投资概算是否符合可行性研究报告批复以及国家有关标准和

规范的要求；

（4）依照法律、行政法规和国家有关规定应当审查的其他事项。

2. 企业投资项目的核准和备案

根据《企业投资项目核准和备案管理条例》（国令第673号）第三条的相关规定：对关系国家安全、涉及全国重大生产力布局、战略性资源开发和重大公共利益等项目，实行核准管理，对前款规定以外的项目，实行备案管理。

根据第九条的相关规定，核准机关应当从下列方面对项目进行审查：

（1）是否危害经济安全、社会安全、生态安全等国家安全；

（2）是否符合相关发展建设规划、技术标准和产业政策；

（3）是否合理开发并有效利用资源；

（4）是否对重大公共利益产生不利影响。

3.2.2 项目建议书

项目建议书是项目单位（一般为政府部门或事业单位）对拟建项目提出的总体设想，从宏观上说明拟建项目建设的必要性，同时初步分析项目建设的可行性和投资效益。项目单位应当委托具备相应资质的工程咨询单位编制项目建议书，并按照规定程序报审批机关审批。

项目建议书应当重点分析项目的必要性。

3.2.3 可行性研究报告

项目建议书批准后，项目单位应当委托具备相应资质的工程咨询单位编制可行性报告，连同依法应当附具的选址意见书、用地预审意见、环境影响评价文件、重大决策社会风险评估报告等相关文件，按照规定程序报审批机关审批。

1. 建设项目实施的最基本条件即是确定建设用地。

根据《中华人民共和国土地管理法》第五十二条的相关规定，建设项目可行性研究论证时，自然资源主管部门可以根据土地利用总体规划、土地利用年度计划和建设用地标准，对建设用地有关事项进行审查，并提出意见。

根据《中华人民共和国土地管理实施条例》第二十二条、第二十三条的相关规定：建设项目可行性研究论证时，由土地行政主管部门对建设项目用地有关事项进行审查，提出建设项目用地预审报告；可行性研究报告报批时，必须附具土地行政主管部门出具的建设项目用地预审报告。

新建项目可研编制的过程，往往也是建设项目确定建设地点、用地面积、建设规模的过程。其依据城市规划主管部门拟定的《建设项目用地预审及选址意见书》及用地红线图，原则上需遵循上位城市规划（包括且不限于城市总体规划、控制性详细规划等）；当项目需求与上位城市规划不符时，需协调相关单位编制选址论证报告暨控规调整论证报告，按照规定程序报审批机关审批。

2. 可行性研究报告应当重点分析项目建设的可行性。

3. 可行性研究报告的关注要点。

（1）依据各行业相关的建设标准及相关文件，审核其用地面积、建设内容及建设规模。对于不符合建设标准的内容及规模，可研报告应详细说明其必要性。现行主要建设标准目录详见附录A。

除总用地面积、总建筑规模有规定外，建设标准对各个分项内容有明确规定时，各个分项内容应按标准实施，不得随意调配。当需“突破”或“挪用”某个分项指标时，需在可研阶段，充分说明其必要性。如《综合医院建设标准》建标110—2021第二十一条规定了急诊部、门诊部、住院部、医技科室、保障系统、行政管理和院内生活用房等七项设施的床均建筑面积指标；以杭州为例，某医院迁建时，根据其历年的门诊流量申请提高门诊部床均建筑面积指标。

（2）依据相关政策文件、当地经济发展水平及同类项目的比较，说明投资估算的合理性，以及资金筹措的可行性。

（3）编制环境评价文件相关内容。

（4）以浙江省为例，在项目可行性研究报告阶段，应根据《浙江省重大决策社会风险评估报告备案文书》（杭政法风评〔2021〕50号）的相关规定，进行重大决策社会风险评估，评估报告应报相关主管部门备案。

（5）说明建设工期等其他相关内容。

3.2.4　初步设计

初步设计文件编制，原则上应遵循可行性研究报告及批复确定的主要内容和原则，包括且不限于建设地点、建设规模、建设内容、投资规模及其他要求。

1. 建设地点、建设规模、建设内容应与可研批复基本一致。

建设规模和建设内容确需调整的（包括扩大和减少），可以要求项目单位重新报送可行性研究报告。

2. 总投资不应超过可研批复的10%，且不应超过地方控制标准。

根据《政府投资条例》（国令第712号）第十二条规定：经投资主管部门或者其他有关部门核定的投资概算是控制政府投资项目总投资的依据。初步设计提出的投资概算超过经批准的可行性研究报告提出的投资估算10%的，项目单位应当向投资主管部门或者其他有关部门报告，投资主管部门或者其他有关部门可以要求项目单位重新报送可行性研究报告。项目单位不能因超出估算而擅自减少建设规模、建设内容；建设规模、建设内容确需减少的，投资额应相应核减。

3. 初步设计文件应符合编制深度要求，尤其是EPC项目。

初步设计文件的质量和完整性是概算编制准确的前提，在近几年的EPC项目实践中，因初步设计文件的设计缺项、错误等导致的“批后修改”不胜枚举。

1）概算依据的国家及地方标准、规定

（1）《政府投资条例》（国令第712号）。

（2）《浙江省政府投资项目管理办法》（省政府令2018年第363号）。

2）概算编制的关注要点

（1）概算的编制依据是否符合法律、法规及其他规定要求。

（2）概算的编制方法是否准确。

（3）概算反映的建设规模、建设标准、建设内容是否与设计内容及可研报告相符。

（4）概算定额、概算指标、各项费用定额及取费标准是否符合相关规定。

（5）概算是否超规模、超标准。

（6）概算是否存在多项、漏项等。

（7）基本预备费和价差预备费，计算基数、取费标准是否符合规定、符合项目实际情况。

（8）建设期利息计算是否同项目计划工期、资金筹措计划吻合。

3）审查报告内容组成

（1）工程概况。

（2）评审过程：简述项目评审过程。

（3）审查依据：应列出概算审查的主要依据清单。

（4）审查结论：概述概算审查增减的主要内容及原因，应从工程量、材料单价、定额运用、取费标准和费率取用等五个方面对具体的审查情况进行叙述；说明项目原编制总概算、审查后总概算，审查增减总额、增减比例等内容，并附上概算审查对照表。

（5）其他需说明的相关情况。

（6）单位图章、审查人员签名及资格印章。

3.2.5 初步设计批后修改

1．概算调整

《政府投资条例》（国令第712号）第二十三条规定：政府投资项目建设投资原则上不得超过经核定的投资概算。因国家政策调整、价格上涨、地质条件发生重大变化等原因确需增加投资概算的，项目单位应当提出调整方案及资金来源，按照规定的程序报原初步设计审批部门或者投资概算核定部门核定；涉及预算调整或者调剂的，依照有关预算的法律、行政法规和国家有关规定办理。

以浙江省为例，根据《浙江省政府投资项目管理办法》（省政府令2018年第363号）第三十四条规定，政府投资项目应当严格按照批准的设计文件进行施工建设。确需变更设计的，应当经原设计单位同意。有下列情形之一的，项目概算应当报原批准机关重新审批：（一）项目概算与投资估算不符，差额在10%以上的；（二）项目概算与投资估算不符，差额在2000万元以上的，其中投资额50亿元以上的基础设施建设项目，差额在5000万元以上的。

2．规模、内容调整

根据《政府投资条例》第二十一条规定：政府投资项目应当按照投资主管部门或者其他有关部门批准的建设地点、建设规模和建设内容实施；拟变更建设地点或者拟对建设规模、建设内容等作较大变更的，应当按照规定的程序报原审批部门审批。

3.3 环保设计申报文件的关注要点

根据《建设项目环境保护管理条例》的相关规定，国家实行建设项目环境影响评价制度。并根据建设项目对环境的影响程度，按照下列规定对建设项目的环境保护实行分类管理：

（1）建设项目对环境可能造成重大影响的，应当编制环境影响报告书，对建设项目产生的污染和对环境的影响进行全面、详细的评价。

（2）建设项目对环境可能造成轻度影响的，应当编制环境影响报告表，对建设项目产生的污染和对环境的影响进行分析或者专项评价。

（3）建设项目对环境影响很小，不需要进行环境影响评价的，应当填报环境影响登记表。

建设项目的环境影响报告书、报告表，应当由具有相应环境影响评价资质的机构编制，并报有审批权的环境保护行政主管部门审批。环境影响登记表实行备案管理。

有下列情况之一的建设项目，环境保护行政主管部门将不予批准：建设项目类型及其选址、布局、规模等不符合环境保护法律法规和相关法定规划；所在区域环境质量未达到国家或者地方环境质量标准，且建设项目拟采取的措施不能满足区域环境质量改善目标管理要求；建设项目采取的污染防治措施无法确保污染物排放达到国家和地方排放标准，或者未采取必要措施预防和控制生态破坏。

建设项目需要配套建设的环境保护设施，必须与主体工程同时设计、同时施工、同时投产使用。分期建设、分期投入生产或者使用的建设项目，其相应的环境保护设施应当分期验收。

3.3.1 主要国家及地方标准、规定

（1）《中华人民共和国环境保护法》；

（2）《建设项目环境保护管理条例》；

（3）《中华人民共和国水污染防治法》；

（4）《中华人民共和国大气污染防治法》；

（5）《中华人民共和国固体废物污染环境防治法》；

（6）《中华人民共和国环境噪声污染防治法》；

（7）《污水综合排放标准》GB 8978—1996；

（8）《大气污染物综合排放标准》GB 16297—1996；

（9）《工业企业厂界环境噪声排放标准》GB 12348—2008；

（10）《社会生活环境噪声排放标准》GB 22337—2008；

（11）《声环境质量标准》GB 3096—2008；

（12）《建筑环境通用规范》GB 55016—2021；

（13）《民用建筑通用规范》GB 55031—2022；

（14）《市容环卫工程项目规范》GB 55013—2021。

3.3.2 设计关注要点

1. 建筑与危险化学品等污染源的距离，应满足有关安全规定（《民用建筑通用规范》GB 55031—2022 第 4.1.4 条）。

2. 建筑周围环境的空气、土壤、水体等是否对人体健康构成危害（《民用建筑通用规范》GB 55031—2022 第 4.1.2 条）。

3. 建设用地是否存在污染物。若存在，则应采取有效措施进行治理，并应达到建设

用地土壤环境质量要求（《民用建筑通用规范》GB 55031—2022 第 4.1.2 条）。

（1）建设用地以前是工业用地的，应进行相关调查和检测。若存在土壤污染，则应按《中华人民共和国土壤污染防止法》相关规定实施风险管控、修复；列入建设用地土壤污染风险管控和修复名录的地块，不得作为住宅、公共管理与公共服务用地。

（2）根据《建筑环境通用规范》GB 55016—2021 第 5.2 节场地土壤氡控制的要求，建筑工程设计前应对建筑工程所在城市区域土壤中氡浓度或土壤表面氡析出率进行调查或对建筑场地土壤进行测定，并应提供相应的报告。

土壤氡浓度不大于 20000Bq/m^3 时或土壤表面氡析出率不大于 0.05Bq/（m^2·s）时，工程设计中可不采取防氡工程措施；超过时，采取相应措施。

土壤氡浓度 20000 ～ 30000Bq/m^3 时或土壤表面氡析出率 0.05 ～ 0.1Bq/（m^2·s）时，工程设计中应采取建筑物底层地面抗开裂措施。

土壤氡浓度 30000（含）～ 50000Bq/m^3 时或土壤表面氡析出率 0.1（含）～ 0.3Bq/（m^2·s）时，工程设计中除应采取建筑物底层地面抗开裂措施外，还必须按一级防水要求，对基础进行处理。

土壤氡浓度≥ 50000Bq/m^3 时或土壤表面氡析出率≥ 0.3Bq/（m^2·s）时，工程设计中除应采取建筑物综合防氡措施。

4. 建设项目在建设和使用过程中，是否有废气、废水、废物、噪声、振动、炫光等污染的产生。若有，则应采取相应措施（《民用建筑通用规范》GB 55031—2022 第 4.1.3 条）。

1）污水

根据《污水综合排放标准》GB 8978—1996 第 4.1 条规定：

① 污水排入设置二级污水处理厂的城镇排水系统时，执行三级标准。

② 污水排入 GB 3838 Ⅳ、Ⅴ类水域和 GB 3097 三类海域时，执行二级标准。

③ 污水排入 GB 3838 Ⅲ类水域（划定的保护区和游泳区除外）和 GB3097 二类海域时，执行一级标准。

④ 民用建筑项目，生活污水经化粪池处理、厨房废水经隔油池处理后排放；50 床以上的医院、兽医院及医疗机构含的污水（含消毒污水）按相关规定处理达标后排放。

2）废气

① 根据《中华人民共和国大气污染防治法》第 81 条规定：排放油烟的建设项目（餐饮服务业）应当安装油烟净化设施并保持正常使用，或者采取其他油烟净化措施，使油烟达标排放。

② 根据《中华人民共和国大气污染防治法》第 84 条规定：具有服装干洗和机动车维修等服务活动的建设项目，应当按照国家有关标准或者要求设置异味和废气处理装置等污染防治设施并保持正常使用，防止影响周边环境。

③ 根据《中华人民共和国大气污染防治法》第 69 条规定：施工单位应当在施工工地设置硬质围挡，并采取覆盖、分段作业、择时施工、洒水抑尘、冲洗地面和车辆等有效防尘降尘措施。建筑土方、工程渣土、建筑垃圾应当及时清运；在场地内堆存的，应当采用密闭式防尘网遮盖。

暂时不能开工的建设用地，建设单位应当对裸露地面进行覆盖；超过三个月的，应当进行绿化、铺装或者遮盖。

④ 根据《民用建筑通用规范》GB 55031—2022 第 4.5.1 条规定：地下车库、地下室有污染性的排风口不应朝向邻近建筑的可开启外窗或取风口；当排风口与人员活动场所的距离小于 10m 时，朝向人员活动场所的排风口底部距人员活动场所地坪的高度不应小于 2.5m。

⑤ 根据《大气污染物综合排放标准》GB 16297—1996 第 7.4 条规定：新污染源的排气筒一般不应低于 15m。

3）固体废物

①《中华人民共和国固体废物污染环境防治法》第九十条规定：医疗废物按照国家危险废物名录管理。医疗卫生机构应当依法分类收集本单位产生的医疗废物，交由医疗废物集中处置单位处置。医疗废物集中处置单位应当及时收集、运输和处置医疗废物。两者均应当采取有效措施，防止医疗废物流失、泄漏、渗漏、扩散。第七十七条规定：对危险废物的容器和包装物以及收集、贮存、运输、利用、处置危险废物的设施、场所，应当按照规定设置危险废物识别标志。

② 根据《中华人民共和国固体废物污染环境防治法》第五十条规定：从生活垃圾中分类并集中收集的有害垃圾，属于危险废物的，应当按照危险废物管理。

4）噪声

① 社会生活噪声排放源边界噪声不得超过表 3.3.2-1 规定的排放限值。

社会生活噪声排放源边界噪声排放限值 **表 3.3.2-1**

边界外声环境功能区类别	时段	
	昼间［dB（A）］	夜间［dB（A）］
0	50	40
1	55	45
2	60	50
3	65	55
4	70	55

资料来源：本表格引用自《社会生活环境噪声排放标准》GB 22337—2008 第 4.1 条。

根据《声环境质量标准》GB 3096—2008 的相关规定，按区域的使用功能特点和环境质量要求，声环境功能区分为以下五种类型：

a．类声环境功能区：指康复疗养区等特别需要安静的区域。

b．类声环境功能区：指以居民住宅、医疗卫生、文化教育、科研设计、行政办公为主要功能，需要保持安静的区域。

c．类声环境功能区：指以商业金融、集市贸易为主要功能，或者居住、商业、工业混杂，需要维护住宅安静的区域。

d．类声环境功能区：指以工业生产、仓储物流为主要功能，需要防止工业噪声对周围环境产生严重影响的区域。

e．类声环境功能区：指交通干线两侧一定距离之内，需要防止交通噪声对周围环境产生严重影响的区域，包括 4 a 类和 4 b 类两种类型。4 a 类为高速公路、一级公路、二级公路、城市快速路、城市主干路、城市次干路、城市轨道交通（地面段）、内河航道两侧区域；4 b 类为铁路干线两侧区域。

② 工业企业厂界噪声标准详见表 3.3.2-2。

工业企业厂界噪声标准 **表 3.3.2-2**

类别	适用范围	昼间 [dB（A）]	夜间 [dB（A）]
1类	以居住、文教机关为主的区域	55	45
2类	居住、商业、工业混杂区及商业中心区	60	50
3类	工业区	65	55
4类	道路交通干线道路两侧区域	70	55

资料来源：本表格引用自《工业企业厂界环境噪声排放标准》GB 12348—2008。

注：夜间频繁突发的噪声（如排气噪声），其峰值不准超过标准值 10dB(A)；夜间偶然突发的噪声（如短促鸣笛声），其峰值不准超过标准值 15dB（A）。

③ 根据《中华人民共和国噪声污染防治法》第十三条规定：建设项目可能产生环境噪声污染的，建设单位必须提出环境影响报告书（报告书中应当有该建设项目所在地单位和居民的意见），规定环境噪声污染的防治措施，并按照国家规定的程序报环境保护行政主管部门批准。

④ 工业企业的噪声排放标准应执行《工业企业厂界环境噪声排放标准》GB 12348—2008 的相关规定。当厂界无法测量到声源的实际排放状况时，如声源位于高空、厂界设有声屏障等，应按一般情况的要求设置测点（厂界外 1m、高度 1.2m 以上、距任一反射面距离不小于 1m 的位置），同时在受影响的噪声敏感建筑物（噪声敏感建筑物指医院、学校、机关、科研单位、住宅等需要保持安静的建筑物）户外 1m 处另设测点。

⑤ 营业性文化娱乐场合和商业经营活动中也许产生环境噪声污染的设备、设施边界噪声排放标准应符合《社会生活环境噪声排放标准》GB 22337—2008 的相关规定。在社会生活噪声排放源边界处无法进行噪声测量或测量的结果不能如实反映其对噪声敏感建筑物的影响限度的情况下，噪声测量应在也许受影响的敏感建筑物窗外 1m 处进行。

3.4 交通设计申报文件的关注要点

3.4.1 主要国家及地方标准、规定

（1）《城市综合交通体系规划标准》GB/T 51328—2018；

（2）《城市道路交通设施设计规范》GB 50688—2011（2019 年版）；

（3）《城市道路工程设计规范》CJJ 37—2012；

（4）《建设项目交通影响评价技术标准》CJJ/T 141—2010；

（5）《车库建筑设计规范》JGJ 100—2015；

（6）浙江省《城市建筑工程停车场（库）设置规则和配建标准》DB33/ 1021—2013；

（7）《杭州市城市建筑工程机动车停车位配建标准实施细则（2015年6月修订）》（杭建科〔2015〕110号、杭规发〔2015〕37号）。

3.4.2 交通设计申报文件的关注要点

交通设计申报文件需关注以下情形，其中基地出入口、基地内道路的具体设置要求，详见本书第7.1.4、7.1.5条。

（1）项目对周边道路的交通影响。

（2）机动车出入口（含消防出入口）的位置、数量、开口宽度和方式（如右进右出）。

（3）集散广场（学校接送等候区）、临时泊位（学校接送泊位）、公共自行车（杭州小红车）等。

（4）机动车泊车位（含无障碍车位）的配建数量应符合地方标准要求；包括装卸车、大巴车、出租车位、访客车位等的配建要求，应厘清上述特殊车位是否可计入机动车泊车位及相应的换算标准。

以杭州为例，根据《杭州市城市建筑工程机动车停车位配建标准实施细则（2015年6月修订）》第十二条的相关规定，公共租赁住房应充分利用地下空间设置至少一层地下车库作为公共停车库，公共停车位数量不少于总户数的20%。中小学校操场下方应充分利用地下空间设置至少一层地下车库，作为公共停车库，公共停车位数量按操场面积 ×2.5辆/100m^2 的标准配建。公交场站、公共绿地应设置公共停车位，当用地面积大于3000m^2时，应设置至少一层地下车库：当用地面积小于等于3000m^2，应结合场地条件尽可能多设置公共停车位。除军事类和保密类建筑工程，其他土地行政划拨类的建筑工程增配公共停车位数量应为其配建停车位数量的20%以上（含20%）。公共停车位宜集中设置，并具有专用通道及出入口。

（5）机动车泊车位大小（以杭州为例，小汽车泊位为2.5m×6m，装卸车位为4m×12m）。

（6）以杭州为例，根据《杭州市城市建筑工程机动车停车位配建标准实施细则（2015年6月修订）》的相关规定，各类建筑工程配建的机械式停车位数量不应超过配建机动车停车位总数的60%，其中商品房、拆迁安置房和经济适用房应配建部分的车位数量不得是机械式停车位。

（7）非机动车泊位的数量和位置；以杭州为例，除应按照相关规定配建非机动车泊位外，尚应按规划设计条件要求，在地块内配置公共自行车位，规模、位置在报批方案阶段确定，配置的公共自行车位可以按1 ： 3抵减地块需配设的自行车位。

（8）基地道路宽度和交通组织。

（9）道路交叉口的安全视距、机动车库出入口的安全视距及退界、机动车库内交叉口的安全视距。

（10）机动车库出入口内的车流组织，如双进双出、单进单出等。

（11）交通组织影响评价报告或专篇的深度和结论。

3.5 消防设计申报文件的关注要点

消防设计内容在规划选址、方案、初步设计、施工图、竣工验收各个阶段均需审查或验收。在方案、初步设计中消防主管部门出具初步审查意见，审查会邀请建筑、消防专家参与评审，这个阶段的意见主要是总图及原则性的意见。以杭州为例，施工图审查程序，一般先由第三方施工图审查机构完成全面的技术审查，然后在住房和城乡建设局（消防）完成技术复核或备案；竣工验收程序，一般先由第三方机构完成图纸复查、现场检查、消防设备测试等工作，然后由住房和城乡建设局（消防）完成备案或抽查。

3.5.1 主要国家及地方标准、规定

（1）《建筑防火通用规范》GB 55037—2022；
（2）《消防设施通用规范》GB 55036—2022；
（3）《建筑设计防火规范》GB 50016—2014（2018 年版）；
（4）《建筑内部装修设计防火规范》GB 50222—2017；
（5）《汽车库、修车库、停车场设计防火规范》GB 50067—2014；
（6）《建筑防烟排烟系统技术标准》GB 51251—2017；
（7）《浙江省消防技术规范难点问题操作技术指南（2020 版）》。

3.5.2 规划选址阶段的消防设计文件的关注要点

（1）关注建设用地与火灾危险性大的石油化工企业、烟花爆竹企业、石油天然气工程、加油加气站、发电厂与变电站等工程之间的距离是否符合相关规定；或者上述火灾危险性大的工程的选址是否与既有建筑之间的距离是否符合相关规定，是否符合规划要求。

根据《建筑设计防火规范》GB 50016—2014（2018 年版），具有爆炸危险的甲类厂房、仓库、储罐与民用高层建筑、重要公共建筑的间距为不小于 50m，其为城市建设区域中最大的防火间距。因此在城镇建设区的建筑设计中，一般只需关注基地周边 50m 范围内是否有加油加气站、医院的液氧罐、燃气站等即可，工业区、码头等根据实际情况确定。

（2）建设用地周边市政道路、供水条件是否符合消防要求，特别是在城镇开发边界或旧城改造时。

（3）城市消防救援能力是否支持建设项目。

3.5.3 报批方案或初步设计阶段消防设计文件的关注要点

1. 报批方案或初步设计阶段需确定平面图及总投资，设计需要关注以下几个方面：

（1）当不符合时，对其他专业影响比较大，如民用建筑的消防分类和工业建筑的火灾危险性。

（2）当不符合时，影响项目的总平面布局。

（3）当不符合时，对平面布局影响比较大，如防火分区划分、多功能组合建筑平面布

置；疏散楼梯的宽度和形式等。

（4）当不符合时，对造价影响较大，比如钢筋混凝土梁柱板的截面尺寸和混凝土保护层厚度，钢结构的防火涂料、防火分隔墙体材料。

2. 初步设计阶段，消防主管部门对消防设计作原则性审查，主要包括消防总平面图、建筑消防分类、建筑功能及消防设计、设备消防设计的主要原则。

消防设计的关注要点包括且不限于以下方面：

（1）总平面消防设计，包括消防间距、消防车道、消防车登高操作场地等，具体详见本书第4.4节内容。

（2）消防控制室和消防水泵房的设置部位。

（3）民用建筑的消防分类或工业建筑的火灾危险性类别。

（4）消防水池的容量与城市供水条件（一路供水或两路供水）。

（5）电力负荷等级，市政供电条件是否满足消防要求，是否需设置自备电源。

（6）防火分区划分、消防疏散组织原则、疏散楼梯形式和平面布置，宜绘出防火分区示意图（疏散距离和安全出口布置），对于体育场馆等宜绘出疏散组织分析图。

（7）“老、幼、病”、超过400m^{2}的“多功能厅”等的建筑高度、层数、平面布置及安全疏散组织。

（8）对于商业综合体、超高层建筑等复杂项目，需关注是否需消防安全论证或其他审查程序。

（9）对于多功能组合建造的项目，需关注平面布置和疏散原则，如商业综合体中的儿童活动场所、电影院等。

（10）疏散人数计算（人员密集场所）、疏散总宽度；对于规范中没有明确规定的，应说明人数计算的标准；对于限制使用人数的建筑空间如中小学校中的风雨操场，需标注明确。

3.5.4 施工图阶段消防设计文件的关注要点

对于消防审查范围内的项目，消防主管部门依法进行建设工程消防审查，包括建设工程消防设计审核和备案，消防设计技术审查首先由施工图审查机构完成。

消防审查时需要提供建设项目的规划许可或施工许可文件，土建竣工验收后的二次装修项目需要提供土建消防验收证明文件或房产证明文件。也就是说，消防审查的前提条件是建筑项目必须“合法”，不能是“违章建筑”。

施工图消防设计文件的关注要点，包含且不限于初步设计阶段的关注要点，详见本书第4章。

3.5.5 特殊消防设计

根据《建设工程消防设计审查验收管理暂行规定》第十七条的相关规定，具有下列情形之一的特殊建设工程应进行特殊消防设计：

1. 国家工程建设消防技术标准没有规定，必须采用国际标准或者境外工程建设消防技术标准的。

2. 消防设计文件拟采用的新技术、新工艺、新材料不符合国家工程建设消防技术标准规定的。

特殊消防设计技术资料，包括特殊消防设计文件，设计采用的国际标准、境外工程建设消防技术标准的中文文本，以及有关的应用实例、产品说明等资料。

根据第十九、二十一条的相关规定，对符合《建设工程消防设计审查验收管理暂行规定》第十七条规定的建设工程，消防设计审查验收主管部门应当自受理消防设计审查申请之日起五个工作日内，将申请材料报送省、自治区、直辖市人民政府住房和城乡建设主管部门组织专家评审。省、自治区、直辖市人民政府住房和城乡建设主管部门应当在收到申请材料之日起十个工作日内组织召开专家评审会，对建设单位提交的特殊消防设计技术资料进行评审。

评审专家应当符合相关专业要求，总数不得少于七人，且独立出具评审意见。特殊消防设计技术资料经四分之三以上评审专家同意即为评审通过，评审专家有不同意见的，应当注明。省、自治区、直辖市人民政府住房和城乡建设主管部门应当将专家评审意见，书面通知报请评审的消防设计审查验收主管部门，同时报国务院住房和城乡建设主管部门备案。

专家评审意见，可以作为消防设计及审核的依据。

3.6 人防设计申报文件的关注要点

以浙江省为例，根据《浙江省实施〈中华人民共和国人民防空法〉办法》第十四条的相关规定：人民防空工程建设的设计应当报经人民防空主管部门审查批准。

3.6.1 主要国家和地方标准、规定

（1）《中华人民共和国防空法》;

（2）《浙江省实施〈中华人民共和国人民防空法〉办法》;

（3）《浙江省结合民用建筑修建防空地下室审批管理规定（试行）》（浙人防办〔2020〕31号）;

（4）《浙江省人民防空办公室 浙江省住房和城乡建设厅 关于防空地下室结建标准适用的通知》（浙人防办〔2018〕46号）;

（5）《人民防空地下室设计规范》GB 50038—2005;

（6）《人民防空工程设计规范》GB 50225—2005;

（7）《金华市防空地下室设计技术咨询服务要点（试行）》。

3.6.2 人防结建面积确定

1. 计算需配建人防的地上总建筑面积，即除乡、非人民防空重点镇外的新建、改建、扩建的地面民用建筑，包括居民住宅、公共建筑、工业生产厂房内的所有非生产性建筑如办公、食堂、宿舍等，其中居民住宅与其他民用建筑结建面积应当分别计算。

需根据地方规定，厘清住宅配套面积是否列入住宅建筑面积；需要厘清架空层、骑楼等是否列入结建面积。

2. 根据《浙江省实施〈中华人民共和国人民防空法〉办法》第十二条的相关规定：

国家和省确定的人民防空重点城市、镇总体规划确定的城镇建设用地范围内，依法设立的开发区、工业园区、保税区（港区）和重要经济目标等区域内，新建（含改建、扩建）地面民用建筑，应当按照其一次性规划新建或者新增地面总建筑面积的下列比例修建防空地下室：

（1）新建居民住宅的，国家确定的一、二、三类人民防空重点城市修建比例依次为11%、10%、9%，省确定的人民防空重点城市（含县城）、重点镇修建比例分别为8%、7%；

（2）新建其他民用建筑总建筑面积在2000m^{2}以上的，国家确定的一、二、三类人民防空重点城市修建比例依次为8%、7%、6%，省确定的人民防空重点城市（含县城）、重点镇修建比例分别为5%、4%。

乡、非人民防空重点镇不适用前款规定。

建设项目所在地执行标准，需咨询人防主管部门（本项属于非公开内容）。

3．根据上述2条计算应建人防建筑面积；设计人防建筑面积原则上不应低于应建人防建筑面积。根据《浙江省结合民用建筑修建防空地下室审批管理规定（试行）》的相关规定，住宅用地项目尚应满足人均掩蔽面积不少于1m^2。

4．防空专业队工程、抗力等级五级的人员掩蔽工程、区域电站、供水站、食品站等，可以按照应建防空地下室面积的70%核定；医疗救护工程可按照应建防空地下室面积的60%核定。

5．以浙江省为例，人防面积的计算应符合浙江省《建筑工程建筑面积计算和竣工综合测量技术规程》DB33/T 1152—2018第十章的相关规定。人防区建筑面积以防护密闭门、人防波活门相连接的临空墙、外墙"外边缘"形成的范围为界（该项尚应遵循地方标准，以金华市为例，根据相关规定，与普通地下空间分隔墙体以墙中线为界，带有活门的人防进排风竖井视作防护区范围）。

3.6.3 人防战时功能和防护等级确定

根据《浙江省实施〈中华人民共和国人民防空法〉办法》第十二条的相关规定：战时功能和防护等级由县级以上人民防空主管部门按照国家有关规定和人民防空工程规划确定。

根据《浙江省结合民用建筑修建防空地下室审批管理规定》（浙人防办〔2020〕31号）的相关规定：

（1）县级以上党政机关和城市电信、供电、供气、供水、食品等生活保障部门的新建公共建筑，宜修建一等人员掩蔽工程。

（2）新建一、二、三级医院，宜修建救护站、急救医院和中心医院。

（3）人民防空专业队组建部门的新建公共建筑，宜修建相应的防空专业队工程。

（4）重要经济目标单位的新建民用建筑，宜修建一等人员掩蔽工程、防空专业队工程和关键部位地下化工程。

（5）一般工程项目配建甲类二等人员掩蔽所或乙类二等人员掩蔽所，抗力等级为核6常6，防化等级为丙级。

（6）当应建防空地下室面积10000m^{2}以上时，新建商业设施项目可以配建2个人防物资库，其他项目可以配建 1 个人防物资库。

注：专业队、医疗救护工程等需由具备专项设计资质的单位设计。

3.6.4 兼顾人防（地方规定）

（1）人民防空重点城市、镇的城镇建设用地范围内，在广场、道路、公园、绿地、水体、山体等地下建设的单建掘开式和坑道式地下空间开发利用工程项目，应当兼顾人民防空需要。

（2）城市地铁、地下交通隧道、地下综合管廊等城市地下基础设施，应当兼顾人民防空需要。

（3）划拨用地内按规定应配建的社会停车库，应当兼顾人民防空需要。

3.6.5 易地建设

1. 根据《浙江省实施〈中华人民共和国人民防空法〉办法》、《浙江省结合民用建筑修建防空地下室审批管理规定》（浙人防办〔2020〕31 号）的相关规定，应当修建防空地下室的建设项目，有下列情形之一的，建设单位按照国家和省有关规定缴纳人民防空工程易地建设费后，可以不建或者少建防空地下室，由人民防空主管部门统一组织易地修建：

（1）因地质地形（流沙、暗河、基岩埋深较浅）、施工（周边建筑物或地下管道设施密集）等客观条件限制，不能修建防空地下室的。

（2）所在控制性详细规划确定的地块内已建人民防空工程（地下室）已达到国家和省有关人民防空工程规划要求的。

（3）所在地块被禁止、限制开发利用地下空间的。

（4）按照人民防空工程规划要求，重要经济目标区域内或其周边区域不适合建设的。

（5）建设项目应建防空地下室面积小于 1000m^2 的。

（6）应建防空地下室合理划分防护单元后，剩余面积不足 500m^2 的。

（7）国家规定可以不建或少建的其他情形。

2. 经人民防空主管部门批准易地建设的，建设单位应当在估算、概算中，按照规定标准，列入人民防空工程易地建设费；并在申领施工许可证之前一次性足额缴纳该项费用。

3. 经人民防空主管部门核实可易地建设，并符合国家和省有关减免政策的，可以予以减免。

4. 防空地下室竣工后，实测建筑面积少于应建建筑面积 50m^2 或 1% 时，应当补缴人防工程易地建设费。

3.6.6 人防设计文件内容

初步设计文件应编制人防设计专篇（全专业），绘制人防技术图纸，包括人防总平面图、平时平面图、战时平面图；

施工图设计文件应绘制详图、设备表、人防工程标识，编写人防转换专篇。

根据其他地方规定，按需绘制其他设计文件、申报表。

3.6.7　人防布局

以金华市为例，《金华市防空地下室设计技术咨询服务要点（试行）》提出在方案设计中优化人防工程布局，从源头上促进防空地下室规模适当、布局合理、结构均衡，从而提升人防工程战备、经济和社会效益。其对人防工程总体布局，作了以下规定：

（1）防空地下室临战封堵后不宜影响相邻普通地下室的使用。例如：当封堵汽车坡道时，需确保战时普通地下室区域车位数量和对应的战时可用汽车坡道数量满足配比要求，且确保普通地下室区域绝大多数车位仍能在战时停车使用。

（2）项目分期开发建设时，防空地下室也宜分期规划建设；建设项目分居住、商业、办公等多种主要功能时，原则上主要应建面积在相关功能建筑下方修建，以减少战时人员穿插掩蔽情况。

（3）人员掩蔽工程应布置在人员居住、工作的适中位置，其服务半径不宜大于200m（《人民防空地下室设计规范》GB 50038—2005 第3.1.2条）。战时疏散距离的界定原则上以最远民用建筑楼梯间出入口与人防工程地面出入口的直线距离为准。

（4）防护地下室宜通过密闭通道或者防毒通道与相邻的较大普通地下空间连通；在城市地下空间开发密集区域，防空地下室宜与其他地块地下空间、地下隧道等互连互通；防空地下室若靠近城市人防疏散坑道宜连通。

（5）防空地下室尽量避免包围配电房、水泵房、空调机房等设备用房，以利地下室平时各种管线在普通地下室内穿越。

3.6.8　人防设计文件的其他关注要点

（1）防空地下室战时人防掩蔽面积应不低于防空地下室建筑面积的60%；平时用途为机动车库的，机动车位净面积不低于防空地下室建筑面积的25%。

（2）当防空地下室建筑面积超过5000m^{2}时，应配建人防电站——移动电站或固定电站（根据用电规模确定）。电站的抗力等级应不低于抗力等级最高的人防单元的抗力等级。

（3）根据地方规定确定人防区的临战封堵方式，一般要求进行门式封堵。

（4）防空地下室的各出入口、通风口，距生产、储存易燃易爆物品厂房、库房的距离不应小于50m；距离有害液体、重毒气体的贮罐不应小于100m。主要关注甲乙类厂房、仓库区，医院的液氧罐区、生化相关的试验楼等建设项目的配建防空地下室。（《人民防空地下室设计规范》GB 50038—2005 第3.1.3条）

3.7　绿色建筑和建筑节能设计申报文件的关注要点（以浙江省及杭州市为例）

1. 主要国家及地方标准、规定。

（1）《中华人民共和国节约能源法》；

（2）《绿色建筑评价标准》GB/T 50378—2019；

（3）浙江省《绿色建筑条例》。

2．绿色建筑星级标准。

根据国家及地方标准，确定绿色建筑星级标准。以杭州市为例，根据2018年《杭州市绿色建筑专项文本》的要求：

（1）一般规定

城市、镇总体规划确认的城镇建设用地范围内新建民用建筑（农民自建住宅除外），应当按照一星级以上绿色建筑强制性标准进行建设。其中，国家机关办公建筑和政府投资或以政府投资为主的其他公共建筑，应当按二星级以上绿色建筑强制性标准进行建设，鼓励其他公共建筑和住宅建筑按二星级以上绿色建筑的技术要求进行建设。工业用地上的民用建筑绿色建筑等级要求按本规划中相应建筑类型的标准执行。

一般规定外，位于本次规划第一层次范围内（上城区、下城区、江干区、拱墅区、西湖区、滨江区六个行政区域范围）的新建民用建筑，尚需执行以下规定：

（2）居住建筑

2017—2020年：计容建筑面积≥8万m^2的新建居住建项目，按二星级以上绿色建筑强制性标准建设。

2021—2025年：计容建筑面积≥8万m^2或位于绿色建筑重点发展区内的新建住建筑项目，按二星级以上绿色建筑强制性标准建设；其中计容建筑面积≥20万m^2的新建居住建筑项目，按三星级绿色建筑强制性标准建设。

（3）政府投资或者以政府投资为主的公共建筑

2017—2020年：政府投资或者以政府投资为主的新建公共建筑中，计容建筑面积≥5000m^2的（行政）办公建筑，计容建筑面积≥1万m^2的文化、体育建筑，计容建筑面积≥2万m^2的医疗建筑，计容建筑面积≥3万m^2的教育、交通建筑以及计容建筑面积≥2万m^2的其他公共建筑，按三星级绿色建筑强制性标准建设。

2021—2025年：政府投资或者以政府投资为主的新建公共建筑中，计容建筑面积≥5000m^2的（行政）办公建筑，计容建筑面积≥1万m^2的文化、体育建筑，计容建筑面积≥2万m^2的医疗、教育、交通建筑以及其他公共建筑，按三星级绿色建筑强制性标准建设。

（4）社会投资的公共建筑

2017—2020年：社会投资的新建公共建筑中，计容建筑面积≥5万m^2且≤10万m^2的办公、商业、旅馆建筑项目，以及计容建筑面积≥2万m^2的其他建筑项目，按二星级及以上绿色建筑强制性标准建设，计容建筑面积≥10万m^2的办公、商业、旅馆建筑项目，按三星级绿色建筑强制性标准建设。

2021—2025年：除继续执行2017—2020年的控制要求外，增加“位于绿色建筑重点发展区内的新建社会投资公共建筑项目，按二星级以上绿色建筑强制性标准建设，其中计容建筑面积≥10万m^2的办公、商业、旅馆建筑项目或计容建筑面积≥10万m^2的其他建筑项目，按三星级绿色建筑强制性标准建设”的要求。

3．以浙江为例，需根据项目类别（公共建筑或居住建筑）、规模等，确定节能评估分类，并按规定确认评估程序。

根据《浙江省绿色建筑条例》第十二条的相关规定：

（1）总建筑面积3万m^2以上的新建公共建筑和总建筑面积15万m^2以上的新建居住

建筑，应当编制节能评估报告书。

（2）总建筑面积1万m^2以上不足3万m^2的新建公共建筑和总建筑面积5万m^2以上不足15万m^2的新建居住建筑，应当编制节能评估报告表。

（3）总建筑面积不足1万m^2的新建公共建筑和总建筑面积不足5万m^2的新建居住建筑，应当填写节能登记表。

4. 审核绿色建筑自评表、节能评估报告书（表）等设计文件的深度是否符合规定。

5. 建筑相关的关注要点。

（1）围护结构热工性能是否符合规定要求；是否根据绿色建筑星级标准的要求，提升围护结构性能。

（2）围护结构的主要墙体材料、保温材料等在各设计文件中是否一致。

（3）保温材料的选用是否符合地方规定和防火要求。

（4）遮阳措施。

（5）外窗、玻璃幕墙的可开启部分的比例。

（6）是否落实可再生能源利用的主要措施，包括且不限于空气源热泵、太阳能热水、光伏发电等。

（7）自评表、总平面布置图、海绵城市水专业设计图纸中关于绿地面积、下凹绿地、透水铺装中的数据是否一致。

（8）景观水的补充水源（不得使用自来水）。

3.8 海绵城市设计申报文件的关注要点（以浙江省及杭州市为例）

1. 主要国家及地方标准、规定。

（1）《国务院办公厅关于推进海绵城市建设的指导意见》（国办发〔2015〕75号）；

（2）《浙江省人民政府办公厅关于推进全省海绵城市建设的实施意见》（浙政办发〔2016〕98号）；

（3）《关于印发〈浙江省海绵城市规划设计导则（试行）〉的通知》（建规发〔2017〕1号）。

2. 根据国家及地方标准、建筑类别，确定海绵城市建设设计指标是否满足要求，包括年径流总量控制率、年径流污染削减率和综合雨量径流系数。

3. 经场地综合雨量径流系数计算表计算复核确定绿地、绿化屋面、透水铺装、不透水铺装等相关指标。

4. 经计算确定雨水调蓄措施，包括雨水调蓄池容积和位置，下凹绿地面积、深度和位置。

5. 根据地方规定编制海绵城市设计专篇、相关表格、绘出相关技术图纸（包括且不限于下垫面分析、排水分区、雨水径流组织和溢流排放、海绵设施总平面布置、雨水回用系统平面及工艺流程等），说明选用设施的种类、规模、平面布置、竖向关系、构造等，明确海绵城市设计各相关专业的衔接内容及注意事项。

6. 是否有本项目海绵措施（设施）与城市雨水排水系统和毗邻绿地、河湖水系的衔接设计。

3.9 建筑工业化设计申报文件的关注要点

1．主要国家及地方标准、规定。

（1）《住房城乡建设部关于推进建筑业发展和改革的若干意见》（建市〔2014〕92号）；

（2）《浙江省人民政府办公厅关于推进绿色建筑和建筑工业化发展的实施意见》（浙政办发〔2016〕111号）；

（3）《装配式建筑评价标准》GB/T 51129—2017。

2．装配式建筑实施范围与主要技术指标一般在地方政策文件或规划设计条件书中明确，未明确的宜向主管部门咨询。当确有困难不能满足的，如电子产业中楼板有防震要求，实验楼用水点较多等等，需报主管部门核准。

以杭州为例，根据《关于进一步明确装配式建筑实施范围的通知》（杭建工业〔2020〕1号）的相关规定，以下情况可不实施装配式建造：

（1）建设工程项目方案或初步设计批复中，地上总建筑面积不超过10000m^{2}的居住建筑、公共建筑、工业建筑项目。

（2）建设工程项目中，“独立”设置的构筑物和配套设施（如门卫室、配电房、垃圾房、锅炉房、公共厕所等）。

（3）居住建筑类项目中，非居住功能的地上建筑面积总和不超过10000m^2，且其与地上总建筑面积之比不超过10%时，地上建筑面积不超过3000m^{2}的商铺、辅助用房等“独立”设置的配套建筑。

（4）工业建筑类项目中，配套生活用房及配套研发楼等地上建筑面积总和不超过10000m^2，且其与地上总建筑面积之比不超过15%时，地上建筑面积不超过3000m^{2}的配套研发楼、配套生活用房等“独立”设置的非生产用房。

3．初步设计阶段应完成装配率指标测评，落实实施的范围和主要技术措施；施工图阶段完成构造节点，装配式混凝土构件等按需深化设计。

4．装配率计算和装配式建筑评价单元应为单体建筑（主楼和裙房可作为不同的评价单元）；评价单元满足下列要求时可确定为装配式建筑：

（1）主体结构部分的评价分值不低于20分。

（2）围护墙和内隔墙部分的评价分值不低于10分。

（3）实施全装修。

（4）应用建筑信息模型（BIM）技术。

（5）体现标准化设计。

（6）公共建筑的装配率不低于60%，居住建筑的装配率不低于50%。

（7）经计算填写各单体装配式建筑评分表（表3.9）。

装配式建筑评分表　　**表 3.9**

<table>
<tr><th colspan="3">评价项</th><th>应用比例</th><th>评价分值</th><th>最低分值</th></tr>
<tr><td rowspan="4">主体结构
（Q1）
50分</td><td rowspan="3">柱、支撑、承重墙、延性墙板等竖向构件</td><td>应用预制部件</td><td>35%≤比例≤80%</td><td>20～30*</td><td rowspan="4">20</td></tr>
<tr><td>现场采用高精度模板</td><td>70%≤比例≤90%</td><td>5～10*</td></tr>
<tr><td>现场应用成型钢筋</td><td>比例≥70%</td><td>4</td></tr>
<tr><td colspan="2">梁、板、楼梯、阳台、空调板等构件</td><td>70%≤比例≤80%</td><td>10～20*</td></tr>
<tr><td rowspan="7">围护墙和内隔墙
（Q2）
20分</td><td colspan="2">非承重围护墙非砌筑</td><td>比例≥80%</td><td>5</td><td rowspan="7">10</td></tr>
<tr><td rowspan="3">围护墙</td><td>墙体与保温隔热、装饰一体化</td><td>50%≤比例≤80%</td><td>2～5*</td></tr>
<tr><td>采用保温隔热与装饰一体化板</td><td>比例≥80%</td><td>3.5</td></tr>
<tr><td>采用墙体与保温隔热一体化</td><td>50%≤比例≤80%</td><td>1.2～3.0*</td></tr>
<tr><td colspan="2">内隔墙非砌筑</td><td>比例≥50%</td><td>5</td></tr>
<tr><td rowspan="2">内隔墙</td><td>采用墙体与管线、装修一体化</td><td>50%≤比例≤80%</td><td>2～5*</td></tr>
<tr><td>采用墙体与管线一体化</td><td>50%≤比例≤80%</td><td>1.2～3.0*</td></tr>
<tr><td rowspan="6">装修和设备管线
（Q3）
30分</td><td colspan="2">全装修</td><td>—</td><td>6</td><td>6</td></tr>
<tr><td colspan="2">干式工法楼面</td><td>比例≥70%</td><td>6</td><td rowspan="5">—</td></tr>
<tr><td colspan="2">集成厨房</td><td>70%≤比例≤90%</td><td>3～6*</td></tr>
<tr><td colspan="2">集成卫生间</td><td>70%≤比例≤90%</td><td>3～6*</td></tr>
<tr><td rowspan="2">管线分离</td><td>竖向布置管线与墙体分离</td><td>50%≤比例≤70%</td><td>1～3*</td></tr>
<tr><td>水平向布置管线与楼板和湿作业楼面垫层分离</td><td>50%≤比例≤70%</td><td>1～3*</td></tr>
</table>

注：表中带“*”项的分值，采用“内插法”计算，计算结果取小数点后1位。

5．建筑工业化设计的关注要点。

（1）装配率目标是否符合政策要求：公共建筑的装配率不低于60%，居住建筑的装配率不低于50%。

（2）当不实施建筑工业化时，是否符合政策要求。特殊建筑工程项目不实施建筑工业化时，建设方应提出申请并获得许可。

（3）装配式建筑评分表，其中：主体结构部分的评价分值不低于20分；围护墙和内隔墙部分的评价分值不低于10分。

3.10　设备设计申报文件的关注要点（以浙江省及杭州市为例）

在建设项目规划选址中需复核市政设施是否满足项目的需求，包括日用水量、日污水量、雨水量、通信装机容量、用电负荷等。不满足时，应协调落实相应措施。

当设备管线复杂时，按需绘制管线综合平面图或采用BIM，检查管线布置，并复核房间净高。

3.10.1 电气

（1）用电负荷等级；设计文件应明确负荷等级，并协调落实供电条件是否满足负荷等级要求（一级负荷应由双重电源供电，二级负荷宜由 2 回线路供电），不满足时则需设置自用电源。详见本书第 4.13.3 条。

（2）总用电负荷容量（含计算表：明确各级负荷容量），根据负荷容量，确定供电电源电压等级和供电回路数量要求。

落实供电电源是否符合要求，超大负荷如大型数据中心需在可研阶段落实供电条件和方案。

（3）落实是否设置开闭所。若设置，开闭所需靠近市政供电线路来源方向；协调落实是否独立建造、贴邻主体建筑建造或设置在建筑内；其大小、层高等应符合地方规定。

自 2020 年河南郑州经历“7.20”水灾后，浙江省五部门联合发文要求，原则上加强对维持城市生存功能系统和对国计民生有重大影响的电力、交通、供水等生命线工程及其他市政公用、商业综合体、住宅小区、应急指挥中心等的配电设施的防涝能力建设。新开发地块配电站房，包括开关站、环网室等需设于地面一层和以上。

根据《杭州市住宅工程户内外配电设计技术导则（试行）》第 4.1 条的相关规定，环网室应设在地面一层，宜为独立建筑，同时靠近市政道路，与市政道路间无地库出入口等遮挡，有独立进出通道，进出线方便，并满足环保、消防等要求。当条件受限时，环网室可与建筑相结合。环网室为独立建筑时，不得设置在地势低洼和可能积水的场所，应单独设置电缆层，长 × 宽 × 高推荐尺寸为 15m × 6m × 5.7m（含楼梯），设备层梁底净高 4m，电缆层在室外地坪以上，高度不应小于 1.5m。环网室为非独立建筑时，不应与居民住宅直接相邻；不应设置在厕所、浴室、厨房或其他经常有水并可能漏水场所的正下方，且不宜与上述场所贴邻。建筑物使用的各种管道不得在环网室内通过。环网室长 × 宽 × 高推荐尺寸为 10m × 6m × 4.5m，室内无结构柱遮挡，梁下净高不小于 4.5m，应考虑防进水措施。

（4）落实变配电室大小、位置、数量，变压器选型及数量。

若为居住小区，住宅部分设置公变、一户一表，需根据地方规定协调落实表前设计。

根据《杭州市住宅工程户内外配电设计技术规定》（2021 版）中第 4.2 条的相关规定：

居住区在供电方案设计阶段，应根据住宅建筑总体规划，按照安全、可靠、经济、合理、便于运行管理并留有发展可能的原则考虑公用配电站的建设。公用变压器应遵循小容量、多布点、靠近负荷中心的原则进行配置。

居住区内公用配电站应按照尽量靠近各负荷中心的原则分散布置，宜为地面独立建筑物。当公用配电站设于建筑物本体内时，宜设在地面首层，并应留有电气设备运输和检修通道。当条件限制且有地下多层时，可设置在地下一层。设置在地下一层时，地下车库入口标高应大于市政道路中心点 300mm，地下二层面积不得小于地下一层面积的 50%。

配电站形状应规整，单个配电站站内面积不小于 100m^2，站内无结构柱遮挡，梁下净高不应小于 4.2m。原则上每个配电站内配置变压器数量不超过 2 台，当条件受限时，可配置 4 台。不得将一个配电站分割为数个配电站使用。配电站的正上方、正下方、贴邻不得为居民住宅，严禁设置在住宅建筑疏散出口的两侧，严禁设置在卫生间、浴室或其他易积水场所的正下方。

居住区内公用配电站应采取有效的防水、排水、排风、防潮、减震与降噪措施。

（5）计量表箱的设置应经当地供电部门确认。

根据《杭州市住宅工程户内外配电设计技术规定》（2021版）中的相关规定七层及以下住宅按单元设置表箱，表箱应安装在一层，安装方式宜为明装。八层及以上住宅分层装表，每只表箱内预留一只集中抄表采集器位置，表箱应设在电气竖井附近的墙上明装；如公共区域无法安装，可在强电井内明装。《浙江省消防技术规范难点问题操作技术指南（2020版）》第4.2.17条规定，当住宅户门为乙级防火门时，住宅的电表箱可设置在防烟楼梯间前室的管道井内或其他形式的楼梯间内，但电表箱外壳应采用不燃材料。

3.10.2 给水

（1）接入管的管径、数量（1路或2路）、水压及接入点；根据地方规定，复核生活、消防接入管是否可以合一。

（2）总计量表的安装位置，生活和消防是否分设。

（3）根据接入条件，确定消防水池容量、消防室外管网设计。

（4）计算确定总用水量：说明或用表格列出生活用水定额及用水量，其他项目用水定额及用水量（含循环冷却水系统补水量、游泳池和中水系统补水量、洗衣房、锅炉房、水景用水、道路浇洒、汽车库和停车场地面冲洗、绿化浇洒和未预见用水量及管网漏失水量等）、总用水量（最高日用水量、平均时用水量、最大时用水量），消防用水量标准及一次灭火用水量。

（5）结合接入条件及当地水务公司的技术要求确定市政直供的楼层范围，确定二次加压供水方案（一般采用变频加压供水、无负压供水、高位水箱供水、气压给水设备供水）；确定生活水泵房的位置和面积、生活水箱的容积、供水方式；居住小区采用一户一表，需根据地方水务公司二次供水设施技术规程的要求完成泵房、二次供水设备、供水管网、管道井、水表等分户管管前设计。

（6）选用的管材、接口及敷设方式。

3.10.3 排水

（1）市政雨水、污水管的管径、接口位置及标高。

（2）计算确定排水量。

（3）根据地方规定，确定雨水、废水、污水采用分流、合流的排水体制。

（4）污水、废水是否满足达标排放要求；民用工程项目中，生活污水一般经化粪池处理、厨房废水经隔油池处理后排放，医疗废水、实验室废水以及工业项目的工业废水按相关规定处理后排放。

（5）选用的管材、接口及敷设方式。

3.10.4 电信

（1）接入线的位置。

（2）用户数量。

（3）电信机房的大小、位置（根据地方要求设置）。

（4）5G 机房位置，5G 移动通信基础支撑设施。

3.10.5 燃气

（1）燃气类别（根据地方供气条件确定）、接入管的位置、压力；无管道燃气时，是否设置瓶组间。

（2）调压站的位置及消防间距；若设置瓶组间，绘出瓶组间的大小、位置，并复核消防间距。

（3）燃气使用位置。

（4）燃气日使用量。

（5）燃气管道材料。

3.10.6 暖通

（1）根据当地气象资料确定是否需进行采暖设计；根据当地热源情况（集中供热或其他热源）选定适宜的供暖方式和供暖系统。若为集中供热，明确热媒温度、压力、管径、接入位置，换热站（间）、热表间位置。

（2）空调冷热源选择是否因地制宜，确定冷冻机房（热力机房）位置、面积、层高及设备选型，系统划分，说明中明确空调室内外参数并列出冷热负荷计算值。

（3）根据建筑功能及使用需求确定空调系统设计、新风的制取方式及风量，确定空调机房、设备平台等的位置及面积。

（4）确定防排烟方式（自然或机械）；当设置机械防排烟、通风系统时，确定机房的位置及面积。

（5）空调风系统、水系统的管道材料、保温方式；防排烟、通风管材及要求。

（6）汽车库废气、油烟废气、特殊房间废气等收集处理是否满足达标排放要求。锅炉房废水经降温池处理后排放。

3.11 卫生设计申报文件的关注要点（以浙江省及杭州市为例）

1. 生活饮用水箱和泵房贴邻上方不应设置卫生间。生活水箱一般采用不锈钢水箱，不应利用建筑物的本体结构作为水箱的壁板，底板及顶盖。

2. 饮食建筑关注要点详见本书第 8.1.8 条，主要为以下三个方面：

（1）外部污染源不能影响内部，主要指贴邻上方不应设置卫生间。

（2）内部产生的污染物不应影响外部，包括油烟、气味、噪声、废弃物、含油污水。

（3）厨房内部卫生。

3. 医疗建筑项目，卫生部门关注“院感”相关措施；关注核磁共振等相关医技用房的防辐射构造措施。

3.12　教育设施设计申报文件的关注要点（以浙江省及杭州市为例）

1．居住建设项目选址时，应关注项目所在区域现状幼儿园、中小学校或规划幼儿园、中小学校是否能满足增长的入学需求。

2．对于幼儿园、中小学校项目设计，应关注以下内容：

（1）学校的建设规模是否符合规划要求、标准要求和实际使用需求，建设规模、总投资是否符合可研批复要求。确有需要调整的，应申报可研批后修改。

（2）学校布局、造型的合理性。

（3）学校的安全设施，包括人车组织、栏杆防护。学校内配建社会公共停车场时，关注停车场的使用独立性和安全。

（4）学校照明设计是否符合卫生要求。

3.13　公共设施设计申报文件的关注要点（以浙江省及杭州市为例）

城管、街道、社区等部门关注配套设施的落实情况，包括且不限于生活垃圾收集设施、公厕、居家养老服务设施用房、婴幼儿照护服务用房、社区卫生点、社区服务用房、文化活动、体育健身用房、物业管理用房、物业经营用房等。

3.13.1　生活垃圾收集设施

《市容环卫工程项目规范》GB 55013—2021 第 3.2.2 条规定：封闭式住宅小区应设置生活垃圾收集点；村庄生活垃圾收集点应按自然村设置；交通客运设施、文体设施、步行街、广场、旅游景点（区）等人流聚集的公共场所应设置废物箱。第 3.2.5 条规定：城市高层写字楼、商贸综合体、新建住宅小区应设置装修垃圾收集点，应指定大件垃圾投放场所。第 4.0.12 条规定，收集站的建筑面积指标应符合现行国家标准《生活垃圾收集站建设标准》建标 154—2011 的规定，收集站占地面积、与相邻建筑间隔、绿化隔离带宽度应符合现行行业标准《生活垃圾收集站技术规程》CJJ 179—2012 的规定。以浙江省为例，浙江省《城镇生活垃圾分类标准》DB33/T 1166—2019 第 4.0.11 条规定，新建住宅小区应至少设置一处大件垃圾、装修垃圾、园林垃圾的存放点，大件垃圾、装修垃圾、园林垃圾应分类存放。

1．生活垃圾收集措施包含垃圾投放点、垃圾收集站、垃圾集中收置点、大件垃圾、装修垃圾等特殊垃圾临时堆放点。

2．相关国家及地方标准、规定。

（1）《市容环卫工程项目规范》GB 55013—2021；

（2）浙江省《城镇生活垃圾分类标准》DB33/T 1166—2019。

3．设计关注要点。

（1）垃圾收集设施的建筑面积和占地面积，一般在规划设计条件中明确。未明确规定的，按国家或地方现行相关标准执行。

根据浙江省《城镇生活垃圾分类标准》DB33/T 1166—2019 第 4.0.10 条的相关规定：地上建筑面积不大于 8 万 m^2 或居住人口不大于 2000 人的住宅小区，不应小于 $60m^2$；地上建筑面积不大于 12 万 m^2 或居住人口不大于 3000 人的住宅小区，不应小于 $80m^2$；地上建筑面积不大于 16 万 m^2 或居住人口不大于 4000 人的住宅小区，不应小于 $100m^2$；地上建筑面积不大于 20 万 m^2 或居住人口不大于 5000 人的住宅小区，不应小于 $120m^2$。

根据浙江省《城镇生活垃圾分类标准》DB33/T 1166—2019 第 4.0.11 条的相关规定，大件垃圾、装修垃圾、园林垃圾等存放点的占地面积：建筑面积不大于 10 万 m^2 的住宅小区，不宜小于 $30m^2$；建筑面积大于 10 万 m^2 的住宅小区，不宜小于 $50m^2$。

（2）垃圾收集站的服务半径。

根据《市容环卫工程项目规范》GB 55013—2021 第 3.2.2 条的相关规定：城镇住宅小区、新农村集中居住点的生活垃圾收集点服务半径应小于或等于 120m；封闭式住宅小区应设置生活垃圾收集点；村庄生活垃圾收集点应按自然村设置；交通客运设施、文体设施、步行街、广场、旅游景点（区）等人流聚集的公共场所应设置废物箱。

《浙江省城镇生活垃圾分类标准》DB33/T 1166—2019 第 4.0.11 条的相关规定，收集房服务半径不应大于 300m。

（3）垃圾收集站与建筑的间距。

根据《市容环卫工程项目规范》GB 55013—2021 第 3.1.4 条的相关规定：垃圾收集设施运行过程中应有效控制噪声、污水、臭气和垃圾等二次污染，并满足消防安全要求。征求意见稿第 4.3.3 条规定，生活垃圾收集站与相邻居民建筑间隔不应小于 6m，该条在正式稿被取消。

根据《城镇生活垃圾分类标准》DB33/T 1166—2019 第 4.0.2 条的相关规定，室外收集点与相邻建筑间的距离不应小于 3m。第 4.0.8 条规定，独立式收集房距离住宅楼不应小于 8m，其外围宜合理设置绿化隔离带，宽度不宜小于 2m。

（4）根据《市容环卫工程项目规范》GB 55013—2021 第 3.2.5 条的相关规定，垃圾收集设施位置应便于垃圾分类投放和收运车辆安全作业，不应占用消防通道和盲道。

3.13.2 公共厕所

1. 相关国家及地方标准、规定。

《城市公共厕所设计标准》CJJ 14—2016。

2. 设计关注要点。

（1）公厕的面积应符合规划设计条件的规定。

（2）公厕的男女厕位比：女男比应不小于 2。

（3）无障碍卫生间或第三卫生间、出入口等是否符合规范要求。

（4）公厕位置应便于外部方便使用。

（5）居住区内公厕与住宅建筑的距离。

3.13.3 居家养老服务设施（以杭州市为例）

1. 相关国家及地方标准、规定。

（1）《社区老年人日间照料中心建设标准》建标 143—2010；

（2）《杭州市居家养老服务用房配建实施办法》（杭民发〔2020〕91 号）。

2．城镇居家养老服务设施内容。

（1）社区养老服务中心：建有养老服务中心，解决老年人日常生活所需的基本功能，例如接待中心、客厅、室内活动室、活动室、医疗保健服务等。

（2）卫生服务中心：设有卫生服务中心，提供老年人家庭综合卫生服务、管理服务、健康检查服务等。

（3）社会安全服务中心：设有社会安全服务中心，提供老年人社会安全和就业服务。

（4）居家康复中心：设有居家康复中心，提供以护理为主的居家康复技术支持和服务。

（5）共享居家护理中心：设有共享居家护理中心，提供多方位的居家护理服务和家庭护理帮助服务。

（6）社区全面发展中心：设有社区全面发展中心，推动老年人全面发展健康、正能量等多方位和谐发展。

（7）老年活动室：设有老年活动室，主要以老年生活活动为主，积极开展老年人的文化体育活动，实现养生除病的健康养老。

（8）社区自助餐厅：设有社区自助餐厅，提供老年人营养均衡、饱满、平衡、便利及定制餐食服务。

（9）医疗安全中心：设有医疗安全中心，为老年人提供卫生保健、社会康复、专业护理等服务。

（10）社区老年人健康保健中心：设有社区老年人健康保健中心，提供定期的健康。

3．居家养老服务用房配建指标。

（1）新建住宅小区居家养老服务用房：应当按照每百户（不足百户的按照百户计，下同）建筑面积不少于 30m^2、每处不少于 300m^2 集中配建居家养老服务用房，与住宅小区同步规划、同步建设、同步验收、同步交付。建设项目需分期开发的，规划部门按开发建设总量进行统一规划，原则上将居家养老服务用房安排在首期建设。

（2）已建成住宅小区居家养老服务用房：按照服务圈内每百户建筑面积不少于 20m^2、每处不少于 200m^2 集中配置，有条件的鼓励参照新建住宅小区执行。

（3）区域性居家养老服务用房：应当以乡（镇）、街道为单位，根据服务圈每 6000 ～ 8000 户配建 1 处（每个街道至少一处），单处建筑规模一般应达到 2000 ～ 3000m^2。

（4）农村居家养老服务用房：每个行政村或者相邻行政村至少集中配置一处居家养老服务用房，单处建筑面积不少于 300m^2。

4．社区老年人日间照料中心配建指标。

社区老年人日间照料中心是指为以生活不能完全自理、日常生活需要一定照料的半失能老年人为主的日托老年人提供膳食供应、个人照顾、保健康复、娱乐和交通接送等日间服务的设施。社区人口规模 30000 ～ 50000，宜配建 1600m^2；社区人口规模 15000 ～ 30000，宜配建 1085m^2；社区人口规模 10000 ～ 15000，宜配建 750m^2。

5．平面选址。

（1）宜在建筑低层部分，并有独立出入口。不得设置在地下室、半地下室、夹层、架空层、顶楼、阁楼、车库。不得分散设置，鼓励与其他配套用房合建；并应为老年人设置室外活动场地，满足老年人室外休闲、健身、娱乐等活动的设施和场地条件。

（2）对于封闭式管理的小区，配建的居家养老服务用房应位于临街一侧，且出入口朝外。建筑物出入口及通道应满足紧急送医需求，紧急送医通道的设置应满足担架抬行和轮椅推行的要求，且应连续、便捷、畅通。

（3）居家养老服务用房中主要生活服务用房应具有良好的通风、朝向和日照条件，冬至日满窗日照不宜小于 1 小时。应远离污染源、噪声源。

6. 独立建造的老年人照料设施；与其他功能的组合建造且老年人照料设施部分的总建筑面积大于 $500m^2$ 的建设项目，其内、外保温系统和屋面保温系统均应采用燃烧性能为 A 级的保温材料或制品。

7. 二层以上的社区老年人日间照料中心应设置电梯或无障碍坡道，电梯应为无障碍电梯，且至少一台能容纳担架。应设置无障碍卫生间；卫生间洁具选用和安装应便于老年人使用，坐便器旁宜安装扶手。

3.13.4 婴幼儿园照护用房（以杭州市为例）

1. 相关国家及地方标准、规定。

（1）《国务院办公厅关于促进 3 岁以下婴幼儿照护服务发展的指导意见》（国办发〔2019〕15 号）；

（2）《关于促进 3 岁以下婴幼儿照护服务健康发展的通知》（国办发〔2019〕52 号）；

（3）《杭州市婴幼儿照护服务设施配建办法》（杭卫发〔2022〕61 号）。

2. 配建要求。

婴幼儿照护服务设施的服务半径不宜大于 300m，婴幼儿照护服务设施设置确有困难的，或托育需求较低的地区，服务半径可适当扩大至 500 ～ 800m。

新建住宅小区项目分多期开发的。配建的婴幼儿照护服务设施应安排在首期，确实无法安排在首期的项目，配建的婴幼儿照护服务设施应在住宅总规模完成 50% 之前同步建设完成。

3. 配建指标一般在规划设计条件中明确：

（1）新建居住区按不少于 $15m^2$/ 百户且不少于 $200m^2$ 配置婴幼儿照护服务设施。有条件的应集中配置婴幼儿照护服务设施，常住人口 3000 ～ 4000 户配置一处，每增加 3000 户增配一处。

（2）既有居住区按不少于 $10m^2$/ 百户且不少于 $150m^2$ 的要求设置婴幼儿照护服务设施。在有条件情况下，已建居住区应根据常住人口 3000 ～ 4000 户配置一处，每增加 3000 户增配一处。

（3）产业园区：员工规模每达 1 万人，产业园区配建婴幼儿照护服务设施一处。

（4）生均指标：新建居住区，生均建筑面积不应低于 $6m^2$，生均室外活动场地面积不应低于 $3m^2$。已建居住区，生均建筑面积不应低于 $4m^2$，生均室外活动场地面积不宜低于 $3m^2$。对于设置室外场地确有困难，人口密集地区改扩建的婴幼儿照护服务设施，生均室外面积不宜低于 $2m^2$。若生均室外面积未达到最低要求，生均建筑面积不应低于 $6m^2$。

4. 其他要求：

（1）应具备良好的自然通风和直接天然采光，并应满足冬至日底层满窗日照不少于 3

小时。

（2）应远离对婴幼儿成长有危害的建筑设施及污染源。

（3）主入口不应直接设在城市主干道或过境公路干道一侧，主入口应设置人流缓冲区和安全警示标志，园区周围应设置安全防护措施。

（4）婴幼儿活动用房应布置在首层或二层。

3.13.5 公共文化设施（以浙江省为例）

1．相关国家及地方标准、规定。

（1）《浙江省公共文化服务保障条例》；

（2）《浙江省居民住宅区公共文化设施配套建设标准》（建规发〔2018〕349 号）（以下简称《标准》）。

2．根据《标准》第 1.0.4 条规定，新建、改建、扩建居民住宅区，应建设配套的公共文化设施并应与居民住宅区的主体工程同时规划设计、同时建设、同时验收同时投入使用。

3．根据《标准》第 3 节规定，配套公共文化设施用房应毗邻城镇道路或公园、广场等公共空间设置。宜与所在居民住宅区的物业用房、居家养老服务设施等其他配套建设设施或活动设施相邻或统一设置。配套公共文化设施不应与医院传染病房、太平间、垃圾转运站、垃圾（污水）处理站、污水泵站、高压变配电所、公共交通枢纽站等产生污染、噪声以及生产或储藏危险品的设施毗邻。不宜与风机、水泵及其他相似产生较大噪声的设备用房毗邻。

4．配建标准。

根据《标准》第 4.1.1、4.1.3 条规定，配套公共文化设施用房的建筑面积应根据所在居民住宅区的住宅总套数，按不少于 0.12m²/ 套配建，且应不小于 50m²。并应配不少于 100m² 的室外场地作为配套公共文化设施的文化活动场地。

根据《标准》第 4.1.2 条规定，居民住宅区内应根据住宅总套数，按建筑面积不少于 0.3m²/ 套的标准配建体育健身用房，或按用地面积不少于 0.9m²/ 套的标准配建室外体育健身场地。

5．平面布置。

根据 5.1 节的规定，配套公共文化设施用房应符合下列规定：

1）应设置于一层或二层，不应设置于地下室、半地下室。

2）应保持相对独立性；当与其他设施用房共用交通廊道时，应成套布置。

3）空间组织宜满足灵活转换使用功能的要求。

4）卫生间的建筑面积应根据使用人数合理确定。当配套公共文化设施用房的建筑面积小于 60m²，并可借用同一楼层、服务半径不超过 50m 的卫生间时，可不在配套公共文化设施用房内设置卫生间。

5）供配套公共文化设施用房使用的楼梯，梯段净宽不应小于 1.20m；楼梯应为无障碍楼梯，不得采用扇形踏步，不得在梯段休息平台区内设踏步；踏步面层应采用防滑材料。

6）配套公共文化设施用房应设置无障碍出入口。

7）配套公共文化设施用房中主要用房应自然采光、通风。

3.13.6 智能快递柜

1．相关国家及地方标准、规定。

《建筑工程配建智能信包末端设施技术标准》DBJ 33/ 1260—2022（以下简称《标准》）。

2．配建标准。

根据《标准》第3节的规定，智能信包末端设施：

（1）智能信包末端设施属于建筑工程配套公共服务设施，应同时满足邮政、快递使用的要求。智能信包末端设施按规模和形式可分为智能信包箱间智能信包箱亭和信包综合服务站。当智能信包末端的信包箱格口数大于500个时，宜采用信包综合服务站。

（2）每个居住街坊应配建一处智能信包末端设施，其服务半径不宜大于100m。

（3）公共建筑和工业建筑按每个管理单元应至少配建一处智能信包末端设施，且服务半径不宜大于150m。

（4）城市居住区每十分钟生活圈应至少配建一处信包综合服务站，且服务距离不应大于500m。

（5）乡村按每个建制村应配建不少于一处信包综合服务站。

（6）智能信包箱格口数和智能信包箱间使用面积：

住宅：应不小于1.2个 / 户和不小于0.12m^2/ 户；

办公、商务楼：应不小于20个 / 百人和不小于2m^2/ 百人；

寄宿学校宿舍、厂矿集体宿舍：应不小于30个 / 百人和不小于3m^2/ 百人。

3．平面布置和构造。

根据《标准》第4节的规定，智能信包箱间：

（1）智能信包箱间宜独立设置，单排布置的箱体外沿与对面墙面净距不应小于1.50m，双排布置的箱体外沿之间净距不应小于1.80m。当结合门厅、走廊等公共空间复合使用时，单排布置的箱体外沿与对面内墙净距不应小于1.80m，双排布置的箱体外沿之间净距不应小于2.40m。智能信包箱投取位置两侧为墙壁时，其横向净宽度不应小于1.50m。

（2）智能信包箱亭的场地标高不应低于相邻其他区域150mm。

（3）智能信包末端设施应满足无障碍和适老设施的设计要求地面材料的防滑系数不应低于0.5。

3.14 文保设计申报文件的关注要点

3.14.1 保护范围

（1）建设项目用地处于文物保护控制区内或基地内有文物保护要求时，需编制文物保护方案；文物保护方案需具文保工程设计资质等级的单位编制。

（2）根据规划设计条件或地方规定，建设前进行考古发掘（以杭州为例，如杭州某项目规划设计条件中明确“属于半山良渚文化遗址和历代古墓葬重点保护区，建设前进行考古发掘，具体事宜征求市文保部门意见”）；施工期间发现文物时需向文保部门报告。

（3）根据地方规定或规划设计条件，地块内如有古树名木应进行保护，胸径30cm以上的大树保护，确需迁移或砍伐须向园文部门申报。

3.14.2 相关国家及地方标准、规定

《城乡历史文化保护利用项目规范》GB 55035—2023。

3.14.3 文保设计文件的关注要点

（1）厘清建设用地是否涉及历史文化街区的核心保护范围（包含历史建筑本身）或建设控制地带。

（2）项目方案需遵循文保相关的控制性规划。

（3）历史文化街区设计需有效保护历史建筑、传统风貌建筑和古井、古桥、古树名木、围墙、台阶、铺地、水系、驳岸等历史环境要素。

（4）控制地带内的项目，其高度、体量、色彩、肌理应与核心保护范围内的历史风貌相协调。

（5）项目建设过程中发现文物时，应按相关规定处置。

3.15 水土保持设计申报文件的关注要点

根据《中华人民共和国水土保持法实施条例》（2011 年修订本）（中华人民共和国国务院令第 120 号）第十九条的相关规定，企业事业单位在建设和生产过程中造成水土流失的，应当负责治理。治理方案由水行政主管部门组织审批管理。

3.16 结构安全专项设计申报文件的关注要点（以浙江省及杭州市为例）

3.16.1 地质灾害防治设计

根据城市地质灾害防治规划图，城乡规划主管部门出具建设项目是否位于地质灾害易发区（不易发区）情况证明。若建设项目位于地质灾害易发区，则依法要求进行地质灾害危险性评估。地质灾害危险性评估报告应具专项资质的单位编制。

1. 主要国家及地方标准、规定

（1）《地质灾害防治条例》（国务院令第 394 号）；

（2）《地质灾害危险性评估规范》DB33/T 881—2012（以下简称《规范》）。

2. 评估范围

根据《规范》的相关规定，依据征地范围、建设项目特点、地质环境条件和地质灾害可能影响的范围等因素综合予以确定评估范围。其中地质环境条件包括且不限于地形地貌、地层岩性、地质构造及区域地壳稳定性、水文地质、工程地质条件以及人类工程活动等对地质环境的影响等。

3. 评估级别

根据《规范》的相关规定，依据建设项目重要性与地质环境条件复杂程度综合确定评

估级别。

4．地质灾害危险性评估

根据《规范》的相关规定，地质灾害危险性评估应确定项目重要性、评估性地质环境条件类型、评估等级，并提出防治措施。

5．地质灾害审批程序

地质灾害审批程序应根据地方规定执行，一般由政府指定（或认可）的专业技术机构执行，并出具评审意见，对评估报告提出的防治措施，出具主要评估结论与建议。

3.16.2 超限高层建筑工程抗震设防专项设计（以浙江省为例）

1．主要国家和地方标准、规定。

（1）《超限高层建筑工程抗震设防管理规定》（建设部令第111号）；

（2）《超限高层建筑工程抗震设防专项审查技术要点》（建质〔2010〕109号）；

（3）《建筑抗震设计规范》GB 50011—2010（2016年版）；

（4）《建筑与市政工程抗震通用规范》GB 55002—2021；

（5）《高层建筑混凝土结构技术规程》JGJ 3—2010。

2．超限高层建筑工程的范围。

高层建筑工程是否“超限”由结构专业经分析和计算确定。构成结构超限的因素部分与结构计算有关，部分与结构体系及高度相关，部分与建筑规则性相关，如平面布置、层高突变、大开洞、大跨度、大悬挑等。

1）高度超限工程：指房屋高度超过规定，包括超过《建筑抗震设计规范》GB 50011—2010（2016年版）第6章钢筋混凝土结构和第8章钢结构最大适用高度，超过《高层建筑混凝土结构技术规程》JGJ 3—2010第7章中有较多短肢墙的剪力墙结构、第10章中错层结构和第11章混合结构最大适用高度的高层建筑工程（表3.16.2-1）。

房屋高度超过下列规定的高层建筑工程（m）　　表 3.16.2-1

结构类型		6度	7度（0.1g）	7度（0.15g）	8度（0.20g）	8度（0.30g）	9度
混凝土结构	框架	60	50	50	40	35	24
	框架－抗震墙	130	120	120	100	80	50
	抗震墙	140	120	120	100	80	60
	部分框支抗震墙	120	100	100	80	50	不应采用
	框架－核心筒	150	130	130	100	90	70
	筒中筒	180	150	150	120	100	80
	板柱－抗震墙	80	70	70	55	40	不应采用
	较多短肢墙	140	100	100	80	60	不应采用
	错层的抗震墙	140	80	80	60	60	不应采用
	错层的框架－抗震墙	130	80	80	60	60	不应采用

续表

结构类型		6度	7度（0.1g）	7度（0.15g）	8度（0.20g）	8度（0.30g）	9度
混合结构	钢框架－钢筋混凝土筒	200	160	160	120	100	70
	型钢（钢管）混凝土框架－钢筋混凝土筒	220	190	190	150	130	70
	钢外筒－钢筋混凝土内筒	260	210	210	160	140	80
	型钢（钢管）混凝土外筒－钢筋混凝土内筒	280	230	230	170	150	90
钢结构	框架	110	110	110	90	70	50
	框架－中心支撑	220	220	200	180	150	120
	框架－偏心支撑（延性墙板）	240	240	220	200	180	160
	各类筒体和巨型结构	300	300	280	260	240	180

注：平面和竖向均不规则（部分框支结构指框支层以上的楼层不规则），其高度应比表内数值降低至少10%。

2）规则性超限工程：指房屋高度不超过规定，但建筑结构布置属于《建筑抗震设计规范》GB 50011—2010（2016年版）、《高层建筑混凝土结构技术规程》GB 55002—2021规定的特别不规则的高层建筑工程。详见表3.16.2–2、3.16.2–3，其中表3.16.2–2中的第1b、2a、2b、3、4b、5、7等项，表3.16.2–3中的第4项，建筑专业可以自行判断。

同时具有下列三项及三项以上不规则的高层建筑工程

（不论高度是否大于表3.16.2-2中规定） **表3.16.2-2**

	不规则类型	简要涵义
1a	扭转不规则	考虑偶然偏心的扭转位移比大于1.2
1b	偏心布置	偏心率大于0.15或相邻层质心相差大于相应边长15%
2a	凹凸不规则	平面凹凸尺寸大于相应边长30%等
2b	组合平面	细腰形或角部重叠形
3	楼板不连续	有效宽度小于50%，开洞面积大于30%，错层大于梁高
4a	刚度突变	相邻层刚度变化大于70%（按高规考虑层高修正时，数值相应调整）或连续三层变化大于80%
4b	尺寸突变	竖向构件收进位置高于结构高度20%且收进大于25%，或外挑大于10%和4m，多塔
5	构件间断	上下墙、柱、支撑不连续，含加强层、连体类
6	承载力突变	相邻层受剪承载力变化大于80%
7	局部不规则	如局部的穿层柱、斜柱、夹层、个别构件错层或转换，或个别楼层扭转位移比略大于1.2等

注：深凹进平面在凹口设置连梁，但连梁刚度较小不足以协调两侧的变形时，仍视为凹凸不规则，不按楼板不连续；序号a、b不重复计算；局部的不规则，视其位置、数量等对整个结构影响的大小判断是否计入不规则的一项。

具有下列 2 项或同时具有下表和表 2 中某项不规则的高层建筑工程
（不论高度是否超限）　　表 3.16.2-3

不规则类型	简要涵义	备注
扭转偏大	裙房以上的较多楼层考虑偶然偏心的扭转位移比大于 1.4	表 3.16.2–2 之 1 项不重复计算
抗扭刚度弱	扭转周期比大于 0.9，超过 A 级高度的结构扭转周期比大于 0.85	
层刚度偏小	本层侧向刚度小于相邻上层的 50%	表 3.16.2–2 之 4a 项不重复计算
塔楼偏置	单塔或多塔与大底盘的质心偏心距大于底盘相应边长 20%	表 3.16.2–2 之 4b 项不重复计算

3）具有下列某一项不规则的高层建筑工程（不论高度是否超限）：

（1）高位转换：框支墙体的转换构件位置：7 度超过 5 层，8 度超过 3 层。

（2）厚板转换：7 ～ 9 度设防时的厚板转换。

（3）复杂连接：各部分层数、刚度、布置不同的错层（指多数楼层同时前后、左右错层，不包含仅前后错层或左右错层），连体两端塔楼高度、体型或沿大底盘某个主轴方向的振动周期显著不同的结构。

（4）多重复杂：结构同时具有转换层、加强层、错层、连体和多塔等复杂类型的 3 种。

4）屋盖超限工程：指屋盖的跨度、长度或结构形式超出《建筑抗震设计规范》GB 50011—2010（2016 年版）第 10 章及其他相关规定的大型公共建筑工程（不含骨架支承式膜结构和空气支承膜结构）。包括且不限于空间网格结构或索结构的跨度大于 120m 或悬挑长度大于 40m，钢筋混凝土薄壳跨度大于 60m，整体张拉式膜结构跨度大于 60m，屋盖结构单元的长度大于 300m，屋盖结构形式为常用空间结构形式的多重组合、杂交组合以及屋盖形体特别复杂的大型公共建筑。

3．申报材料。

申报材料的基本内容包括申报表、超限情况表，建筑结构工程超限设计的可行性论证报告（一般经 2 个不同力学模型的结构计算软件进行计算并比较，并进行性能化设计）、岩土工程勘察报告、建筑与结构工程部分的初步设计；按需提供模型抗震性能试验、风洞试验、国外有关抗震设计标准等相关资料。

4．以浙江省为例，根据《超限高层建筑工程抗震设防专项审查技术要点》（建质〔2015〕67 号）的相关规定，超限高层建筑工程抗震设防专项审查工作由浙江省建设工程抗震技术委员会或全国超限高层建筑工程审查专家委员会负责。经审查后，由其出具《超限高层建筑工程专项审查报告》。

审查通过的工程，当工程项目有重大修改时，应按申报程序重新申报审查。

超限工程的施工图审查机构，应具有超限高层建筑工程施工图审查资格。

3.16.3　复杂多层建筑工程抗震论证

建筑设计应重视其平面、立面和竖向剖面的规则性对抗震性能及经济合理性的影响，宜择优选用规则的形体，其抗侧力构件的平面布置宜规则对称、侧向刚度沿竖向宜均匀变化、竖向抗侧力构件的截面尺寸和材料强度宜自下而上逐渐减小、避免侧向刚度和承载力突变。

根据《建筑与市政工程抗震通用规范》GB 55002—2021 第 5.1.1 条规定：不规则的建筑应按规定采取加强措施；特别不规则的建筑应进行专门研究和论证，采取特别的加强措施；不应采用严重不规则的建筑方案。

1. 主要国家和地方标准、规定。

（1）《建筑抗震设计规范》GB 50011—2010（2016 年版）；

（2）《建筑与市政工程抗震通用规范》GB 55002—2021。

2. 当建筑出现下述情形时，应属于不规则的建筑；当存在多项不规则或某项不规则超过规定的参考指标较多时，应属于特别不规则的建筑（表 3.16.3）。

不规则类型及定义和参考指标 **表 3.16.3**

不规则类型		定义和参考指标
平面不规则	扭转不规则	在具有偶然偏心的规定水平力作用下，楼层两端抗侧力构件弹性水平位移（或层间位移）的最大值与平均值的比值大于 1.2
	凹凸不规则	平面凹进的尺寸，大于相应投影方向尺寸的 30%
	楼板局部不连续	楼板的尺寸和平面刚度急剧变化，如有效楼板宽度小于该层楼板典型宽度的 50%，或开洞面积大于该层楼面面积的 30%，或较大的楼层错层
竖向不规则	侧向刚度不规则	该层的侧向刚度小于相邻上一层的 70%，或小于其上相邻 3 个楼层侧向刚度平均值的 80%；除顶层或出屋面的小建筑外，局部收进的水平向尺寸大于相邻下一层的 25%
	竖向抗侧力构件不连续	竖向抗侧力构件（柱、抗震墙、抗震支撑）的内力由水平转换构件向下传递，即结构转换
	楼层承载力突变	抗侧力结构的层间受剪承载力小于相邻上一层的 80%

资料来源：本表格引用自《建筑抗震设计规范》GB 50011—2010（2016 年版）第 3.4.3 条。

平面不规则且竖向不规则的建筑，应根据不规则类型的数量和程度，有针对性地采取各项抗震措施。特别不规则的建筑，应采取更有效的加强措施或对薄弱部位采用相应的抗震性能化设计方法，并进行复杂多层建筑工程专项论证。

3. 申报材料。

申报材料的基本内容包括申报表、复杂多层建筑结构设计的可行性论证报告（一般经 2 个不同力学模型的结构计算软件计算并加以比较以及进行性能化设计）、岩土工程勘察报告、建筑与结构工程部分的初步设计。

4. 以浙江省为例，复杂多层建筑工程抗震设计审查工作由浙江省建设工程抗震技术委员会负责，经审查后，由其出具复杂多层建筑工程专项论证意见。

审查通过的工程，当工程项目有重大修改时，应按申报程序重新申报审查。

3.16.4 基坑围护安全论证

1. 一般工程的基坑围护安全论证在施工图设计后、施工前进行。安全专项方案的范围为：

1）开挖深度超过 5m（含 5m）的基坑（基槽）的土方开挖、支护、降水工程；

2）开挖深度虽未超过5m，但地质条件复杂，或周围环境和地下管线复杂，或影响毗邻建筑物（构筑物）安全的基坑（基槽）的土方开挖、支护、降水工程。

2. 基坑围护安全论证的依据、范围、申报材料及结论一般由结构基坑围护设计专业或施工方完成。当基坑围护方案，有可能对建筑平面布置方案产生重大影响；或基坑围护的费用对概算影响较大时，基坑围护安全论证宜前置到初步设计阶段结束前完成。包括且不限于以下情形：

1）地下室距道路较近（小于3m）不能满足施工作业面要求；

2）与地铁或其他地下隧道较近；或与地铁、地下隧道相连通；

3）与相邻地块之间设置过街地道等。

属于危险性较大的分部分项工程的基坑围护方案，应列入结构设计文件中的危险性较大的分部分项工程专篇。

3.17 既有建筑改造设计申报文件的关注要点（以浙江省及杭州市为例）

3.17.1 概述

根据《既有建筑维护和改造通用规范》GB 55022—2021第2.0.1条的规定：未经批准，不得擅自改动建筑主体结构和改变使用功能。既有建筑改造，应保障建筑的使用功能，并维持建筑达到既定的设计工作年限，不得降低建筑安全性能和抗灾性能，不得降低建筑的耐久性。

既有建筑改造范围包括既有建筑的改造和扩建，不包括在既有土地上新建建设项目。

3.17.2 改造内容及执行标准

1. 既有建筑改造改变规划设计条件

（1）既有建筑改造改变用地性质

既有建筑改造若改变用地性质，应首先获得自然资源主管部门的批准。包括地方产业政策推动的工业用地“退二进三”等项目，经依法获准后的建设项目遵循按新建项目程序进行申报。

既有建筑改造改变用地性质，应执行现行国家和地方标准、规定。确有困难，应向相关主管部门申报并获得批准。

（2）既有建筑改造改变规划主要指标

既有建筑改造改变规划设计条件中主要指标的，包括建筑面积、容积率、建筑高度、建筑密度、绿地率等，应获得自然资源管理部门和城乡规划管理部门的批准。经依法获准后的建设项目遵循新建项目程序或批后修改程序进行申报。

既有建筑改造不改变建筑功能但改变主要指标的，一般消防可执行原国家及地方技术标准；涉及人防、绿建等标准的，应执行现行国家和地方技术标准，确有困难，应向主管部门申报并获得批准。

2. 既有建筑改造改变建筑功能

既有建筑改造不改变用地性质，但改变建筑功能，应获得自然资源管理部门和城乡规划管理部门的批准。获准后建设项目遵循新建项目程序或批后修改程序进行申报。

既有建筑改造改变建筑功能的，应执行现行国家和地方标准、规定。确有困难，应向相关主管部门申报并获得批准。

3．既有建筑改造改变建筑立面

改变建筑立面风格，应根据地方规定，向相关行政主管部门申报并获得批准。

改变外围护结构，如窗墙体系改为幕墙，应根据地方规定，执行相关绿色建筑执行标准。以浙江省为例，根据浙江省《绿色建筑条例》第十八条规定，城、镇总体规划确定的城镇建设用地范围内既有民用建筑改建需要整体拆除围护结构的，应按照一星级以上绿色建筑强制性标准进行节能改造。

既有建筑的立面改造，应按现行标准执行，如消防救援口、外装修材料和外保温材料的燃烧性能等级等。确有困难，可执行原技术标准。

4．既有建筑改造涉及结构改变

结构改变的范围包括楼面荷载增加（改变使用功能或室内增加设备或改变装修面层）、屋面荷载增加（包括增加设备或增设屋顶花园等）、增减楼板、改变原结构平面（改变承重墙柱梁板）、外立面改造增加外墙荷载。

既有建筑改造涉及结构改变时，应对既有建筑进行可靠性鉴定和抗震性鉴定。鉴定应由具备相应资质的专业机构执行。鉴定和改造按《既有建筑鉴定与加固通用规范》GB 55021—2021、《既有建筑维护和改造通用规范》GB 55022—2021 的相关规定执行。

既有建筑不得降低建筑安全性能和抗灾性能，既有建筑经改造处理后仍未能完全满足使用极限要求的，应有限制使用的措施。

涉及结构改变的既有建筑改造，应向相关主管部门申报并获得批准；属于施工图审查范围的，应进行房建审查和消防审查。

3.17.3 既有建筑二次装修

不涉及上一条改变范围，即属于二次装修项目，符合下列情形之一的，应向消防主管部门申报，并由图审机构负责消防审查：

（1）属于《建设工程消防设计审查验收管理暂行规定》（中华人民共和国住房和城乡建设部令第 51 号）规定的消防审查管理范围内的项目；

（2）涉及建筑使用功能改变的（不含用地性质改变）；

（3）涉及建筑防火分区、消防设施改变的；

（4）涉及人员密集场所的。

二次装修项目，优先执行现行国家技术标准；确有困难的，可执行原标准。

3.17.4 主要国家和地方标准、规定

（1）《既有建筑维护与改造通用规范》GB 55022—2021；

（2）《既有建筑鉴定与加固通用规范》GB 55021—2021；

（3）《民用建筑可靠性鉴定标准》GB 50292—2015；

（4）《建筑抗震鉴定标准》GB 50023—2021。

3.17.5 既有建筑改造设计文件的关注要点

（1）既有建筑改造是否涉及规划设计条件改变；改变规划设计条件的建设项目是否已完成前期报审程序。

（2）关注是否按规定进行结构可靠性鉴定和抗震性鉴定。

（3）改造应明确后续使用年限，且应维持建筑达到设计工作年限。

（4）是否降低建筑的安全性与抗灾性能。

（5）明确执行的国家标准版本；不执行现行版本时的理由是否充分。

（6）改造后的项目，根据其功能及相关规划条件，执行相关审批程序。

4 消防施工图设计的关注要点

4.1 设计总则

消防设计的目的是预防建筑火灾，减少火灾危害，保护人身和财产安全。设计围绕“逃生”“阻止火灾蔓延”“灭火”三个环节，采取相应的技术措施。

1. 建筑专业相关的主要技术措施或设施，包含且不限于以下方面：

（1）总平面消防设计，包括火灾发生后，防止火灾蔓延至相邻建筑的防火间距。

（2）火灾发生后，可支持开展外部救援的设施，包括消防车道、消防登高面、消防车登高操作场地、进入建筑的通道、直升机救援平台等。

（3）火灾发生后，建筑的承重结构应保证其在受到火或高温的作用后，在设计耐火时间内仍能正常发挥承载功能，不倒塌、不坍塌；这主要涉及建筑承重构件墙、柱、楼板、屋面的耐火极限。建筑的不倒塌、不坍塌，是人员逃生、减少火灾引起的财产损失的基本保证。

（4）火灾发生后，可阻止、延缓火灾的蔓延（包括水平方向蔓延和竖直方向蔓延），这主要涉及防火分区、防火分隔的布置及防火封堵等，防火分隔的构、配件包括墙体（防火墙、防火隔墙、走廊和房间隔墙、外墙等）、楼板、门窗等应具有一定的耐火极限等。

（5）火灾发生后，能保证人员安全疏散或避难的消防设施，这主要涉及走廊、楼梯、避难走道、避难层、避难间等。

（6）火灾发生后，建筑内部设置的消防救援设施，包括外墙的消防救援口，建筑内部的消防电梯、楼梯、专用消防楼梯等。

2. 设备专业设计涉及消防设计的主要技术措施，包含且不限于以下方面：

（1）火灾发生后的探测及报警，这有助于人员的逃生及灭火救援的展开；

（2）火灾发生后的照明及疏散指示，这有助于人员的逃生；

（3）火灾发生后的防排烟措施，这有助于人员的逃生，阻止火灾的蔓延；

（4）火灾发生后的灭火设施，包括消火栓系统、自动灭火系统、灭火器配置等。

其中自动灭火系统和自动报警系统的设置与建筑消防设计如防火分区面积、疏散距离、材料的燃烧性能等级等相关。

4.2 主要国家及地方标准、规定

1.《建筑防火通用规范》GB 55037—2022；

2.《消防设施通用规范》GB 55036—2022；

3.《建筑设计防火规范》GB 50016—2014（2018 年版）；

4.《建筑内部装修设计防火规范》GB 50222—2017；

5.《汽车库、修车库、停车场设计防火规范》GB 50067—2014；

6.《建筑防烟排烟系统技术标准》GB 51251—2017；

7.《消防给水及消火栓系统技术规范》GB 50974—2014；
8.《浙江省消防技术规范难点问题操作技术指南（2020版）》；
9.《建筑防火封堵应用技术标准》GB/T 51410—2020。

4.3 消防设计说明的关注要点

4.3.1 主要特征

建筑的主要消防特征，包括用地性质、建筑功能、建筑消防分类、建筑层数、建筑高度。

4.3.2 消防分类

民用建筑的消防分类和工业建筑的火灾危险性分类是建筑消防设计首要的关注要点，在消防设计专篇、消防申报表、消防验收文件中均需明确。建筑的消防分类是建筑消防设计的最基本因素，其与建筑的耐火极限相关，与建筑之间的防火间距相关，与建筑的消防电梯、楼梯形式等的设置相关，同时，与电气消防负荷等级其他消防设计、给水排水消防设计、防排烟设计等相关。因此，应检查其他专业设计文件中的消防分类是否与建筑一致。

1. 民用建筑

对于民用建筑，根据其建筑高度、使用功能和楼层的建筑面积等因素，分为单、多层民用建筑，二类高层建筑、一类高层建筑。建筑分类应符合《建筑设计防火规范》GB 50016—2014（2018年版）第5.1.1条的规定：

（1）单层民用建筑，不论其建筑高度，均不属于高层建筑。

（2）多层民用建筑包括建筑高度不大于27m的住宅建筑（包括设置商业服务网点的住宅建筑），建筑高度不大于24m的公共建筑。

（3）一类高层民用建筑，包括建筑高度大于54m的住宅建筑（包括设置商业服务网点的住宅建筑），建筑高度大于24m的医疗建筑、重要公共建筑、独立建造的老年人照料设施、藏书100万册的图书馆和书库、省级及以上的广播电视和防灾指挥调度建筑、网局级和省级电力调度建筑，建筑高度大于24m且24m以上部分任一楼层建筑面积大于1000m^{2}的商店、展览、电信、邮政、财贸金融建筑和其他多功能组合的建筑，建筑高度大于50m的公共建筑。

《汽车加油加气加氢技术标准》GB 50156—2021附录B.0.1重要公共建筑物中包含藏书量超过50万册的图书馆；因此《建筑设计防火规范》GB 50016—2014（2018年版）第5.1.1条表格中建筑高度大于24m的重要公共建筑已经“隐”含了藏书量超过50万册的图书馆，这与表格中建筑高度大于24m、藏书量超过100万册的图书馆不一致；也就是说，建筑高度大于24m、藏书超过50万册的图书馆可理解为一类高层民用建筑。

（4）二类高层民用建筑，包括建筑高度大于27m，但不大于54m的住宅建筑，除一类高层公共建筑外的其他高层公共建筑。

2. 工业建筑

工业建筑包括厂房和仓库。厂房根据其生产中使用或产生的物质的火灾危险性及其数量等因素划分为甲、乙、丙、丁、戊类厂房；仓库根据其储存物品的火灾危险性和数量等因素划分为甲、乙、丙、丁、戊类仓库。

厂房和仓库的火灾危险性类别根据《建筑设计防火规范》GB 50016—2014（2018 年版）第 3.1 节的相关条款确定。

4.3.3 建筑的耐火等级

建筑的耐火等级应与建筑消防分类相符。

4.3.3.1 民用建筑的耐火等级

根据《建筑设计防火规范》GB 50016—2014（2018 年版）第 5.1.2 条规定，民用建筑的耐火等级可分为一、二、三、四级，耐火等级的要求应根据民用建筑的建筑高度、使用功能、重要性和火灾扑救难度等确定。

1．根据《建筑设计防火规范》GB 50016—2014（2018 年版）第 5.1.3 条规定，下列民用建筑的耐火等级应为一级：

（1）地下或半地下建筑的耐火等级应为一级；

（2）一类高层建筑的耐火等级应为一级。

2．根据《建筑设计防火规范》GB 50016—2014（2018 年版）第 5.1.3 条规定，下列民用建筑的耐火等级应为二级：

（1）二类高层建筑的耐火等级应不低于二级；

（2）单、多层重要公共建筑的耐火等级应不低于二级。

4.3.3.2 工业建筑的耐火等级

《建筑设计防火规范》GB 50016—2014（2018 年版）第 3.2.1 条规定，厂房和仓库的耐火等级可分为一、二、三、四级。《建筑防火通用规范》GB 50016—2014（2018 年版）第 5.2 节仅规定了一、二、三级的工业建筑的范围。

《建筑设计防火规范》GB 50016—2014（2018 年版）中，对工业建筑的一、二级耐火等级的应用范围没有规定；在 2022 年 12 月 27 日发布、2023 年 6 月 1 日实施的《建筑防火通用规范》GB 55037—2022 中作了规定。

1．根据《建筑防火通用规范》GB 55037—2022 第 5.2.1 条规定：下列工业建筑的耐火等级应为一级：

（1）建筑高度大于 50m 的高层厂房；

（2）建筑高度大于 32m 的高层丙类仓库，储存可燃液体的多层丙类仓库，每个防火分隔间建筑面积大于 3000m^2 的其他多层丙类仓库；

（3）Ⅰ类飞机库。

2．根据《建筑防火通用规范》GB 55037—2022 第 5.2.1 条规定：除本规范第 5.2.1 条规定的建筑外，下列工业建筑的耐火等级不应低于二级：

（1）建筑面积大于 300m^2 的单层甲、乙类厂房；

（2）高架仓库；

（3）Ⅱ、Ⅲ类飞机库；

（4）使用或储存特殊贵重的机器、仪表、仪器等设备或物品的建筑；

（5）高层厂房、高层仓库。

4.3.4　建筑构件的耐火极限

耐火极限是指在标准耐火试验条件下，建筑构件、配件从受到火的作用时起，至失去承载能力、完整性或隔热性时止所用时间，用小时表示。与消防设计相关的建筑构件包括墙、柱、梁、楼板、屋顶承重构件、楼梯、吊顶等七大部件；配件包括门、窗、卷帘等。

建筑构件的耐火极限应满足符合消防分类和耐火等级的要求，按需列表明确墙、柱、梁、楼板、屋顶承重构件、疏散楼梯、吊顶等的耐火极限要求。并根据确定的建筑耐火等级要求，选择相应燃烧性能和耐火极限的建筑构件。建筑构件的耐火极限可查《建筑设计防火规范》GB 50016—2014（2018年版）附表《各类非木结构构件的燃烧性能和耐火极限》。

应关注以下情形：

1．墙体材料

（1）墙体材料采用砌体时，一般情况下不小于100mm厚的黏土砖、加气混凝土等可满足耐火极限的要求；当部分防火墙的耐火等级需达到4h时，应注意复核；

（2）采用轻质隔墙时，应根据《建筑设计防火规范》GB 50016—2014（2018年版）的附表选择相应的材料及构造，并应复核其耐火极限是否满足要求；

（3）采用玻璃墙时，应在设计文件中注明其耐火极限要求；

（4）常用墙体的耐火极限见表4.3.4。

墙体的耐火极限　**表4.3.4**

序号	构件名称	构件厚度（mm）	耐火极限（h）	燃烧性能
1	非承重普通黏土砖墙（不含抹灰）	120	3.00	不燃性
2	非承重加气混凝土砌块墙	75	2.50	不燃性
3		100	6.00	不燃性
4	钢筋混凝土大板墙	120	2.60	不燃性
5	钢龙骨纸面石膏板 2×12mm +75mm（填50mm玻璃棉）+2×12mm	123	1.00	不燃性
6	钢龙骨纸面石膏板 3×12mm +75mm（填50mm玻璃棉）+3×12mm	147	1.50	不燃性
7	轻钢龙骨耐火纸面石膏板 3×12mm+100mm（岩棉）+3×12mm	160	2.00	不燃性
8	轻钢龙骨耐火纸面石膏板 3×15mm+150mm（100mm厚岩棉）+3×15mm	240	4.00	不燃性

2．结构

耐火等级与结构设计关联较大，应核查结构专业设计文件中的耐火等级要求是否与建筑一致。

（1）当采用钢筋混凝土结构时，应复核截面的最小尺寸和保护层厚度是否符合相应要求；

（2）钢结构柱、梁等是否采取相应的防护措施；

（3）承载防火墙相关的结构构件是否满足相应要求；

（4）钢筋混凝土楼板在耐火等级要求较高情况下（特别是超过 1.5h 时）是否满足要求厚度及保护层厚度要求。

3．吊顶

（1）当建筑为一级耐火等级时，吊顶材料的燃烧性能等级应为不燃性，且其耐火极限不应低于 0.25h；

（2）当建筑为二级耐火等级时，除规范另有规定外（如楼梯及前室、重要设备用房等），吊顶材料的燃烧性能等级可为难燃性，且其耐火极限不应低于 0.25h。

4．既有建筑的耐火等级

根据既有建筑的建筑构件的燃烧性能等级和耐火极限，可判定建筑的耐火等级。应关注以下情形：

（1）以木柱承重且墙体采用不燃材料的建筑，其耐火等级应按四级确定；

（2）墙柱采用不燃材料，以木梁作为屋顶承重构件的建筑，其耐火等级应按三级确定。

4.3.5 消防控制室

应说明消防控制室的设置位置及出入口情况。

4.3.6 防火分区

应说明防火分区的划分标准和设置概况；说明超过 2 万 m^2 的地下商业分隔情况；说明多功能组合建造时不同功能之间的防火分隔原则。

4.3.7 安全疏散和避难

（1）应说明疏散楼梯的形式、数量；应说明疏散距离的控制原则；应说明人员密集场所的疏散人数计算依据及计算表格或公式。

（2）应说明多功能组合建造时需独立疏散的原则。

（3）应说明避难间、避难层的设置情况。

4.3.8 建筑用料及构造

（1）应说明防火门、防火窗、防火卷帘、防火玻璃墙等的重要参数，包括耐火极限、耐火完整性。说明避难间、避难层、住宅临时避险房间的外窗耐火完整性要求。

（2）防火封堵：应说明防火墙、防火隔墙、管道井、玻璃幕墙等的防火封堵构造措施。

（3）建筑保温：应说明建筑保温材料的燃烧性能等级，包括屋顶、外墙外保温、外墙内保温、金属夹芯板等。重点关注人员密集场所、老年人照料设施等的保温材料的燃烧性能等级。

（4）装修材料：应说明各部位建筑装修材料的燃烧性能设置原则和要求，并说明其燃烧性能。

4.3.9 消防电梯

应说明消防电梯设置原则，并说明主要参数，包括载重（不小于 800kg）、速度、提升高度，从首层到顶层的时间（不超过 60s）等。

4.3.10 设备专业

（1）应说明楼梯间、内走廊等的防排烟设施。

（2）宜说明建筑是否设置自动灭火系统和自动报警系统，其与防火分区、疏散距离、装修材料的燃烧性能等级等消防设计相关。

4.4 总平面

4.4.1 建筑特征

应标注用地红线范围内和用地红线外不少于 50m 范围内的建筑物、构筑物、储罐、堆场等的主要功能、建筑高度和层数、耐火等级等信息。建筑功能包括办公楼，丙类厂房，液化石油气储罐（**m^3）等；耐火等级为一、二级时可不标注，耐火等级为三级或四级木结构建筑、木结构屋顶等建筑须标注。

应标注消防消控室、消防水池及泵房、消防取水口、柴油发电机房、锅炉房等特殊房间的位置；如果有泄爆要求，应标注泄爆口位置。

4.4.2 基地出入口

（1）应标注基地与城市道路的接口位置、宽度；

（2）基地出入口一般不少于 2 个；受规范限制时，可设置应急消防出入口（人行道不降坡）。

4.4.3 消防车道

1. 应按《建筑防火通用规范》GB 55037—2022 第 3.4.2、3.4.3、3.4.4 条规定设置消防车道：

（1）住宅建筑应至少沿建筑的一条长边设置消防车道。这比《建筑设计防火规范》GB 50016—2014（2018 年版）、《浙江省消防技术规范难点问题操作技术指南（2020 版）》的规定要严格。

（2）除受环境地理条件限制只能设置 1 条消防车道的公共建筑外，其他高层公共建筑和占地面积大于 3000m^2 的其他单、多层公共建筑应至少沿建筑的两条长边设置消防车道。

（3）高层厂房，占地面积大于 3000m^2 的单、多层甲、乙、丙类厂房，占地面积大于 1500m^2 的乙、丙类仓库，飞机库等建筑应至少沿建筑的两条长边设置消防车道。

（4）供消防车取水的天然水源和消防水池应设置消防车道。

2. 根据《建筑防火通用规范》GB 55037—2022 第 3.4.5 条及其他相关规定，消防车道或兼作消防车道的道路应符合下列规定：

（1）道路的净宽度（不小于 4m）和净空高度（不小于 4m）应满足消防车安全、快速通行的要求。

（2）转弯半径应满足消防车转弯的要求（可作轨迹线，多层建筑转弯半径不小于 9m，高层建筑转弯半径不小于 12m）。

（3）路面及其下面的建筑结构、管道、管沟等，应满足承受消防车满载时压力的要求，(《浙江省消防技术规范难点问题操作技术指南（2020 版)》第 2.1.5 条要求应采用硬质铺装面层，不应采用隐形消防车道)。

（4）坡度应满足消防车满载时正常通行的要求，且不应大于 10%。

（5）消防车道与建筑外墙的水平距离应满足消防车安全通行的要求（不宜小于 5m，《浙江省消防技术规范难点问题操作技术指南（2020 版)》第 2.1.1 条要求不应大于 30m)。

（6）长度大于 40m (《浙江省消防技术规范难点问题操作技术指南（2020 版)》第 2.1.4 条规定住宅建筑为 18m）的尽头式消防车道应设置满足消防车回转要求的场地或道路；《建筑设计防火规范》GB 50016—2014（2018 年版）第 7.1.9 条规定，回车场净尺寸，多层时应不小于 12m × 12m；对于高层建筑，不宜小于 15m × 15m（在浙江，按不应小于 18m × 18m 执行）；供重型消防车使用时不宜小于 18m × 18m。

（7）消防车道与建筑消防扑救面之间不应有妨碍消防车操作的障碍物，不应有影响消防车安全作业的架空高压电线。

（8）消防车道应按《浙江省消防技术规范难点问题操作技术指南（2020 版)》第 2.1.11 条的规定设置标志和标线标识。

4.4.4 消防车登高操作场地

1.《建筑防火通用规范》GB 55037—2022 第 3.4.6 条规定，高层建筑应至少沿其一条长边设置消防车登高操作场地。未连续布置的消防车登高操作场地 (《建筑设计防火规范》GB 55037—2022 第 7.2.1 条规定，建筑高度不大于 50m 的建筑，连续布置消防车登高操作场地确有困难时，可间隔布置，但间隔距离不宜大于 30m)，应保证消防车的救援作业范围能覆盖该建筑的全部消防扑救面。

消防扑救面的长度应不小于 1 个长边且不少于周边长度的 1/4，该范围内的裙房（含雨棚）进深不应大于 4m。

2. 根据《建筑设计防火规范》GB 50016—2014（2018 年版）第 7.2.2、7.2.3、7.2.4 条规定，消防车登高操作场地设置应符合下列规定：

（1）场地与厂房、仓库、民用建筑之间不应设置妨碍消防车操作的树木 (《浙江省消防技术规范难点问题操作技术指南（2020 版)》规定树木高度不应超过 5m)、架空管线等障碍物和车库出入口。

（2）场地的长度和宽度分别不应小于 15m 和 10m。对于建筑高度大于 50m 的建筑，场地的长度和宽度分别不应小于 20m 和 10m。

（3）场地及其下面的建筑结构、管道和暗沟等，应能承受重型消防车的压力。

（4）场地应与消防车道连通，场地靠建筑外墙一侧的边缘距离建筑外墙不宜小于 5m，且不应大于 10m，场地的坡度不宜大于 3%。

（5）建筑物与消防车登高操作场地相对应的范围内，应设置直通室外的楼梯或直通楼梯间的入口。

（6）与消防车登高操作场地对应的消防扑救面应按规定设置可供消防救援人员进入的窗口（消防救援口的要求详见本书第 4.8.2 条）。

《浙江省消防技术规范难点问题操作技术指南（2020 版）》第 2.3.8 条规定，当按规定在丙、丁、戊类厂房（仓库）、办公楼周边设置用于停放小型客车的沿地面道路设置时，停车位的布置不应影响消防救援，每个消防救援口对应的 6m 范围内不得布置停车位。

（7）根据《浙江省消防技术规范难点问题操作技术指南（2020 版）》第 2.1.5 条的要求，消防车登高操作场地应采用明显标识。

（8）根据《浙江省消防技术规范难点问题操作技术指南（2020 版）》第 2.1.6 条的要求，住宅建筑端头底部设置商业服务网点、总高度（建筑层高之和）不超过 7.8m 的变配电房等时，当其与住宅的交接部位长度不大于 10m 且消防车登高可到达至该单元的楼梯间或每户时，该住宅可视作满足消防车登高操作场地要求。消防车登高操作场地满足回车场要求时，可不设置穿过建筑物的消防车道。

4.4.5 防火（防爆）间距

应标注并复核用地红线内与用地红线外的建筑物、构筑物、储罐、堆场等之间的消防间距是否符合规定；应标注并复核用地红线内的建筑物、构筑物、储罐、堆场等之间的消防间距是否符合规定。重点关注易燃易爆场所与其他建筑之间的消防间距。

1. 防火防爆间距。

（1）《建筑防火通用规范》GB 55037—2022 第 3.2.1 条规定，甲类厂房与人员密集场所的防火间距不应小于 50m，与明火或散发火花地点的防火间距不应小于 30m。《建筑设计防火规范》GB 55037—2022 第 3.4.1 条规定，甲、乙类厂房与高层民用建筑的防火间距为 50m；与其他民用建筑的防火间距为 25m。

（2）《建筑防火通用规范》GB 55037—2022 第 3.2.2 条规定，甲类仓库与高层民用建筑和设置人员密集场所的民用建筑（注：《建筑设计防火规范》GB 55037—2022 第 3.5.1 条的用词为“重要公共建筑”）的防火间距不应小于 50m。《建筑设计防火规范》GB 55037—2022 第 3.5.1 条规定，其他民用建筑与甲类仓库的防火间距，当储存物品为 1、2、5、6 项且不大于 10t 时为 25m；大于 10t 时，为 30m；当储存物品为 3、4 项且不大于 5t 时为 30m；大于 5t 时，为 40m。

（3）《建筑防火通用规范》GB 55037—2022 第 3.2.3 条规定，除乙类第 5 项、第 6 项物品仓库外，乙类仓库与高层民用建筑和设置人员密集场所的其他民用建筑的防火间距不应小于 50m。

（4）《建筑设计防火规范》GB 55037—2022 第 3.5.2 条规定，乙类仓库与裙房、单多层民用建筑的防火间距为 25m，与高层民用建筑的防火间距为 50m。

（5）《建筑防火通用规范》GB 55037—2022 第 3.1.3 条规定，甲、乙类物品运输车的汽车库、修车库、停车场与人员密集场所（注：《汽车库、修车库、停车场设计防火规范》GB 50067—2014 第 4.2.5 条为“重要公共建筑”）的防火间距不应小于 50m，与其他民用建筑的防火间距不应小于 25m；甲类物品运输车的汽车库、修车库、停车场与明火或散发火花地点的防火间距不应小于 30m。

（6）《汽车加油加气加氢站技术标准》GB 50156—2021，第4.0.4条规定，站内汽油（柴油）工艺设备与站外重要公共建筑的安全建筑为35（25）m；其中汽油设备与重要公共建筑物的主要出入口的安全间距尚不应小于50m。

2．防火间距。

1）《建筑设计防火规范》GB 50016—2014（2018年版）第3.4、3.5、5.2节规定：

（1）单多层丙类厂房（仓库）之间的防火间距为10m，高层丙类厂房（仓库）之间、高层丙类厂房（仓库）与单多层丙类厂房（仓库）之间的防火间距为13m。

（2）高层民用建筑之间的防火间距为13m；其与裙房、单多层民用建筑（一、二级耐火等级）的防火间距为9m；裙房、单多层民用建筑之间的防火间距为6m。

（3）高层民用建筑与三级耐火等级的民用建筑的防火间距为11m，与四级耐火等级的民用建筑的防火间距为14m。

2）停车位、停车场、汽车库、修车库

（1）厂房、仓库、民用建筑与停车场的防火间距不应小于6m，与汽车库、修车库防火间距不应小于10m（《汽车库、修车库、停车场设计防火规范》GB 50067—2014第4.2.1条）。

（2）《浙江省消防技术规范难点问题操作技术指南（2020版）》第2.3.7、2.3.8条规定，在住宅小区地面，沿小区道路设置的单排停车位，可不按地面停车场认定；设置在丙、丁、戊类厂房（仓库）、办公楼周边，用于停放小型客车的沿地面道路设置的单排停车位，可不按地面停车场认定，但停车位应分组布置，每组的停车数量不超过5辆，组与组之间的防火间距不应小于6m，停车位的布置不应影响消防救援，每个消防救援口对应的6m范围内不得布置停车位。

（3）《浙江省消防技术规范难点问题操作技术指南（2020版）》第2.3.9条规定有围护结构的地面机械车库应按汽车库控制防火间距；无围护结构的机械式停车装置，高度10m及以下的可按停车场控制防火间距，高度10m以上的与一、二级耐火等级建筑的防火间距不应小于10m，当相邻建筑外墙为无门窗洞口的防火墙或比最高停车部位高15m范围以下的外墙为无门窗洞口的防火墙时，防火间距可不限。

3．《建筑防火通用规范》GB 55037—2022第3.3.2条规定，相邻两座通过连廊、天桥或下部建筑物等连接的建筑，防火间距应按照两座独立建筑确定。

4．《浙江省消防技术规范难点问题操作技术指南（2020版）》第9.10.2条规定，消防水泵房与消防控制室之间的行走距离不宜大于180m。

4.5 平面防火分隔

为防止火灾蔓延，单体建筑首先需按规定采用防火分区或楼层来进行分隔；然后在同一个防火分区或楼层，划分为不同大小的房间、走道、楼梯等。防火分区之间采用防火墙分隔；防火分区内的设备用房、火灾危险性较大的储存室、存放贵重设备或资料的房间，或一些重要的区域，或同一防火分区内不同的功能区域、疏散楼梯和电梯等采用防火隔墙分隔。

4.5.1　防火分区

1. 复核防火分区划分是否符合规定，对于仓储建筑，尚应复核单体建筑的规模是否符合规定。除小型单体建筑外，一般需绘出防火分区示意图，标注防火分区主要功能及防火分区面积，绘出疏散口，并标注疏散距离。

民用建筑防火分区的最大允许面积，高层时，不应大于 1500m^2；单多层时不应大于 2500m^2；地下或半地下建筑不应大于 500m^2（设备用房不应 1000m^2）。

（1）对于地上部分的体育馆、剧场的观众厅，防火分区的最大允许面积可适当增加。《浙江省消防技术规范难点问题操作技术指南（2020 版）》第 3.1.6 条规定，学校建筑中设置在地下室或半地下室无观众席的体育馆、风雨操场，防火分区最大允许面积为 1000m^2；当其设置自动灭火系统时可增加 1.0 倍。

（2）当建筑内设置自动灭火系统时，增加 1.0 倍；局部设置时，防火分区的增加面积可按该局部面积的 1.0 倍计算。

（3）裙房与高层建筑主体之间设置防火墙时，裙房的防火分区可按单、多层建筑的要求确定。

2. 当上下楼层有相连通的开口（包括敞开楼梯、自动扶梯、中庭等）时，其防火分区的建筑面积应按上、下层相连通的建筑面积叠加计算。

（1）当有上下相连通的开口且上下楼层为不同防火分区时，与开口连通部位应采用不低于 1.00h 的防火隔墙；耐火隔热性和耐火完整性不应低于 1.00h 的防火玻璃隔墙；耐火完整性不应低于 1.00h 的防火玻璃隔墙 + 自动喷水灭火系统；耐火极限不应低于 3.00h 的防火卷帘；火灾时能自行关闭甲级防火门窗等进行防火分隔（《建筑设计防火规范》GB 50016—2014（2018 年版）第 5.3.2 条）。

（2）当有上下相连通的开口且上下楼层为同一防火分区时，可不采用防火隔墙或防火卷帘分隔，但应在上下相连通的开口处设置挡烟垂壁。

（3）对于规范允许采用敞开楼梯“间”的建筑，如 5 层或 5 层以下的教学建筑、普通办公建筑等，在划分防火分区时，敞开楼梯间可以不按上、下层相连通的开口考虑；但应在楼梯间敞开处设置挡烟垂壁。

4.5.2　防火墙

1. 防火墙的燃烧性能和耐火极限

（1）防火墙应为不燃性，其耐火极限不应低于 3 小时；甲、乙类厂房和甲、乙、丙类仓库内的防火墙，其耐火极限不应低于 4 小时。承载防火墙的框架、梁的耐火极限不应低于防火墙的耐火极限（《建筑防火通用规范》GB 55037—2022 第 6.1.3 条、《建筑设计防火规范》GB 50016—2014（2018 年版）第 6.1.1 条）。

（2）当采用钢结构时，应采用厚涂型防火涂料、非膨胀型防火涂料或其他构造措施。

（3）常用的 100mm 厚、200mm 厚的黏土砖、水泥砖、加气混凝土砌块可满足耐火极限要求；当采用轻质隔断时，须根据《建筑设计防火规范》GB 50016—2014（2018 年版）的附表《各类非木结构构件的燃烧性能和耐火等级》选用，如轻钢龙骨纸面石膏板隔墙构造做法为 9.5mm+3 × 12mm+100mm（空气）+100mm 厚岩棉 +2 × 12mm+9.5mm+12mm 时，才满足 3h 耐火极限要求。

2. 防火墙的设置部位及要求

根据《建筑防火通用规范》GB 55037—2022 第 6.1.1 条、《建筑设计防火规范》GB 50016—2014（2018 年版）第 6.1.1 条的规定，防火墙应直接设置在建筑的基础或框架、“梁”等承重结构上，并应从楼地面基层隔断至结构梁、楼板或屋面板的底面。框架、梁等承重结构的耐火极限不应低于防火墙的耐火极限。

同时，根据《建筑防火通用规范》GB 55037—2022 第 6.1.2 条规定，防火墙任一侧的建筑结构或构件以及物体受火作用发生破坏或倒塌并作用到防火墙时，防火墙应仍能阻止火灾蔓延至防火墙的另一侧。

对于防火墙是否可设置在“次梁”上，执行时有歧义。防火墙任一侧的建筑结构受火作用发生破坏或倒塌并作用到防火墙时，设置在次梁上的防火墙，更易被破坏。综上所述，建议防火墙设置在框架梁上。

3. 防火墙两侧的门窗洞口

（1）紧靠防火墙两侧的门、窗、洞口之间最近边缘的水平距离不应小于 2.0m；内转角两侧墙上的门、窗、洞口之间最近边缘的水平距离不应小于 4.0m；当采取设置乙级防火窗等防止火灾水平蔓延的措施时，该距离不限。(《建筑设计防火规范》GB 50016—2014（2018 年版）第 6.1.3、6.1.4 条)。

（2）防火墙横截面中心线水平距离天窗端面小于 4.0m，且天窗端面为可燃性墙体时，应采取防止火势蔓延的措施。(《建筑设计防火规范》GB 50016—2014（2018 年版）第 6.1.2 条)。

4. 防火墙两侧的墙体耐火极限

（1）建筑外墙为难燃性或可燃性墙体时，防火墙应突出墙的外表面 0.4m 以上；且防火墙两侧的外墙均应为宽度均不小于 2.0m、耐火极限不应低于外墙的耐火极限的不燃性墙体。(《建筑设计防火规范》GB 50016—2014（2018 年版）第 6.1.3 条)。

（2）当高层厂房（仓库）屋顶承重结构和屋面板的耐火极限低于 1.00h，其他建筑屋顶承重结构和屋面板的耐火极限低于 0.50h 时，防火墙应高出屋面 0.5m 以上。(《建筑设计防火规范》GB 50016—2014（2018 年版）第 6.1.1 条)。

5. 设在防火墙上的门、窗、防火卷帘

1）当允许在防火墙上开门、窗时，应采用甲级防火门、窗，且应采用不可开启或具有火灾时能自行关闭的功能（《建筑设计防火规范》GB 50016—2014（2018 年版）第 6.1.5 条)。

2）疏散走道在防火分区处应设置常开甲级防火门，不应采用防火卷帘（《建筑设计防火规范》GB 50016—2014（2018 年版）第 6.4.10 条)。

3）当允许采用防火卷帘代替时，防火卷帘应满足耐火完整性和耐火隔热性应满足相应要求，且其长度应满足《建筑设计防火规范》GB 50016—2014（2018 年版）第 6.5.3 条的要求。

4）下列防火墙上不应开设门、窗、洞口及防火卷帘：

（1）甲、乙类仓库（《建筑设计防火规范》GB 50016—2014（2018 年版）第 3.3.2 条)。

（2）贴邻建造的供甲、乙类厂房专用的10kV及以下的变、配电站，应采用无门、窗、洞口的防火墙分隔（《建筑设计防火规范》GB 50016—2014（2018年版）第3.3.8条）。

（3）总建筑面积大于20000m^{2}的地下或半地下商店，应采用无门、窗、洞口的防火墙分隔为多个不大于20000m^{2}的区域。确需局部连通时，应采用下沉式广场、防火隔间、避难走道、防烟楼梯间等方式连通（《建筑设计防火规范》GB 50016—2014（2018年版）第5.3.5条）。

（4）地下汽车库同一层停车区域建筑面积大于50000m^{2}时，应采用无门、窗、洞口的防火墙分隔为多个不大于50000m^{2}的区域。在主车道处可利用防火隔间相连，防火隔间两侧应为不开设门窗洞口的防火墙，两端可为特级防火卷帘，卷帘之间的间距不应小于4m（《浙江省消防技术规范难点问题操作技术指南（2020版）》第3.1.2条）。

（5）地下商业与汽车库之间应采用不开设门窗洞口的防火墙分隔，若有连通口时，应采用下沉式广场等室外开敞空间、避难走道、防火隔间或防烟前室连接（《浙江省消防技术规范难点问题操作技术指南（2020版）》第3.1.1条）。

（6）可燃气体和甲、乙、丙类液体的管道严禁穿过防火墙；防火墙内不应设置排气道（《建筑设计防火规范》GB 50016—2014（2018年版）第6.1.5条）。

6. 特殊规定

部分场所的隔墙，虽在一个防火分区之内，也要求按防火墙的要求设置：

（1）厂房内的甲、乙、丙类中间仓库应采用防火墙分隔（《建筑设计防火规范》GB 50016—2014（2018年版）第3.3.6条、《建筑防火通用规范》GB 55037—2022第4.2.3条）。

（2）燃油或燃气锅炉、可燃油油浸变压器、充有可燃油的高压电容器和多油开关、柴油发电机房等独立建造的设备用房与民用建筑贴邻时，应采用防火墙分隔，且不应贴邻建筑中人员密集的场所（《建筑防火通用规范》GB 50016—2014（2018年版）第4.1.4条）。

（3）《图书馆建筑设计规范》JGJ 38—2015第6.2.1条规定：基本书库、特藏书库、密集书库与其毗邻的其他部位之间应采用防火墙和甲级防火门分隔。

（4）《汽车库、修车库、停车场设计防火规范》GB 50067—2014第5.1.6条规定：汽车库、修车库与其他建筑合建时，在建筑物内的汽车库（包括屋顶停车场）、修车库与其他部位之间，应采用防火墙和耐火极限不低于2.00h的不燃性楼板分隔；第5.1.7条规定：汽车库内设置修理车位时，停车部位与修车部位之间应采用防火墙和耐火极限不低于2.00h的不燃性楼板分隔。第5.3.3条规定：除敞开式汽车库、斜楼板式汽车库外，其他汽车库内的汽车坡道两侧应采用防火墙与停车区隔开。

（5）当两个建筑贴邻建造或防火间距在《建筑设计防火规范》GB 50016—2014（2018年版）表3.4.1、3.5.1、5.2.2基础上适当缩小、其中一面相邻的外墙应按“防火墙”进行消防设计时，其外墙（含承重、非承重）及承载外墙的框架、梁等应符合防火墙的耐火极限。

4.5.3 防火隔墙

1. 复核是否按规定设置防火隔墙，并复核其耐火极限；复核防火隔墙上是否允许设置门、窗及防火卷帘。

1）下列房间或部位的防火隔墙的耐火极限应不低于 2.00h，且不应采用防火卷帘；另有规定外，设置在防火隔墙上开向建筑内的门、窗应采用乙级防火门、窗：

（1）楼梯及前室、消防电梯及前室、电梯井及层门。其中层门的耐火极限，在《建筑设计防火规范》中为不应低于 1.00h，但在 2023 年 6 月 1 日实施的《建筑防火通用规范》中要求不应低于 2.00h。(《建筑设计防火规范》GB 50016—2014（2018 年版）第 6.2.9 条、《建筑防火通用规范》GB 55037—2022 第 6.3.1 条）。

（2）附设在建筑中的设备用房，包括通风机房、电气设备用房、锅炉房、消防水泵房、消防控制室、灭火设备室、消防水泵房等；其中"风""电"及相关的设备用房、锅炉房、消防水泵房等应采用甲级防火门窗。

（3）"老""幼""医"：医疗建筑内的手术室或手术部、产房、重症监护室、贵重精密医疗装备用房、储藏间、实验室、胶片室等；附设在建筑内的托儿所、幼儿园的儿童用房和儿童游乐厅等儿童活动场所、老年人照料设施（《建筑设计防火规范》GB 50016—2014（2018 年版）第 6.2.2 条）。

（4）住宅

《建筑设计防火规范》GB 50016—2014（2018 年版）第 5.4.10、5.4.11 条的规定，住宅与非住宅之间应完全分隔，隔墙上不应开设门窗洞口。

住宅底部的商业服务网点之间应完全分隔，隔墙上不应开设门窗洞口（商业服务网点之间的隔墙开设门窗洞口且面积超过 300m^2 后，该建筑不再被视作住宅楼，这是商业服务网点二次装修的关注要点）。

（5）歌舞娱乐放映游艺场所厅、室之间和其他部位之间（《建筑设计防火规范》GB 50016—2014（2018 年版）第 5.4.9 条）。

（6）有顶棚的步行街两侧的商铺之间墙体（《建筑设计防火规范》GB 50016—2014（2018 年版）第 5.3.6条）。

（7）组合建筑的剧场、电影院、礼堂等，且应采用甲级防火门；在《浙江省消防技术规范难点问题操作技术指南（2020 版）》第 3.2.8 条规定，除中庭外，该分隔部位不得用防火卷帘替代。

2）下列房间或部位的防火隔墙的耐火极限应不低于 2.00h，确有困难，可采用防火卷帘替代；设置在防火隔墙上开向建筑内的门、窗应采用乙级防火门、窗：

（1）储存室，民用建筑的附属库房（包含《浙江省消防技术规范难点问题操作技术指南（2020 版）》第 3.4.12 条规定电商网店内的临时仓储部分），剧院后台的辅助用房等储存大量丙类物质、导致火灾荷载较大的房间（《建筑设计防火规范》GB 50016—2014（2018 年版）第 6.2.3 条）。

（2）工业建筑中甲、乙类生产部位和建筑内使用丙类液体的部位厂房内有明火和高温的部位；甲、乙、丙类厂房（仓库）内布置有不同火灾危险性类别的房间（《建筑设计防火规范》GB 50016—2014（2018 年版）第 6.2.3 条）。

（3）附设在住宅建筑内的机动车库（《建筑设计防火规范》GB 50016—2014（2018 年版）第 6.2.3 条）。

（4）有明火、高温等火灾危险性较大的房间或部位，如饮食建筑中的厨房，宿舍内的公共厨房，建筑内使用丙类液体的部位。博物馆内食品加工区应采用甲级防火门（《建筑设计防火规范》GB 50016—2014（2018 年版）第 6.2.3 条，《博物馆建筑设计规范》JGJ 66—2015 第 7.1.5 条）。

3）下列房间或部位的防火隔墙的耐火极限应不低于 3.00h：

（1）剧场等建筑的舞台与观众厅之间的隔墙；（《建筑设计防火规范》GB 50016—2014（2018 年版）第 6.2.1 条）。

（2）锅炉房、柴油发电机房的储油间，且应设置甲级防火门；（《建筑设计防火规范》GB 50016—2014（2018 年版）第 5.4.12、5.4.13 条）。

（3）综合性建筑的商店部分（为综合建筑配套服务且建筑面积小于 1000m^2 的商店外）（《商店建筑设计规范》JGJ 48—2014 第 5.1.4 条）。

（4）避难走道、防火隔间（《建筑设计防火规范》GB 50016—2014（2018 年版）第 2.1.17、5.3.5 条）。

（5）冷藏间与穿堂之间隔墙（《冷库设计标准》GB 50072—2021 第 4.2.3 条）。

（6）甲、乙类厂房的分控室。（《建筑设计防火规范》GB 50016—2014（2018 年版）第 3.6.9 条）。

（7）《浙江省消防技术规范难点问题操作技术指南（2020 版）》第 4.2.3 条规定，供楼梯首层疏散用的无功能门厅与其他部位之间。

4）井道隔墙。

电缆井、管道井、排烟道、通风井、垃圾道等竖向井道，应分别独立设置；除通风井外，应在每层楼板处采用不低于楼板耐火极限的不燃材料或防火封堵材料封堵；井壁的耐火极限不应低于 1.00h，井壁上的检查门除另有规定外应采用丙级防火门。

5）疏散走道两侧的隔墙和房间隔墙。

疏散走道两侧的隔墙和房间隔墙属于防火分隔构件。疏散走道两侧的隔墙的耐火极限不应低于 1.00h，房间隔墙耐火极限应不低于 0.50h（二级）和 0.75h（一级）。

当其耐火等级不满足要求，或隔墙上设窗且窗的耐火等级不满足相应耐火极限要求时，消防疏散组织应按大空间要求设计。但在排烟设计中，仍视作房间。

2. 防火隔墙的构造要求。

（1）防火隔墙应从楼地面基层隔断至梁、楼板或屋面结构层的底面基层（《建筑防火通用规范》GB 55037—2022 第 6.2.1 条、《建筑设计防火规范》GB 50016—2014（2018 年版）第 6.2.4 条）。

（2）防火隔墙不能仅隔断至吊顶底面，也不能隔断至高出吊顶底面但不到结构层的底面，这两种做法均不能保证墙体防火分隔的有效性。吊顶的耐火极限一般为 0.25h，远低于墙体的耐火极限；若墙体不砌筑到结构底面，吊顶坍塌后，烟气将迅速穿过墙顶缝隙蔓延。

（3）楼板与隔墙之间的缝隙、穿越墙体的管道及其缝隙、开口等应采取防火封堵措施。

4.5.4　防火卷帘

（1）防火卷帘代替防火墙、防火隔墙时，应符合相关规定。

（2）除中庭外，当防火分隔部位的宽度不大于30m时，防火卷帘的宽度不应大于10m；当防火分隔部位的宽度大于30m时，防火卷帘的宽度不应大于该部位宽度的1／3，且不应大于20m。

（3）防火卷帘应具有火灾时可靠自重自动关闭功能。《浙江省消防技术规范难点问题操作技术指南》（2020版）规定不应采用水平、侧向开启的防火卷帘和弧形、L形等不规则的防火卷帘。

（4）除另有规定外，防火卷帘的耐火极限不应低于本规范对所设置部位墙体的耐火极限要求，且应符合《门和卷帘的耐火试验方法》GB/T 7633—2008有关耐火完整性和耐火隔热性的判定条件，否则应设置自动喷水灭火系统保护。

（5）防火卷帘应具有防烟性能，与楼板、梁、墙、柱之间的空隙应采用防火封堵材料封堵。

（6）防火卷帘在安装时需复核其水平和竖直方向的安装空间，需协调上方、贴邻的管线关系；安装后不应影响通道（车道）的净宽、停车位的净宽等。超长、超高卷帘设计时宜咨询专业厂家确定相关参数。

4.5.5 防火门、窗

1．应复核防火门的等级

（1）下列部位应采用甲级防火门、窗：

① 设置在防火墙上的门、窗，疏散走道在防火分区处设置的门。

② 附设在建筑中的“风”“电”相关的设备用房、锅炉房、消防水泵房应采用甲级防火门窗。其中消防水泵房在《建筑设计防火规范》GB 50016—2014（2018年版）中，可以采用乙级防火门，但在《消防给水及消火栓系统技术规范》GB 50974—2014第5.5.12条中要求采用甲级防火门。

③ 室内开向避难走道前室的门、避难间的疏散门、防火隔间的疏散门。

④ 设置在耐火极限要求不低于3.00h的防火隔墙上的门、窗。

⑤《浙江省消防技术规范难点问题操作技术指南（2020版)》第4.2.3条规定，供楼梯首层疏散用的无功能门厅与其他部位之间。

⑥ 电梯间、疏散楼梯间与汽车库连通的门。

⑦ 多层乙类仓库和地下、半地下及多、高层丙类仓库中从库房通向疏散走道或疏散楼梯间的门。

⑧ 对于埋深大于10m的地下建筑或地下工程中电气竖井、管道井、排烟道、排气道、垃圾道等竖井井壁上的检查门。

⑨ 对于建筑高度大于100m的建筑中电气竖井、管道井、排烟道、排气道、垃圾道等竖井井壁上的检查门。

⑩ 平时使用的人民防空工程中代替甲级防火门的防护门、防护密闭门、密闭门，耐火性能不应低于甲级防火门的要求，且不应用于平时使用的公共场所的疏散出口处。

⑪ 办公建筑中机要室、档案室、电子信息系统机房和重要库房等房间的疏散门。（《办公建筑设计规范》JGJ/T 67—2019, 第5.0.4条）。

⑫ 其他规范要求设置甲级门、窗的房间。

（2）下列部位应设置乙级防火门、窗（其中建筑高度大于100m的建筑相应部位的门应为甲级防火门）：

① 甲、乙类厂房，多层丙类厂房，人员密集的公共建筑和其他高层工业与民用建筑中封闭楼梯间的门；

② 住宅建筑中开向楼梯、前室的管道井门；

③ 防烟楼梯间及前室的门、消防电梯前室或合用前室的门；

④ 前室开向避难走道的门；

⑤ 地下、半地下及多、高层丁类仓库中从库房通向疏散走道或疏散楼梯的门；

⑥ 歌舞娱乐放映游艺场所中的房间疏散门、歌舞娱乐放映游艺场所中房间开向走道的窗；

⑦ 从室内通向室外疏散楼梯的疏散门；

⑧ 设置在耐火极限要求不低于2.00h的防火隔墙上的门、窗；

⑨ 对于层间无防火分隔的竖井（电气竖井、管道井、排烟道、排气道、垃圾道等）井壁上的检查门；

⑩ 除本书第4.5.5.1条中甲级防火门第2点外的设备间门；

⑪ 设置在避难间或避难层中避难区对应外墙上的窗。

（3）除规范另有规定外，管道井门应采用丙级防火门。

2. 应复核门的开启方向，一般楼梯间、走廊的防火门要求向疏散方向开启；设备用房的门，宜向外开启，其中锅炉房、变配电室应向外开启。

3. 防火门开启时，不应被机动车位等阻挡；除设备用房外，其他人员疏散用的防火门开启时，不应阻挡楼梯和走廊的疏散人流。

4. 当设置常开式防火门时，应与电气专业协调设置防火门监控器、电动闭门器或释放器。

4.6 平面布置与多功能组合

4.6.1 设备用房

复核设备用房布置的楼层位置、防水、防火分隔、装修材料等是否符合规定要求。一般应遵循以下规定：

（1）强电、弱电房间（包含消防控制室）等带电的设备用房不应设置在有水房间的直接下方，贴邻时应采取防水措施。

（2）设备用房均应采用2.00h或3.00h的防火隔墙分隔；强电、通风空调、消控室、锅炉房、带“油”的房间等设备用房应采用甲级防火门，其他设备用房应采用乙级防火门。

（3）火灾危险性较大的房间不应贴邻人员密集场所设置，包括锅炉房、带“油”的变配电室等。

（4）消防控制室、变配电室、发电机房、锅炉房等楼层位置尚应符合相关规定要求。

4.6.1.1 消控控制室

（1）平面位置：应设置在建筑首层或地下一层，疏散门应直通室外或安全出口；《浙江省消防技术规范难点问题操作技术指南（2020 版）》规定，当设置在地下一层时应通向开敞空间。

（2）防水：不应设置在有水房间的下方和贴邻；应采取防水淹（一般按设 150mm 高门槛执行）、防潮、防啮齿动物等的措施；防水等级为一级。

（3）应采用耐火极限不低于 2.00h 的隔墙、乙级防火门和 1.50h 的楼板与其他部位分隔。

（4）不宜贴邻变配电室等具电磁干扰的场所。

4.6.1.2 消防水泵房

（1）平面位置：附设在建筑物内的消防水泵房，不应设置在地下三层及以下，或室内地面与室外出入口地坪高差大于 10m 的地下楼层。

（2）附设在建筑物内的消防水泵房，应采用耐火极限不低于 2.00h 的隔墙和 1.50h 的楼板与其他部位隔开；且开向疏散走道的门应采用甲级防火门（《消防给水及消火栓系统技术规范》GB 50974—2014 第 5.5.12 条规定，消防水泵房应采用甲级防火门；《建筑设计防火规范》GB 50016—2014（2018 年版）第 6.2.7 条规定消防水泵房可采用乙级防火门）。

（3）疏散门应直通室外或安全出口，《浙江省消防技术规范难点问题操作技术指南》（2020 版）规定距安全出口不应大于 15m。

（4）应采取防水淹措施（一般按设 150mm 高门槛执行）。

4.6.1.3 变配电室

（1）油浸变压器室、设置有每台装油量大于 60kg 的设备的配电室属于丙类火灾危险性部位；其他变、配电室属于丁类火灾危险性部位。

平面位置应根据地方规定确定，宜设置在一层靠外墙部位；《建筑防火通用规范》GB 55037—2022 第 4.1.6 条规定，设置在地下室时，不应设置在地下二层及以下楼层。

（2）防水：防水等级一级；不应在有水房间的下方，当贴邻设置时应采取防水措施；设置在地面建筑内时，应设置不低于 100mm 高门槛；设置在地下室时应设不小于 150mm 高门槛。变电所的电缆夹层、电缆沟和电缆室应采取防水、排水措施。

（3）“可燃油油浸变压器、充有可燃油的高压电容器和多油开关、柴油发电机”等带“油”的设备用房，贴邻建筑布置时，应采用防火墙分隔；设置在建筑内的变配电室（不论是否带“油”），应采用 2.00h 防火隔墙和甲级防火门分隔，且应外开。

配电室、电容器室长度大于 7m 时或房间建筑面积大于 200m^2 时，应至少设置 2 个疏散门；长度大于 60m 的配电装置室宜设 3 个出口，相邻安全出口的门间距离不应大于 40m。当变电所内设置值班室时，值班室应设置直接通向室外或疏散走道（安全出口）的疏散门。其内部相通的门应为双向弹簧门。应设置防雨雪和小动物从采光窗、通风窗、门、电缆沟等进入室内的设施。

当变电所设置在建筑首层，且向室外开门的上层有窗或非实体墙时，变电所直接通向室外的门应为丙级防火门。宜设置不能开启的自然采光窗，窗台距室外地坪不宜低于 1.8m，临街的一面不宜开设窗户。

（4）“可燃油油浸变压器、充有可燃油的高压电容器和多油开关、柴油发电机房”等带“油”的设备用房，贴邻设置或设置在建筑内时，不应设置贴邻人员密集场所、居室的直接上下层或贴邻。

（5）当变电所的直接上、下层及贴邻处设置智能化系统机房时，应采取屏蔽措施。当变电所与上、下或贴邻的居住、教室、办公房间仅有一层楼板或墙体相隔时，变电所内应采取屏蔽、降噪等措施。

（6）变、配电站不应设置在甲、乙类厂房内或贴邻，且不应设置在爆炸性气体、粉尘环境的危险区域内。供甲、乙类厂房专用的10kV及以下的变、配电站，当采用无门、窗、洞口的防火墙分隔时，可一面贴邻，并应符合现行国家标准《爆炸危险环境电力装置设计规范》GB 50058—2014等标准的规定。

（7）油浸变压器、多油开关室、高压电容器室，应设置防止油品流散的设施。油浸变压器下面应设置能储存变压器全部油量的事故储油设施。

（8）配电室、变压器室等，其内部所有装修均应采用A级装修材料。

4.6.1.4 发电机房

（1）宜设置在首层或地下一层、二层；设置在地下室时，不宜在最底层。

（2）防水：不应在有水房间的下方和贴邻；设置在地面建筑内时，应设置不低于100mm高门槛；设置在地下室时应设不小于150mm高门槛；防水等级一级。

（3）不应设置在人员密集场所的上一层、下一层或贴邻。

（4）应采用耐火等级不低于2.00h的防火隔墙和甲级防火门分隔。

（5）储油间：储油量不大于1m^3；应采用3.00h防火隔墙和甲级防火门分隔；应设置200mm高门槛，且应满足油品流散1m^{3}不外溢的要求；油箱应设置通向室外的通气管。

（6）环保：烟气应高空排放。

4.6.1.5 锅炉房

1. 锅炉房属于使用明火的丁类厂房（《建筑设计防火规范》GB 50016—2014（2018年版）3.2.5）。

2. 平面位置：

1）《锅炉房设计标准》GB 50041—2020第4.1.2、4.1.3、4.1.4条规定，锅炉房宜为独立的建筑物。当锅炉房组合设置在建筑内时，其锅炉应符合下列规定：

（1）《建筑设计防火规范》GB 50016—2014（2018年版）第5.4.12条条文说明规定，设在多层或高层建筑的半地下室或首层的锅炉房，每台蒸汽锅炉的额定蒸发量必须小于10t/h，额定蒸汽压力必须小于1.6MPa；设在多层或高层建筑的地下室、中间楼层或顶层的锅炉房，每台蒸汽锅炉的额定蒸发量不应大于4t/h，额定蒸汽压力不应大于1.6MPa，必须采用油或气体做燃料或电加热的锅炉；设在多层或高层建筑的地下室、半地下室、首层或顶层的锅炉房，热水锅炉的额定出口热水温度不应大于95℃并有超温报警装置，用时必须装设可靠的点火程序控制和熄火保护装置。

（2）《浙江省消防技术规范难点问题操作技术指南（2020版）》第8.1.3条规定，附设于建筑内的燃油（燃气）锅炉房，其设置位置应符合《锅炉房设计标准》GB 50041—2020和《建筑设计防火规范》GB 50016—2014（2018年版）的有关规定，且单台蒸汽锅炉的额定蒸发量不应超过10t/h，单台热水锅炉的额定出力（热功率）不应大于7MW。

（3）《浙江省消防技术规范难点问题操作技术指南（2020版）》第8.1.1条规定，直燃式溴化锂冷（热）水机组和总容量大于0.7MW的常（负）压燃油（燃气）热水机组的机房，其消防设计应按《建筑设计防火规范》GB 50016—2014（2018年版）中的有关锅炉房的规定执行；即直燃式溴化锂冷（热）水机组和总容量不大于 0.7MW 的常（负）压燃油（燃气）热水机组的机房，可不按有关锅炉房的规定设计。

2)《锅炉房设计标准》GB 50041—2020 第 4.1.3、4.1.4 条规定，当锅炉房和其他建筑物相连或设置在其内部时，不应设置在人员密集场所和重要部门的上一层、下一层、贴邻位置以及主要通道、疏散口的两旁，并应设置在首层或地下室一层靠建筑物外墙部位。住宅建筑物内，不宜设置锅炉房。

《建筑防火通用规范》GB 55037—2022 第 4.1.5 条规定，常（负）压燃油或燃气锅炉房不应位于地下二层及以下（《建筑设计防火规范》GB 50016—2014（2018 年版）第 5.4.12 条规定可设在地下二层，本条作废)，位于屋顶的常（负）压燃气锅炉房与通向屋面的安全出口的最小水平距离不应小于 6m；其他燃油或燃气锅炉房应位于建筑首层的靠外墙部位或地下一层的靠外侧部位，不应贴邻消防救援专用出入口、疏散楼梯（间）或人员的主要疏散通道 。

《建筑设计防火规范》GB 50016—2014（2018 年版）第 5.4.12 条规定，采用相对密度（与空气密度的比值）不小于 0.75 的可燃气体为燃料的锅炉，不得设置在地下或半地下。

3．平面分隔：

（1）应采用耐火等级不低于 2.00h 的防火隔墙和甲级防火门；锅炉间应至少设置 2 个疏散门，门应外开，且应直通室外或安全出口（《建筑防火通用规范》GB 55037—2022 第 4.1.5 条)。

（2）储油间：储油量不大于 $1m^3$；应采用耐火等级不低于 3.00h 的防火隔墙和甲级防火门分隔；应设置 200mm 高门槛，且应满足油品流散 $1m^3$ 不外溢的要求（《建筑防火通用规范》GB 55037—2022 第 4.1.5 条)。

4．燃气锅炉房应设置泄爆措施。

5．应设置独立的通风系统，且应选用防爆型的事故排风机。

6．环保：烟气应高空排放，且应采取隔热措施。

4.6.1.6 燃气调压用房或设施

1．燃气调压用房、瓶装液化石油气瓶组用房应独立建造，不应与居住建筑、人员密集的场所及其他高层民用建筑贴邻；总容积不应大于 $1m^3$ 的液化石油气瓶组用房，贴邻其他民用建筑的，应采用防火墙分隔，门、窗应向室外开启（《建筑防火通用规范》GB 55037—2022 第 4.3.1 条)。

2．根据《燃气工程项目规范》GB 55009—2021 第 5.2 节规定，调压设施周围应设置防侵入的围护结构。调压设施范围内未经许可的人员不得进入。

无围墙且露天设置的调压装置，低压、中压时最小保护范围为调压装置外缘 1.0m，最小控制范围为 1.0 ～ 6.0m；次高压时最小保护范围为调压装置外缘 3.0m，最小控制范围为 3.0 ～ 15.0m。在最小保护范围内，不得从事下列危及燃气调压设施安全的活动，包括建设建筑物、构筑物或其他设施；进行取土等作业；放置易燃易爆危险物品；其他危及燃气设施安全的活动。

3．建筑内使用天然气的部位应便于通风和防爆泄压（《建筑防火通用规范》GB 55037—2022 第 4.1.5 条)。

4．用户燃气管道安装应符合下列规定：

（1）根据《燃气工程项目规范》GB 55009—2021 第 5.3.3 条规定，用户燃气管道及附件应设置在便于安装、检修的位置，不得设置在卧室、客房等人员居住和休息的房间；不得设置在建筑内的避难场所、电梯井和电梯前室、封闭楼梯间、防烟楼梯间及其前室；不得设置在其他管道井内。《建筑防火通用规范》GB 55037—2022 第 7.1.8 条规定，在住宅建筑的疏散楼梯间内设置可燃气体管道和可燃气体计量表时，应采用敞开楼梯间，并应采取防止燃气泄漏的防护措施；其他建筑的疏散楼梯间及其前室内不应设置可燃或助燃气体管道。

（2）可燃气体和甲、乙、丙类液体的管道严禁穿过防火墙。(《建筑设计防火规范》GB 50016—2014（2018 年版）第 6.1.5 条)。

5. 根据《燃气工程项目规范》GB 55009—2021 第 6.1 节相关规定，家庭用燃具和附件应符合下列规定：

（1）直排式燃气热水器不得设置在室内。燃气采暖热水炉和半密闭式热水器严禁设置在浴室、卫生间内。

（2）与燃具贴邻的墙体、地面、台面等，应为不燃材料。燃具与可燃或难燃的墙壁、地板、家具之间应保持足够的间距或采取其他有效的防护措施。

（3）高层建筑应采用管道供气方式。

（4）建筑高度大于 100m 时，用气场所应设置燃气泄漏报警装置，并应在燃气引入管处设置紧急自动切断装置。

6. 根据《燃气工程项目规范》GB 55009—2021 第 6.2 节等相关规定，商业燃具、用气设备和附件应符合下列规定：

（1）商业燃具或用气设备应设置在通风良好、符合安全使用条件且便于维护操作的场所，并应设置燃气泄漏报警和切断等安全装置。

（2）公共用餐区域、大中型商店建筑内的厨房不应设置液化天然气气瓶、压缩天然气气瓶及液化石油气气瓶。

（3）根据《浙江省消防技术规范难点问题操作技术指南（2020 版）》第 3.1.5 条规定，高层建筑及地下室中的商业营业厅、展览厅内，可附设餐饮用房，但不得设置带明火的厨房。

（4）根据《浙江省消防技术规范难点问题操作技术指南（2020 版）》第 9.4 条规定，对于总建筑面积 10 万 m^2 及以上（不包括住宅、写字楼部分及地下车库的建筑面积）集购物、旅店、展览、餐饮、文娱、交通枢纽等两种或两种以上功能于一体的超大城市综合体，其餐饮场所食品加工区的明火部位应靠外墙设置，且不得设置在地下室（靠下沉式广场外墙设置除外），并应与其他部位进行防火分隔。

4.6.2 “老”“幼”“医”场所

4.6.2.1 老年人照料设施

（1）独立建造的一、二级耐火等级老年人照料设施的建筑高度不宜大于 32m，不应大于 54m；组合设置在其他建筑时，宜在建筑的下部且其高度不宜大于 32m，不应大于 54m（《建筑设计防火规范》GB 50016—2014（2018 年版）第 5.3.1A，5.4.4B 条）。

（2）组合建造时，应与其他部位采用 2h 防火隔墙和乙级防火门、窗分隔；不应采用防火卷帘分隔（《建筑设计防火规范》GB 50016—2014（2018 年版）第 5.4.4A、6.2.2 条）。

（3）居室和休息室不应布置在地下或半地下。老年人公共活动用房、康复与医疗用房应优先设置在首层、二层或三层；不应设置在地下二层及以下；当设置在地下一层或地上四层及以上时，每间用房的建筑面积不应大于 200m^2 且使用人数不应大于 30 人（《建筑防火通用规范》GB 55037—2022 第 4.3.5 条，《建筑设计防火规范》GB 50016—2014（2018 年版）第 5.4.4B 条）。

（4）三层及三层以上总建筑面积大于 3000m^2 老年人照料设施，应在二层及二层以上的每座楼梯间的相邻部位设置一间避难间，且净面积不应小于 12m^2，避难间兼作其他用途时，应保证人员的避难安全，且不得减少可供避难的净面积。避难间可利用疏散楼梯间的前室或消防电梯的前室。避难间应采用耐火极限不低于 2.00h 的防火隔墙和甲级防火门与其他部位分隔；应设置直接对外的可开启窗口或独立的机械防烟设施，外窗应采用乙级防火窗。

当老年人照料设施设置与疏散楼梯或安全出口直接连通的开敞式外廊、与疏散走道直接连通且符合人员避难要求的室外平台等时，可不设置避难间（《建筑设计防火规范》GB 50016—2014（2018 年版）第 5.5.24、5.5.24A 条）。

4.6.2.2　儿童活动场所

（1）托儿所、幼儿园的儿童用房和儿童游乐厅等儿童活动场所不应设置在地下室或半地下室；当设置在一、二级耐火等级的建筑内时，布置不应超过 3 层。

（2）宜设置在独立的建筑内，当组合设置在高层建筑时应设置独立的安全出口和疏散楼梯；当组合设置在单、多层建筑时，宜独立疏散。

4.6.2.3　住院病房

根据《建筑防火通用规范》GB 55037—2022 第 4.3.6 条的规定：

（1）医疗建筑中住院病房的布置和分隔不应布置在地下或半地下；

（2）建筑内相邻护理单元之间应采用耐火极限不低于 2.00h 的防火隔墙和甲级防火门分隔。

4.6.3　人员密集场所

4.6.3.1　商店营业厅、公共展览厅

根据《建筑防火通用规范》GB 55037—2022 第 4.3.3 条规定，商店营业厅、公共展览厅等的布置应布置在一、二级耐火等级建筑的地下二层及以上的楼层。

4.6.3.2　歌舞娱乐场所

根据《建筑防火通用规范》GB 55037—2022 第 4.3.7 条、《建筑设计防火规范》GB 50016—2014（2018 年版）第 5.4.9 条，歌舞厅、录像厅、夜总会、卡拉 OK 厅（含具有卡拉 OK 功能的餐厅）、游艺厅（含电子游艺厅）、桑拿浴室（不包括洗浴部分）、网吧等歌舞娱乐放映游艺场所（不含剧场、电影院）的布置：

（1）应布置在地下一层及以上且埋深不大于 10m 的楼层；确需布置在地下一层或四层及以上楼层时，一个厅、室的建筑面积不应大于 200m^2；

（2）不宜布置在袋形走道的两侧或尽端；

（3）厅、室之间及与建筑的其他部位之间，应采用耐火极限不低于 2.00h 的防火隔墙

和 1.00h 的不燃性楼板分隔，设置在厅、室墙上的门和该场所与建筑内其他部位相通的门均应采用乙级防火门。

4.6.3.3 剧场、电影院、礼堂

根据《建筑设计防火规范》GB 50016—2014（2018 年版）第 5.4.7 条规定：

（1）宜设置在独立的建筑内；当组合设置在其他民用建筑时至少应设置 1 个独立的安全出口和疏散楼梯。

（2）应采用耐火极限不低于 2.00h 的防火隔墙和甲级防火门与其他区域分隔。《浙江省消防技术规范难点问题操作技术指南（2020 版）》第 3.2.8 条规定，该分隔部位不得用防火卷帘替代。采用中庭与其他区域分隔时，允许在中庭周围设置防火卷帘。

（3）设置在一、二级耐火等级的建筑内时，观众厅宜布置在首层、二层或三层；确需布置在四层及以上楼层时，一个厅、室的疏散门不应少于 2 个，且每个观众厅的建筑面积不宜大于 $400m^2$。

（4）设置在地下或半地下时，宜设置在地下一层，不应设置在地下三层及以下楼层。

（5）设置在高层建筑内时，应设置火灾自动报警系统和自动喷水灭火系统等自动灭火系统。

4.6.3.4 会议厅、多功能厅

根据《建筑设计防火规范》GB 50016—2014（2018 年版）第 5.4.8 条规定：

（1）建筑内的会议厅、多功能厅等人员密集的场所，宜布置在首层、二层或三层。设置在地下或半地下时，宜设置在地下一层，不应设置在地下三层及以下楼层。

（2）一个厅、室的疏散门不应少于 2 个，且建筑面积不宜大于 $400m^2$。

（3）设置在高层建筑内时，应设置火灾自动报警系统和自动喷水灭火系统等自动灭火系统。

4.6.3.5 有顶商业步行街

《建筑设计防火规范》GB 50016—2014（2018 年版）第 5.3.6 条，餐饮、商店等商业设施通过有顶棚的步行街连接，且步行街两侧的建筑需利用步行街进行安全疏散时，应符合下列规定：

1. 步行街两侧建筑的耐火等级不应低于二级。
2. 步行街的长度不宜大于 300m。
3. 步行街的顶棚下檐距地面的高度不应小于 6.0m。
4. 防火分隔。

（1）步行街两侧建筑相对面的最近距离均不应小于相应高度建筑之间的防火间距要求且不应小于 9m。

（2）步行街两侧建筑的商铺之间应设置耐火极限不低于 2.00h 的防火隔墙，每间商铺的建筑面积不宜大于 $300m^2$。

（3）步行街两侧建筑的商铺，其面向步行街一侧的围护构件应满足疏散走道隔墙的耐火极限要求，即耐火极限不应低于 1.00h，并宜采用实体墙，其门、窗应采用乙级防火门、窗；采用防火玻璃墙（包括门、窗）时，其耐火隔热性和耐火完整性不应低于 1.00h；当耐火隔热性不满足要求时，应设置闭式自动喷水灭火系统进行保护。

（4）楼层内相邻商铺之间面向步行街一侧应设置宽度不小于 1.0m、耐火极限不低于

1.00h 的实体墙。

（5）当步行街两侧的建筑为多个楼层时，上下层开口之间应设置高度不小于 0.8m（要求设置自动喷淋）；设置回廊或挑檐时，其出挑宽度不应小于 1.2m。

5. 开口。

（1）步行街的端部在各层均不宜封闭，确需封闭时，应在外墙上设置可开启的门窗，且可开启门窗的面积不应小于该部位外墙面积的一半。

（2）步行街两侧的商铺在上部各层需设置回廊和连接天桥时，应保证步行街上部各层楼板的开口面积不应小于步行街地面面积的 37%，且开口宜均匀布置。

（3）顶棚应设置自然排烟设施并宜采用常开式的排烟口，且自然排烟口的有效面积不应小于步行街地面面积的 25%。常闭式自然排烟设施应能在火灾时手动和自动开启。

6. 步行街两侧建筑内的疏散楼梯应靠外墙设置并宜直通室外，确有困难时，可在首层直接通至步行街；首层商铺的疏散门可直接通至步行街，步行街内任一点到达最近室外安全地点的步行距离不应大于 60m。步行街两侧建筑二层及以上各层商铺的疏散门至该层最近疏散楼梯口或其他安全出口的直线距离不应大于 37.5m。

7. 步行街的顶棚材料应采用不燃或难燃材料，其承重结构的耐火极限不应低于 1.00h。步行街内不应布置可燃物。

8. 步行街两侧建筑的商铺外应每隔 30m 设置消火栓，商铺内应设置自动喷水灭火系统和火灾自动报警系统；每层回廊均应设置自动喷水灭火系统。步行街内宜设置自动跟踪定位射流灭火系统。

9.《浙江省消防技术规范难点问题操作技术指南（2020 版）》第 9.3 条对“有顶步行街”（含步行街首层地面、二层及以上连廊、回廊区域，以下简称“步行街”）在符合规范要求的同时，补充下列规定：

（1）“步行街”首层与地下层之间不应设置中庭、自动扶梯等上下连通的开口；首层地面至顶棚下檐的净高不应超过 24m。

（2）步行街两侧的商铺超过 300m^2 时，连通步行街的单个开口部位宽度不应大于 9m，并应设置与步行街独立的安全出口和疏散楼梯，不能利用步行街进行疏散，疏散距离应按大开间商业考虑；不超过 300m^2 的商铺任一点至房间疏散门的距离应符合《建筑设计防火规范》GB 50016—2014（2018 年版）第 5.5.17 条第 3 款的规定。

（3）建筑局部突出物的门窗洞口与步行街顶棚与之间的距离不应小于 6m，其中与步行街顶棚的排烟口之间的距离不应小于 9m；当建筑局部突出物相邻外墙为防火墙时，距离不限。

（4）步行街（含屋顶）各层开口应上下对应并均匀布置，楼板开口最狭处宽度不应小于 9m（自动扶梯除外）；连廊宽度不应大于 6m。

（5）步行街应按商业营业厅要求计算疏散人数。

（6）步行街的长度不应超过 300m（长度按步行街中心线计算）；步行街地面面积是指步行街两侧商铺外墙边线以内的区域。

（7）疏散楼梯在首层可利用扩大前室或扩大封闭楼梯间（与其他功能用房之间应采用耐火极限不低于 2.00h 且不开设门窗洞口的隔墙分隔）通至步行街，且距离不得超过 15m（从梯段踏步前缘不超过梯段宽度的位置起算）。

（8）步行街首层地面及各层连廊、回廊可利用步行街的自然排烟窗进行排烟，与步行街相邻的商业用房应设置独立的排烟设施。

4.6.3.6 超大城市综合体

《浙江省消防技术规范难点问题操作技术指南（2020 版）》第 9.4 条规定，对于总建筑面积 10 万 m^2 及以上（不包括住宅、写字楼部分及地下车库）集购物、旅店、展览、餐饮、文娱、交通枢纽等两种或两种以上功能的超大城市综合体，尚应符合下列规定：

（1）餐饮场所食品加工区的明火部位应靠外墙设置，且不得设置在地下室（靠下沉式广场外墙设置除外），并应与其他部位进行防火分隔；

（2）商业营业厅每层的附属库房应采用耐火极限不低于 3.00h 的防火隔墙和甲级防火门与其他部位进行分隔；

（3）当采用自动排烟窗时，应具备在紧急情况下能正常工作的防失效保护功能，保证在紧急情况下能自动打开并处于全开位置。

4.6.3.7 菜市场

《浙江省消防技术规范难点问题操作技术指南（2020 版）》第 9.5.1、9.5.2 条规定，一、二级耐火等级菜市场（该市场内不得设置百货等商铺）的防火分区每层最大允许建筑面积，可按规范规定增加 1.0 倍，单层敞开式菜市场（四周敞开且满足自然排烟要求）的防火分区最大允许建筑面积不限。

单层敞开式菜市场的钢结构可不采取防火保护措施；单层菜市场总面积不超过防火分区每层最大允许建筑面积时（含上一条允许增加的面积要求），可不设置自动灭火系统和火灾报警系统。

4.6.4 多功能组合

根据《建筑设计防火规范》GB 50016—2014（2018 年版）第 1.0.4 条规定，同一建筑内设置多种使用功能场所时，不同使用功能场所之间应进行防火分隔，该建筑及其各功能场所的防火设计应根据本规范的相关规定确定。

4.6.4.1 剧场、电影院、礼堂

剧场、电影院、礼堂组合设置在其他民用建筑时应采用耐火极限不低于 2.00h 的防火隔墙和甲级防火门与其他区域分隔。

至少应设置 1 个独立的安全出口和疏散楼梯。

4.6.4.2 住宅与商业服务网点

住宅与商业服务网点组合建设时，其居住部分与商业服务网点之间应采用耐火极限不低于 2.00h 且无门、窗、洞口的防火隔墙和 2.00h 的不燃性楼板完全分隔。（《建筑防火通用规范》GB 55037—2022 第 4.3.2 条，其中对楼板的耐火极限要求较《建筑设计防火规范》GB 50016—2014（2018 年版）有所提高）

住宅部分和商业服务网点部分的安全出口和疏散楼梯应分别独立设置。住宅部分的消防电梯在非住宅部分可不停靠。

4.6.4.3 住宅与非商业服务网点

住宅与非商业网点外的其他功能组合建造时，该建筑从整体上不是住宅楼。

根据《建筑设计防火规范》GB 50016—2014（2018 年版）第 5.4.10 条的规定，住

宅与非商业网点外的其他功能组合建造时，住宅部分与非住宅部分之间，应采用耐火极限不低于 2.00h 且无门、窗、洞口的防火隔墙和 2.00h 的不燃性楼板完全分隔；当为高层建筑时，应采用无门、窗、洞口的防火墙和耐火极限不低于 2.00h 的不燃性楼板完全分隔。

住宅部分与非住宅部分的安全出口和疏散楼梯应分别独立设置。住宅部分的消防电梯在非住宅部分可不停靠。

住宅部分和非住宅部分的安全疏散、防火分区和室内消防设施配置，可根据各自的建筑高度分别按照《建筑设计防火规范》GB 50016—2014（2018 年版）有关住宅建筑和公共建筑的规定执行；该建筑的其他防火设计应根据建筑的总高度和建筑规模按《建筑设计防火规范》GB 50016—2014（2018 年版）有关公共建筑的规定执行。

为住宅部分服务的地上车库应设置独立的疏散楼梯或安全出口；根据 2023 年实施的《建筑防火通用规范》GB 55037—2022，地下车库的疏散楼梯应在首层完全分隔。

4.6.4.4　老年人照料设施

老年人照料设施组合设置在其他建筑时，宜设置在建筑的下部且其高度不宜大于 32m，不应大于 54m；应与其他部位采用 2.00h 防火隔墙和乙级防火门、窗分隔，不应采用防火卷帘分隔。

对于新建和扩建建筑，应该有条件将安全出口全部独立设置；对于部分改建建筑，受建筑内上、下使用功能和平面布置等条件的限制时，要尽量将老年人照料设施部分的疏散楼梯或安全出口独立设置。《浙江省消防技术规范难点问题操作技术指南（2020 版）》第 9.2.4 条规定，老年人照料设施至少应设置 1 个独立的安全出口或疏散楼梯，且其疏散宽度不应小于该场所设计疏散总宽度的 70%。

4.6.4.5　儿童活动场所

根据《托儿所、幼儿园建筑设计规范》JGJ 39—2016（2019 年版）第 3.1.2、3.2.2 条的规定，三四个班及以上的托儿所、幼儿园建筑应独立设置。两三个班及以下时，可与居住、养老、教育、办公建筑合建，不应与大型公共娱乐场所、商场、批发市场等人流密集的场所相毗邻；应设独立出入口的疏散楼梯和安全出口；建筑出入口及室外活动场地范围内应采取防止物体坠落措施。

儿童活动场所应与其他部分采用耐火极限不低于 2 小时的防火隔墙分隔。(《建筑防火通用规范》GB 55037—2022 第 4.1.3 条）

托儿所、幼儿园的儿童用房和儿童游乐厅等儿童活动场所，当组合设置在高层建筑时应设置独立的安全出口和疏散楼梯；当组合设置在单、多层建筑时，宜独立疏散。《浙江省消防技术规范难点问题操作技术指南（2020 版）》第 9.2.4 条规定，儿童活动场所至少应设置 1 个独立的安全出口或疏散楼梯，且其疏散宽度不应小于该场所设计疏散总宽度的 70%。(《建筑设计防火规范》GB 50016—2014（2018 年版）第 5.4.4 条）

4.6.4.6　厂房与非生产性用房

员工宿舍严禁设置在厂房内。

办公室、休息室等不应设置在甲、乙类厂房内，确需贴邻本厂房时，其耐火等级不应低于二级，并应采用耐火极限不低于 3.00h 的抗爆墙与厂房有爆炸危险的区域分隔。且应设置独立的安全出口。

办公室、休息室（包括餐厅等非生产性用房）设置在丙类厂房内时，应采用耐火极限不低于 2.00h 的防火隔墙、乙级防火门和 1.00h 的楼板与其他部位分隔。并应至少设置 1 个独立的安全出口。厂房与办公区之间的连通门不是安全出口。

4.6.4.7 仓库与非生产性用房

员工宿舍严禁设置在仓库内。

办公室、休息室等严禁设置在甲、乙类仓库内，也不应贴邻。

办公室、休息室设置在丙、丁类仓库内时，应采用耐火极限不低于 2.00h 的防火隔墙、采用乙级防火门和 1.00h 的楼板与其他部位分隔。并应设置独立的安全出口（《建筑防火通用规范》GB 55037—2022 第 4.2.7 条）。

4.6.4.8 汽车库与其他

根据《汽车库、修车库、停车场设计防火规范》GB 50067—2014 第 4.1.4、4.1.6 条的规定：

（1）汽车库不应与托儿所、幼儿园，老年人建筑，中小学校的教学楼，病房楼组合建造。

当汽车库设置在托儿所、幼儿园，老年人建筑，中小学校的教学楼，病房楼等的地下部分时，应采用耐火极限不低于 2.00h 的楼板完全分隔，安全出口和疏散楼梯应分别独立设置。

（2）地下商业与汽车库之间应采用不开设门窗洞口的防火墙分隔，若有连通口时，应采用下沉式广场等室外开敞空间、避难走道、防火隔间或防烟前室连接（《浙江省消防技术规范难点问题操作技术指南（2020 版）》第 3.1.1 条）。

（3）汽车库不应与火灾危险性为甲、乙类的厂房、仓库贴邻或组合建造。

（4）Ⅰ类修车库应单独建造；Ⅱ、Ⅲ、Ⅳ类修车库可设置在一、二级耐火等级建筑的首层或与其贴邻，但不得与甲、乙类厂房、仓库，明火作业的车间或托儿所、幼儿园、中小学校的教学楼，老年人建筑，病房楼及人员密集场所组合建造或贴邻。

4.6.4.9 其他

1. 办公综合楼内办公部分的安全出口不应与同一楼层内对外营业的商场、营业厅、娱乐、餐饮等人员密集场所的安全出口共用（《办公建筑设计规范》JGJ 67—2006 第 5.0.2 条）。

2. 宿舍

（1）宿舍建筑内不应设置使用明火、易产生油烟的餐饮店。学校宿舍建筑内不应布置与宿舍功能无关的商业店铺（《宿舍建筑设计规范》JGJ 36—2016 第 5.1.3 条）。

（2）《宿舍建筑设计规范》第 5.2.2 条规定，宿舍与其他非宿舍功能合建时，安全出口和疏散楼梯宜各自独立设置，并应采用防火墙及耐火极限不小于 2.00h 的楼板进行防火分隔。

《浙江省消防技术规范难点问题操作技术指南（2020 版）》第 1.4.1 条规定，宿舍楼的消防设计应符合规范有关公共建筑的规定（规划部门认可按照成套住宅功能设置的除外），宿舍用房不得与其他功能建筑（配套用房除外）共用疏散楼梯。

公寓式办公楼应按办公楼的要求进行消防设计，公寓式酒店、酒店式公寓应按旅馆的要求进行消防设计，但上述用房与商场、营业厅不应共用疏散楼梯。

3．同一防火分区总面积超过 500m² 的地上和超过 200m² 地下附属库房应设置一个独立的安全出口，在商场内第二安全出口可利用商业营业厅疏散；同一防火分区总面积不超过 500m² 的地上和 200m² 地下附属库房可不设置独立的安全出口，可利用商业营业厅疏散（《浙江省消防技术规范难点问题操作技术指南（2020 版）》第 4.1.25 条）。

4.6.5　建筑防爆

（1）工业建筑的防爆应符合《建筑设计防火规范》GB 50016—2014（2018 年版）第 3.6 节的规定。

（2）附设在建筑内的锅炉房、使用燃气部位等应采取相应的防爆措施，详见本章第 4.6.1 条。

（3）医疗建筑的液氧罐应设高度不低于 0.9m 防火围堰；5m 范围内不应有可燃物和沥青路面；医疗卫生机构液氧贮罐处的实体围墙高度不应低于 2.5m；当围墙外为道路或开阔地时，贮罐与实体围墙的间距不应小于 1m；围墙外为建筑物、构筑物时，贮罐与实体围墙的间距不应小于 5m；与医院内道路不应小于 3m；与建筑物距离不应小于 10m，其中距医院变电站不应小于 12m，与独立车库、公共集会场所、生命支持区域、排水沟不应小于 15m；距一般架空电力线不应小于 1.5 倍杆高；与防空地下室的距离不应小于 50m（《医用气体工程技术规范》GB 50751—2012 第 4.6.3、4.6.4 条，《建筑设计防火规范》GB 50016—2014（2018 年版）第 4.3.5 条）。

（4）《浙江省消防技术规范难点问题操作技术指南（2020 版）》第 2.3.11 条规定：供教学、科研的高层建筑中的实验室日常使用的总储存量不应大于 0.5m³ 的甲、乙类气体的储藏间，可贴邻建筑设置，其应设置在建筑的首层靠外墙部位，且应采用耐火极限不低于 3.00h 的不开设门窗洞口的防火隔墙、耐火极限不低于 2.50h 的楼板与建筑的其他部分分隔，开门应直通室外。

4.7　安全疏散与避难措施

4.7.1　一般规定

1．建筑中的疏散出口应分散布置，且建筑内每个防火分区或者同一个防火分区的每个楼层、每个住宅单元每层相邻两个安全出口以及每个房间相邻两个疏散门最近边缘之间的水平距离不应小于 5m。

2．房间疏散门应直接通向安全出口，不应经过其他房间。

3．在疏散通道、疏散走道、疏散出口处，不应有任何影响人员疏散的物体。

4．疏散通道、疏散走道、疏散出口的净高度均不应小于 2.1m。

5．疏散走道在防火分区分隔处应设置疏散门。

6．开门方向及门的形式。

《建筑防火通用规范》GB 55037—2022 第 7.1.6 条（《建筑设计防火规范》GB 50016—2014（2018 年版）第 6.4.11 条）规定，除设置在丙、丁、戊类仓库首层靠墙外侧的推拉门或卷帘门可用于疏散门外，疏散出口门应为平开门或在火灾时具有平开功能的门，（不应采用推拉门、卷帘门、吊门、转门和折叠门），且下列场所或部位的疏散出口门应向疏散方向开启：

（1）甲、乙类生产场所；甲、乙类物资的储存场所；仓库（丙、丁、戊类仓库首层靠墙的“外侧”可采用推拉门或卷帘门）；

（2）平时使用的人民防空工程中的公共场所；

（3）其他建筑中使用人数大于60人的房间或每樘门的平均疏散人数大于30人的房间；

（4）疏散楼梯间及其前室的门；室内通向室外疏散楼梯的门；且当其完全开启时，不应减少楼梯平台的有效宽度《浙江省消防技术规范难点问题操作技术指南（2020版）》第3.4.8条规定，住宅建筑开向楼梯间、前室或合用前室的户门，开启方向不限。

（5）人员密集场所内平时需要控制人员随意出入的疏散门和设置门禁系统的住宅、宿舍、公寓建筑的外门，应保证火灾时不需使用钥匙等任何工具即能从内部易于打开，并应在显著位置设置具有使用提示的标识。

4.7.2　安全出口的数量

1. 安全出口是指供人员安全疏散用的楼梯间和室外楼梯的出入口或直通室内、室外安全区域的出口。应厘清设计定义的安全出口是否符合相关要求：

（1）完全敞开设置在门厅、中庭等的开敞楼梯不应作为安全出口；作为安全疏散用的必须是楼梯“间”，包括防烟楼梯间、封闭楼梯间、敞开楼梯间。其中敞开楼梯间至少应三面采用防火隔墙围合，在《浙江省消防技术规范难点问题操作技术指南（2020版）》中进一步要求未围合的一面不应是长边。

（2）室外安全区域包含室外地面，符合疏散要求且有直接到达地面设施的上人屋面，符合疏散要求且有直接到达地面设施的下沉广场（《建筑防火规范》GB 50016—2014（2018年版）第6.4.12条），符合疏散要求通向相邻建筑的天桥和连廊（《建筑防火规范》GB 50016—2014（2018年版）第6.6.4条）。

室外安全区域不包含架空层。疏散门至架空层投影外边缘的距离，《浙江省消防技术规范难点问题操作技术指南（2020版）》在第4.1.34条中作了规定。

（3）室内安全区域包含避难走道、避难层，不包含避难间。

2. 建筑内是否存在要求独立设置安全出口的场所，详见本书第4.6.4条，多功能组合时的防火分隔和安全疏散原则。

3. 各楼层或各防火分区的安全出口（疏散楼梯）数量应经计算确定，且不应少于2个。仅设置1个安全出口时，是否符合规定要求：

1）公共建筑

根据《建筑设计防火规范》GB 50016—2014（2018年版）第5.5.8条规定，公共建筑内每个防火分区或一个防火分区的每个楼层，其安全出口的数量不应少于2个。设置1个安全出口或1部疏散楼梯的公共建筑应符合下列条件之一：

（1）除“幼”外，建筑面积不大于200m^{2}且人数不超过50人的单层公共建筑或多层公共建筑的首层。

该条对于单层建筑或多层公共建筑的首层的托儿所、幼儿园没有进一步解释，参照第

5.5.15 条的规定，可以理解为“一个房间”，当其建筑面积不大于 50m² 时，只设 1 个安全出口。

（2）除“医”“老”“幼”和歌舞娱乐场所等外，层数不超过 3 层，每层建筑面积不大于 200m²，第二、三层的人数之和不超过 50 人的一、二级耐火等级的建筑。

争议点

多个符合《建筑设计防火规范》GB 50016—2014（2018 年版）第 5.5.8 条要求可设 1 部疏散楼梯的小型商业用房（不是商业网点）是否可以组合建造？

在《浙江省消防技术规范难点问题操作技术指南（2020 版）》第 9.8.7 条中，明确其消防设计应按整体建筑的要求执行，在条文说明中明确底商或多个小商铺的组合建造的做法不可随意扩大适用范围。但在第 4.1.18 条规定，当建筑首层与其余各层建筑、疏散楼梯完全分隔时且首层疏散满足规范要求时，首层建筑面积可不限。《建筑设计防火规范 GB 50016—2014（2018 年版）实施指南》认为，“对于设置在其他功能建筑内的小型公共设施，当其与其他功能部分完全分隔，安全出口或疏散楼梯均分别完全独立设置时”，可以按照 1 个安全出口或 1 部疏散楼梯的条件确定该小型公共设施的安全出口或疏散楼梯的设置数量。

2）住宅建筑

根据《建筑设计防火规范》GB 50016—2014（2018 年版）第 5.5.25 条规定，符合下列规定之一的住宅建筑每个单元任一楼层的安全出口，可只设 1 个：

① 建筑高度不大于 27m 的建筑，当每个单元任一层的建筑面积不大于 650m²，且任一户门至最近安全出口的距离不大于 15m 时；

② 建筑高度大于 27m、不大于 54m 的建筑，当每个单元任一层的建筑面积不大于 650m²，且任一户门至最近安全出口的距离大于 10m，且楼梯可通至屋面且可通过屋面连通时。

4．安全出口（楼梯或其前室疏散门）的位置应布置在两个不同的方向，其之间的距离不应小于 5m。

5．“借用”通向相邻防火分区的甲级防火门作为安全出口时应符合《建筑设计防火规范》GB 50016—2014（2018 年版）第 5.5.9 条等相关条文的规定：

（1）一、二级耐火等级的建筑可以借用；三、四级耐火等级的建筑不可借用。

（2）防火分区间不应采用防火卷帘分隔。《浙江省消防技术规范难点问题操作技术指南（2020 版）》第 4.1.8 条规定，地下汽车库防火分区已设置不少于 2 个安全出口，仅车道处设置防火卷帘时，可借用作为“第三安全出口”。

（3）建筑面积大于 1000m² 的防火分区，独立的安全出口已不少于 2 个；建筑面积不大于 1000m² 的防火分区，独立的安全出口不少于 1 个。

（4）总疏散宽度符合要求，且借用疏散宽度不超过所需疏散总宽度的 30%。

（5）《浙江省消防技术规范难点问题操作技术指南（2020 版）》第 4.1.12 条规定，符合《建筑设计防火规范》GB 50016—2014（2018 年版）第 6.6.4 条规定满足安全出口条件的天桥、连廊，通过该连廊、天桥向相邻建筑的疏散宽度不应大于相邻建筑与连廊相连通的防火分区疏散总宽度的 50%。

（6）《浙江省消防技术规范难点问题操作技术指南（2020 版）》第 4.1.9 条规定，地下室非人员密集场所不应借用通向相邻人员密集场所的门作为第二安全出口。

（7）《建筑防火设计常见问题释疑》3-192 中提出，多个防火分区连环借用安全出口，没有明确规定不允许，其在理论上存在但实际上这种情形基本不存在，因为这将导致安全出口布置很不合理。

6. 共用疏散楼梯间。

多个防火分区是否可以共用一个疏散楼梯间疏散，国家现行相关标准中没有明确，也未严格禁止（除不同功能组合建造时明确禁止外）。这种做法在实际设计中应遵循地方规定。

《浙江省消防技术规范难点问题操作技术指南（2020 版）》在第 4.1.20 条规定，同一层的三个及以上防火分区不得共用同一个疏散楼梯，2 个防火分区可以共用同一个疏散楼梯；同时规定，一个共用楼梯的疏散宽度不应超过 3m，通向共用楼梯间或前室的门均应采用甲级防火门。

《建筑设计防火规范实施指南》3-193 中提出，这种做法会降低防火分区之间防火分隔的可靠性，建议确需共用疏散楼梯时，不同防火分区应分别设置前室进入楼梯间。

7. 剪刀楼梯在符合《建筑设计防火规范》GB 50016—2014（2018 年版）第 5.5.10、5.5.28 条的规定时，可以作为 2 个安全出口。但《浙江省消防技术规范难点问题操作技术指南（2020 版）》第 4.2.10 条规定，在商场、展厅的剪刀楼梯可计入疏散宽度，但其仅可作为 1 个安全出口。

4.7.3 安全出口的宽度及总宽度

4.7.3.1 疏散出口门、首层疏散外门、疏散走道、疏散楼梯的净宽

1. 疏散出口门

（1）《建筑防火通用规范》GB 55037—2022 第 7.1.4 条规定，疏散出口门的净宽度不应小于 0.80m；《建筑设计防火规范》第 5.5.18 条规定，疏散出口门的净宽度不应小于 0.90m（征求意见稿修订为 0.80m）。

（2）《建筑防火通用规范》GB 55037—2022 第 7.1.4 条规定，住宅建筑中直通室外地面的住宅户门的净宽度不应小于 0.80m；《建筑设计防火规范》GB 50016—2014（2018 年版）第 5.5.30 条规定，住宅户门的净宽度不应小于 0.90m（征求意见稿修订为 0.80m）。

（3）《建筑设计防火规范》GB 50016—2014（2018 年版）第 5.5.19 条规定，人员密集的公共场所、观众厅的疏散门不应设置门槛，其净宽度不应小于 1.40m，且紧靠门口内外各 1.40m 范围内不应设置踏步。

2. 首层疏散外门

（1）《建筑防火通用规范》GB 50016—2014（2018 年版）第 7.1.4 条规定，首层疏散外门的净宽度不应小于 1.10m（除另有规定外）；

（2）《建筑设计防火规范》GB 50016—2014（2018 年版）第 5.5.18 条规定，高层医疗建筑首层疏散外门的净宽度不应小于 1.3m；其他高层公共建筑首层疏散外门的净宽度不应小于 1.2m；

（3）《建筑设计防火规范》GB 50016—2014（2018 年版）第 3.7.5 条规定，厂房的首层疏散外门净宽度不应小于 1.20m。

3．楼梯首层疏散门

（1）《建筑设计防火规范》GB 50016—2014（2018年版）第5.5.18条规定，高层医疗建筑楼梯间的首层疏散门的净宽度不应小于1.3m；其他高层公共建筑楼梯间的首层疏散门的净宽度不应小于1.2m。

（2）《建筑设计防火规范》GB 50016—2014（2018年版）第5.5.30条规定，疏散走道、疏散楼梯和首层疏散外门的净宽度不应小于1.10m。这在执行时对疏散楼梯首层门是否按1.10m执行有歧义。《浙江省消防技术规范难点问题操作技术指南（2020版）》第4.1.35、4.2.14条规定，住宅的疏散楼梯间首层开向门厅的门及楼梯间直通室外的门，净宽不应小于0.80m。

4．疏散走道净宽

（1）《建筑防火通用规范》GB 55037—2022第7.1.4条规定，公共建筑、住宅建筑的疏散走道净宽度不应小于1.10m；设计中尚应满足无障碍（不应小于1.20m）及其他专项建筑规范的要求。

（2）《建筑设计防火规范》GB 50016—2014（2018年版）第5.5.18条规定，高层医疗建筑的疏散走道，单面布房时不应小于1.40m，双面布房时不应小于1.50m。

（3）《建筑设计防火规范》GB 50016—2014（2018年版）第5.5.18条规定，（除高层医疗建筑外）其他高层公共建筑的疏散走道，单面布房时不应小于1.30m，双面布房时不应小于1.40m。

（4）《建筑设计防火规范》GB 50016—2014（2018年版）第3.7.5条规定，厂房疏散走道的最小净宽度不宜小于1.40m。

5．疏散楼梯梯段净宽

（1）《建筑防火通用规范》GB 55037—2022第7.1.4条规定，室外疏散楼梯的净宽度不应小于0.80m；《建筑设计防火规范》GB 50016—2014（2018年版）第6.4.5条规定室外疏散楼梯的净宽度不应小于0.90m。应按0.80m执行。

（2）《建筑防火通用规范》GB 55037—2022第7.1.4条规定，当住宅建筑高度不大于18m且一边设置栏杆时，室内疏散楼梯的净宽度不应小于1.0m，其他住宅的室内疏散楼梯的净宽度不应小于1.1m。

（3）《建筑防火通用规范》GB 55037—2022第7.1.4条规定，公共建筑的室内疏散楼梯的净宽度不应小于1.1m；《建筑设计防火规范》GB 50016—2014（2018年版）第5.5.18条规定，高层医疗建筑的室内疏散楼梯的净宽度不应小于1.3m；其他高层公共建筑的室内疏散楼梯的净宽度不应小于1.2m。

（4）《建筑设计防火规范》GB 50016—2014（2018年版）第3.7.5条规定，厂房的室内疏散楼梯的净宽度不宜小于1.1m。

4.7.3.2 总疏散宽度的计算

1．安全出口、疏散走道和疏散楼梯的各自总净宽度应经计算确定。具体疏散人数计算根据《建筑设计防火规范》GB 50016—2014（2018年版）第5.5.21条的规定或相关专项建筑技术标准的规定执行；规范中没有明确规定的，需要明确计算的数据来源，或限定空间的使用人数。

（1）计算基本公式。

安全出口的宽度 = 疏散人数 × 疏散宽度系数（m/ 百人）。

疏散人数 = 人员密度 × 建筑面积或疏散人数 = 固定座位数量 ×1.1

（2）《建筑设计防火规范》GB 50016—2014（2018 年版）第 5.5.21 条规定，对于一二级耐火等级的建筑，每 100 人最小疏散净宽度（m / 百人），地上 1 ～ 2 层时，为 0.65；地上 3 层时，为 0.75；地上 4 层及以上时，为 1.00；地下楼层且与地面出入口高差不大于 10m 时，为 0.75（当功能为人员密集的厅、室和歌舞娱乐放映场所为 1）；地下楼层且与地面出入口高差大于 10m 时，为 1。

本条的建筑层数是指建筑的层数，而不是指计算人数的场所所在的楼层位置；《中小学校设计规范》GB 50099—2011 第 8.2.3 条中指的是指场所所在的楼层位置。

（3）计算商业建筑的疏散人数时，“营业厅的建筑面积”，既包括营业厅内展示货架、柜台、走道，也包含营业厅内的卫生间、楼梯间、自动扶梯等的建筑面积。但不包含进行严格的防火分隔（采用防火隔墙和乙级防火门），且疏散时不进入营业厅的仓储、设备房、工具间、办公室等，可不计入营业厅的建筑面积，但应按实际情况核定疏散人数。

计算商业建筑的疏散人数时，人员密度的取值，当营业厅的建筑面积不大于 5000m^2 时，取上限即较大值；当营业厅的建筑面积大于 20000m^2 时，取下限即取较小值；当营业厅的建筑面积介于二者之间时，可用插入法取值。

（4）计算歌舞娱乐场所放映场所的疏散人数时，只计算该场所内具有娱乐功能的各厅、室的建筑面积，不计算该场所内卫生间、疏散走廊的建筑面积，但应按实际情况核定内部服务和管理人员的人数。

（5）计算饮食建筑的疏散人员时，可按照《饮食建筑设计标准》JGJ 64—2017 根据餐厅的使用面积计算，其中餐馆按 1.3m^2/ 座、快餐店和食堂按 1.0m^2/ 座、饮食店按 1.5m^2/ 座计算；厨房人数可按实际情况计算。《浙江省消防技术规范难点问题操作技术指南（2020 版）》中餐厅有固定座位时，按固定座位 ×1.1 计算疏散人数。计算商业综合体中的餐饮场所的疏散人数时，按商业计算还是按餐饮计算有争议，应按实际情况和地方规定进行，建议按饮食建筑和商业营业厅的分别计算的较大值计入。

（6）计算办公建筑的疏散人数时，可按其建筑面积 9m^2 / 人计算，或按每人使用面积不应小于 6m^2（《办公建筑设计标准》JGJ/T 67—2019 第 5.0.3、4.2.3 条）。《浙江省消防技术规范难点问题操作技术指南（2020 版）》规定按建筑面积 9.3m^2/ 人计算。

（7）计算中小学校教室疏散人数时，是否按每班人数 ×1.1 倍计算人数有争议；计算风雨操场人数时，因实际使用风雨操场常作大会议室使用，如何计算人数有争议。

（8）《建筑设计防火规范》GB 50016—2014（2018 年版）中没有明确规定人数计算的场所，可根据专项建筑设计标准的规定进行取值，包括《图书馆建筑设计规范》JGJ 38—2015 附录 B 第 B.0.1 条、《博物馆建筑设计规范》JGJ 66—2015 第 4.2.5 条、《旅馆建筑设计规范》JGJ 62—2014 第 4.3.1 ～ 4.3.3 条、《文化馆建筑设计规范》JGJ/T 41—2014 第 4.2.4 ～ 4.2.6 条的规定。

（9）计算健身房、游泳池等公众健身用房人数时，《浙江省消防技术规范难点问题操作技术指南（2020 版）》规定可按更衣柜数量 ×1.1 计算。美国《生命安全规范》NFPA 101—2018 中规定，按游泳池水面面积 4.6m^2/ 人、游泳池池岸建筑面积 2.8m^2/ 人、配有设备的练功房建筑面积 4.6m^2/ 人、未配有设备的练功房建筑面积 1.4m^2/ 人计算。

2．当每层疏散人数不等时，疏散楼梯的总净宽度可分层计算，地上建筑内下层楼梯的总净宽度应按该层及以上疏散人数最多一层的人数计算；地下建筑内上层楼梯的总净宽度应按该层及以下疏散人数最多一层的人数计算。

4.7.4 疏散距离

1．疏散组织方式。

（1）当采用房间＋走道＋疏散楼梯的模式组织疏散时，房间隔墙的耐火极限二级耐火等级时不应低于0.50h，一级耐火等级时应不低于0.75h；走道隔墙耐火极限不应低于1.00h；且均为不燃性。当走道隔墙上设置玻璃窗或玻璃墙时，玻璃的耐火极限应满足相应要求。当不能满足要求时，则应按大空间模式复核疏散距离。

（2）按大空间模式组织疏散。

《建筑设计防火规范》GB 50016—2014（2018年版）第5.5.17条第4款中的“大空间”指的是“观众厅、展览厅、多功能厅、餐厅、营业厅等”，包括开敞式办公区、会议报告厅、宴会厅、观演建筑的序厅、体育建筑的入场等候与休息厅等，不包括用作舞厅和娱乐场所的多功能厅。除有规定外，“大空间”的范围不应随意扩大。

2．民用建筑。

（1）走道模式疏散

当采用走道模式组织疏散时，民用建筑内直通疏散走道的房间疏散门至安全出口的距离应符合《建筑设计防火规范》GB 50016—2014（2018年版）第5.5.17条的相关规定。除高层旅馆、展览、歌舞娱乐场所、“医”（医疗建筑）、“老”（老年人照料设施）、“幼”（托儿所、幼儿园）外，位于两个安全出口之间时，不应大于40m，位于袋形走道两侧或尽端时，多层不应大于22m，高层不应大于20m。

建筑物内全部设置自动喷水灭火系统时，其安全疏散距离可按本表的规定增加25%。当设置敞开外走道时，可增加5m。当设置敞开楼梯间，位于两个安全出口之间时应减少5m，位于袋形走道两侧时应减少2m。敞开楼梯间则应减少。敞开外廊和敞开楼梯的增加或减少值，不受自动喷水灭火系统的影响。

以上疏散直线距离的数值是最大值，其他场所的疏散直线距离的数值，因综合火灾危险性、使用对象对环境的熟悉程度、使用对象的疏散能力等因素有所降低。如“医”中高层病房部分位于两个安全出口之间的疏散门至最近安全出口的直线距离不应大于24m，位于袋形走道两侧或尽端的疏散门至最近安全出口的直线距离不应大于12m。

（2）大空间模式疏散

大空间室内任一点至最近疏散门或安全出口的直线距离不应大于30m；当疏散门不能直通室外地面或疏散楼梯间时，应采用长度不大于10m的疏散走道通至最近的安全出口。当该场所设置自动喷水灭火系统时，室内任一点至最近安全出口的安全疏散距离、连接的疏散走道可分别增加25%。《浙江省消防技术规范难点问题操作技术指南（2020版）》第4.1.15条中规定大空间的行走距离不应大于45m。

3．厂房内任一点至最近安全出口的直线距离应符合《建筑设计防火规范》GB 50016—2014（2018年版）第3.7.4条的规定。直线距离未考虑因布置设备而产生的阻挡，但有通道连接或墙体遮挡时，要按其中的折线距离计算。

4. 仓库内作业人数较少，没有疏散距离的要求。

5. 特殊规定：

（1）当建筑采用剪刀楼梯时，住宅、高层公共建筑内任一疏散门至最近疏散楼梯间入口的距离不应大于 10m（《建筑设计防火规范》GB 50016—2014（2018 年版）第 5.5.10、5.5.28 条）。

（2）《浙江省消防技术规范难点问题操作技术指南（2020 版）》第 4.1.29 条将大开间的自行车库按第 5.5.17 条第 4 款中“大空间”执行，规定室内最远点到疏散出口的直线距离不应大于 30m，当场所设置自动喷水灭火系统时，其疏散距离可增加 25%。

（3）《浙江省消防技术规范难点问题操作技术指南（2020 版）》第 4.1.15 条规定当内走道墙上设置普通窗（洞）时（教学建筑窗台离地 1.5m 以上的高侧窗除外），或疏散走道两侧墙（部分或全部）的耐火极限低于 1.00h 时，从房间内任一点至安全出口的疏散直线距离不应大于 30m，且行走距离不应大于 45m；但医疗建筑的病房楼、托儿所、幼儿园、老年人照料设施的疏散直线距离应按照《建筑设计防火规范》GB 50016—2014（2018 年版）表 5.5.17 的规定执行。第 4.1.15 条规定网吧、游艺厅、酒吧、歌舞厅当疏散门均直通室外地面或疏散楼梯间时，场所最大疏散距离不应大于 18m，当场所设置自动喷水灭火系统时，其疏散距离可增加 25%。

（4）《浙江省消防技术规范难点问题操作技术指南（2020 版）》第 4.1.16 条规定，当厅室面积小于 400m^2 的展览厅、多功能厅、餐厅、营业厅、多厅电影院的观众厅等疏散门不能直通安全出口时，除可按照《建筑设计防火规范》GB 50016—2014（2018 年版）第 5.5.17 条第 4 款规定的按大空间疏散执行外；也可按《建筑设计防火规范》GB 50016—2014（2018 年版）表 5.5.17 直通疏散走道的房间疏散门至最近安全出口的疏散距离要求执行（即按房间 + 走道的模式），但厅室内任一点至疏散门的距离应按照《建筑设计防火规范》GB 50016—2014（2018 年版）第 5.5.17 条第 3 款规定执行（高层 20m、多层 22m），当场所设置自动喷水灭火系统时，其疏散距离可增加 25%。

（5）夹层疏散。

应急管理部消防救援局办公室于 2018 年 10 月 22 日发布《关于转发夹层疏散设计问题复函的通知》（应急消办〔2018〕7 号）。复函规定：当公共建筑内的夹层与下部楼层为同一防火分区，夹层内未设置疏散出口，人员需经下部楼层设置的疏散出口疏散时，夹层内的任一点至疏散口的疏散距离应满足《建筑设计防火规范》GB 50016—2014（2018 年版）第 5.5.17 条第 3 款的规定。其中，经楼梯从夹层疏散至下部楼层的距离应按其梯段水平投影长度的 1.5 倍计算。

4.7.5 疏散楼梯

1. 疏散楼梯设置形式。

（1）防烟楼梯间：埋深（在《建筑防火通用规范》GB 55037—2022 第 7.1.10 条条文说明中采用“竖向疏散高度”，下同）大于 10m、层数超过 3 层的地下室；一类高层公共建筑（包括高度不大于 32m 的一类高层公共建筑）；高度大于 32m 的二类高层公共建筑和高度超过 33m 的高层住宅。

（2）封闭楼梯间：埋深不大于 10m、层数不超过 3 层的地下室；建筑高度不大于 32m

的二类高层公共建筑；裙房；6层及以上的公共建筑；歌舞娱乐场所、医疗、老年人照料设施、旅馆、商店、图书馆、展览馆、会议中心及类似使用功能的公共建筑；高度大于21米、小于33米的住宅、楼梯与电梯井相邻布置时的住宅（住宅户门采用乙级防火门时，该楼梯可作为敞开楼梯间）。

当裙房与高层建筑主体之间设置防火墙时，裙房的疏散楼梯可按有关单、多层建筑的要求确定；当裙房与高层建筑主体之间未设置防火墙时，其楼梯间的形式有争议，应根据地方规定确定。

（3）敞开楼梯间：其他不超过6层的公共建筑，包括且不限于幼儿园、不超过5层的中小学校教学楼；高度不超过21m的住宅。

（4）剪刀楼梯间：当《建筑设计防火规范》GB 50016—2014（2018年版）第5.5.10、5.5.28条规定，住宅、高层公共建筑的疏散楼梯，当分散设置确有困难且从任一疏散门（户门）至最近疏散楼梯间入口的距离不大于10m时，可采用剪刀楼梯间，但楼梯间应为防烟楼梯间；梯段之间应设置耐火极限不低于1.00h的防火隔墙；楼梯间的前室应分别设置。《浙江省消防技术规范难点问题操作技术指南（2020版）》第4.2.9条规定，当“多层公共建筑（不含商场、展厅）的疏散楼梯”，满足《建筑设计防火规范》GB 50016—2014（2018年版）第5.5.10条的条件时，也可采用剪刀楼梯间；但在4.2.10条规定，商场、展厅可设置剪刀楼梯间，但一个防火分区内不得仅设一部剪刀楼梯间作为两个安全出口使用。

中国人民武装警察部队消防局于2018年7月2日发布《关于对住宅建筑安全疏散问题的答复意见》，复函中规定：现行国家标准《建筑设计防火规范》GB 50016—2014（2018年版）第5.5.2条规定安全出口应分散设置，目的是使人员在建筑火灾发生时能有多个不同方向的疏散路线可供选择，以避免相邻两个出口因距离太近或不同出口之间不能相互利用而导致在火灾中实际只能起到一个出口的作用。因此，“当建筑因楼层平面布局受限，难以分散设置安全出口或疏散楼梯间而需采用一座剪刀楼梯的两个相互分隔的楼梯间作为两个安全出口时，这两个安全出口在同一楼层上应能通过公共区自由转换；对于住宅建筑，不应通过住宅的套内空间进行转换”。

2．楼梯梯段和楼梯间疏散门净宽、楼梯间首层疏散门详见本书第4.7.3条。

3．地下楼层的疏散楼梯间与地上楼层的疏散楼梯间，应在直通室外地面的楼层采用耐火极限不低于2.00h且“无开口”（《建筑设计防火规范》GB 50016—2014（2018年版）尚允许采用乙级防火门）的防火隔墙分隔。（《建筑防火通用规范》GB 55037—2022第7.1.10条）。

4．通向避难层的疏散楼梯应使人员在避难层处必须经过避难区上下。除通向避难层的疏散楼梯外，疏散楼梯（间）在各层的平面位置不应改变或应能使人员的疏散路线保持连续。（《建筑防火通用规范》GB 55037—2022第7.1.9条）。

5．疏散楼梯的首层出口：

《建筑设计防火规范》GB 50016—2014（2018年版）第5.5.17、5.5.29条规定：楼梯间应在首层直通室外，或在首层采用扩大的封闭楼梯间或防烟楼梯间前室。层数不超过4层时，可将直通室外的门设置在离楼梯间不大于15m处。

设计中楼梯间首层出口的情况比较复杂，地方上作了补充规定，包括形式、疏散距离、疏散宽度等，详见本书第 4.7.5 条。

6．前室。

（1）楼梯前室、合用前室面积。

防烟楼梯间前室的使用面积，公共建筑、高层厂房、高层仓库、平时使用的人民防空工程及其他地下工程，不应小于 6.0m^2；住宅建筑，不应小于 4.5m^2。与消防电梯前室合用的前室的使用面积，公共建筑、高层厂房、高层仓库、平时使用的人民防空工程及其他地下工程，不应小于 10.0m^2；住宅建筑，不应小于 6.0m^2。

（2）前室采用自然通风方式时，独立前室、消防电梯前室可开启外窗或开口的“净”面积不应小于 2m^2，共用前室、合用前室不应小于 3m^2。面积计算时，应扣除窗框面积；推拉窗、上悬窗、平推窗等开启“净”面积应计算确定（《建筑防排烟系统技术标准》GB 51251—2017 第 3.2.2 条）。

7．疏散楼梯的防烟措施。

（1）采用自然通风方式的封闭楼梯间、防烟楼梯间，应在最高部位设置面积不小于 1m^2 的可开启外窗或开口；当建筑高度大于 10m 时，尚应在楼梯间的外墙上每 5 层内设置总面积不小于 2m^2 的可开启外窗或开口，且布置间隔不大于 3 层。

（2）采用自然通风方式的封闭楼梯间、防烟楼梯间，应在最高部位设置面积不小于 1m^2 的可开启外窗或开口；设置机械加压送风系统并靠外墙或可直通屋面的封闭楼梯间、防烟楼梯间，在楼梯间的顶部或最上一层外墙上应设置常闭式应急排烟窗（《建筑防烟排烟系统技术标准》GB 51251—2017 要求应在其顶部设置不小于 1m^2 的固定窗，现按《建筑防火通用规范》GB 55037—2022 执行），且该应急排烟窗应具有手动和联动开启功能（《建筑防排烟系统技术标准》GB 51251—2017 第 3.2.1 条，《建筑防火通用规范》GB 55037—2022 第 2.2.4 条）。

当设置楼梯顶部固定窗确有困难时，《浙江省消防技术规范难点问题操作技术指南（2020 版）》第 3.5.1 条规定，对于在首层不靠外墙的地下室楼梯间，当在其顶部设置直接对外的固定窗确有困难时，地下室楼梯间在首层开向直通室外的通道或门厅的门，可作为该楼梯间顶部的固定窗使用。第 3.5.3 条规定，超高层建筑内区（核心筒）地上楼梯间被避难层分隔成上、下梯段，除靠外墙或通至顶层的楼梯间外，可不设置固定窗。

（3）除楼梯间的出入口、外窗、正压送风口外，楼梯间的墙上不应开设其他门、窗、洞口、卷帘。

（4）靠外墙设置时，楼梯间、前室及合用前室外墙上的窗口与两侧门、窗、洞口最近边缘的水平距离不应小于 1.0m。室外楼梯除疏散门（乙级防火门）外，楼梯周围 2m 内的墙面上不应设置门、窗、洞口，疏散门不应正对梯段。

8．疏散楼梯构造。

（1）楼梯间内不应有影响疏散的突出物或其他障碍物。

（2）除住宅敞开楼梯外，楼梯间内禁止穿过或设置可燃气体管道；除住宅外，防烟楼梯间前室、楼梯内不应设置管井；设置在住宅前室和楼梯内的管井门应为乙级防火门。

（3）楼梯疏散门完全开启后不应影响疏散。

（4）高层建筑、人员密集的公共建筑、人员密集的多层丙类厂房、甲、乙类厂房，其封闭楼梯间的门应采用乙级防火门；防烟楼梯间及前室或合同前室的门应为乙级防火门，并应向疏散方向开启；其他建筑，可采用双向弹簧门。

4.7.6 疏散楼梯首层出口

4.7.6.1 一般规定

根据现行国家标准《建筑设计防火规范》GB 50016—2014（2018 年版）第 5.5.17 条第 2 款规定：

（1）楼梯间在首层优先应“直通室外”；

（2）当确有困难时，可在首层采用扩大的封闭楼梯间或防烟楼梯间前室；

（3）当层数不超过 4 层且未采用扩大的封闭楼梯间或防烟楼梯间前室时，可将直通室外的门设置在离楼梯间不大于 15m 处。

4.7.6.2 首层疏散楼梯到“室外”的距离

在小型建筑，特别是进深不大的公共建筑建筑中，楼梯间靠外墙布置，这时在首层一般可满足优先项“直通室外”。但在大型公共建筑，特别是在高层、超高层建筑或底部设置裙房的建筑中，楼梯间常不靠首层外墙布置，这时，楼梯不能“直通室外”，而需通过一段室内空间或架空层空间才能通达“室外”。这是火灾逃生中到达“室外”安全区的最后一段距离。条文说明中规定可将首层“火灾危险性小的大厅”作为楼梯间或前室的扩大的一部分。同时规定，该大厅与周围办公、辅助商业等其他区域需进行防火分隔，但没有规定楼梯间到达室外的距离。这在审查执行过程中产生了较大的自由度和歧义。

《浙江省消防技术规范难点问题操作技术指南（2020 版）》第 4.2.2 条规定：直通室外的门距离疏散楼梯间不超过 30m 时，可通过“火灾危险性低且仅作为人员通行的门厅”通至室外；超过 30m、不大于 60m（从梯段踏步前缘不超过梯段宽度的位置起算）时，应设置避难走道通至室外。浙江省同时规定“该门厅应采用不燃材料装修，与门厅连通的配套小商铺、服务、设备用房应采取耐火极限不低于 3.00h 的防火隔墙、甲级防火门与门厅进行防火分隔，单个面积不大于 $30m^2$ 的商铺（商铺应采用耐火极限不低于 3.00h 的防火隔墙）与门厅之间的开口部位可采用长度小于 6m 的防火卷帘分隔，确需与相邻商业营业厅连通时应设置防火隔间进出”。

《浙江省消防技术规范难点问题操作技术指南（2020 版）》第 4.1.34 条规定：利用架空层等空间直通室外时，当疏散外门至架空层投影外边缘的水平距离超过 6m 且大于架空层层高时，水平疏散距离应计算至架空层投影外边缘；住宅建筑架空层仅作为景观、人员通行使用时，疏散外门至架空层投影外边缘的水平距离不应超过 15m。

4.7.6.3 首层地上地下疏散楼梯的首层走道宽度

《建筑设计防火规范》GB 50016 国家标准管理组于 2020 年 3 月 24 日《关于疏散楼梯首层疏散走道宽度的发函》（建规字〔2020〕1 号）中规定，建筑的地下部分和地上部分在建筑的首层优先通过各自独立的疏散走道通至室外。根据上述疏散设计原则，关于疏散楼梯在首层直通室外的疏散走道宽度的计算方法，规定如下：

（1）当地下部分和地上部分的疏散楼梯分别通过不同的疏散走道直通室外时，疏散走道的净宽度不应小于各自所连接的疏散楼梯的总净宽度。

（2）当地下部分与地上部分的疏散楼梯共用疏散楼梯间并在首层通过同一条疏散走道直通室外时，该疏散走道的净宽度不应小于连通至该走道的地下部分和地上部分的疏散楼梯的总净宽度。

2023 年 6 月 1 日起实施的《建筑防火通用规范》GB 55037—2022 第 7.1.10 条规定，地下楼层的疏散楼梯间与地上楼层的疏散楼梯间，应在直通室外地面的楼层采用耐火极限不低于 2.00h 且无开口的防火隔墙分隔，本条中提及的共用疏散楼梯间的情形在新建建筑将不再出现。

（3）当地下部分与地上部分的疏散楼梯不共用疏散楼梯间并在首层通过同一条疏散走道直通室外时，该疏散走道的净宽度不应小于地下部分连通至该走道的疏散楼梯总净宽度与地上部分连通至该走道的疏散楼梯总净宽度两者中的较大值，且该疏散走道的长度（自最远的楼梯间的出口门起算）不应大于 15m。

（4）《浙江省消防技术规范难点问题操作技术指南（2020 版）》第 4.2.4 条规定：疏散楼梯的地下部分与地上部分，在首层通过同一条疏散走道直通室外时，该疏散走道的净宽度不应小于疏散楼梯的地下部分与地上部分各自承担的通至该走道的疏散净宽度两者中的较大值；当此走道开设有与首层其他空间连通的门、窗洞口时，则疏散宽度应把地上、地下部分的楼梯承担的疏散宽度及首层连通的疏散宽度叠加计算。

4.7.7 房间疏散

1．疏散距离。

（1）房间内（含住宅户内）任一点至直通疏散走道的疏散门（含户门）的直线距离，高层时不应大于 20m，多层时不应大于 22m。室内楼梯的距离按其梯段水平投影长度的 1.50 倍计算（《建筑设计防火规范》GB 50016—2014（2018 年版）第 5.5.17、5.5.29 条）。

（2）商业服务网点内任一点至直通室外的出口的距离不应大于 22m，室内楼梯的距离按其梯段水平投影长度的 1.50 倍计算。《浙江省消防技术规范难点问题操作技术指南（2020 版）》第 9.8.1 条规定，当商业服务网点设置封闭楼梯间时，封闭楼梯间在首层应直通室外，二层的疏散距离可算到楼梯间的门（《建筑设计防火规范》GB 50016—2014（2018 年版）第 5.4.11 条）。

（3）《浙江省消防技术规范难点问题操作技术指南（2020 版）》第 9.6 条规定，排屋、别墅户内任一点到室外出口的距离不应超过 30m，排屋、别墅直通室外的安全出口应设置在离该楼梯小于等于 15m 处。

2．房间设置 1 个疏散门的条件：

（1）位于两个安全出口之间或袋形走道两侧的房间，对于托儿所、幼儿园、老年人照料设施，建筑面积不大于 $50m^2$；对于医疗建筑、教学建筑，建筑面积不大于 $75m^2$；对于其他建筑或场所，建筑面积不大于 $120m^2$。

（2）除托儿所、幼儿园、老年人照料设施、医疗建筑、教学建筑内位于走道尽端的房间外，位于走道尽端的房间，建筑面积小于 $50m^2$ 且疏散门的净宽度不小于 0.90m，或由房间内任一点至疏散门的直线距离不大于 15m、建筑面积不大于 $200m^2$ 且疏散门的净宽度不小于 1.40m。

（3）歌舞娱乐放映游艺场所内建筑面积不大于 $50m^2$ 且经常停留人数不超过 15 人的厅、室。

（4）建筑面积不大于 $200m^2$ 的地下或半地下设备间、建筑面积不大于 $50m^2$ 且经常停留人数不超过 15 人的其他地下或半地下房间。

3．房间疏散门。

根据《建筑设计防火规范》GB 50016—2014（2018 年版）第 6.4.11 条条文说明，疏散门是指设置在建筑内各房间直接通向疏散走道的门。

（1）除规范另有规定外，疏散门应采用向疏散方向开启的平开门，不应采用推拉门、卷帘门、吊门、转门和折叠门。人数不超过 60 人且每樘门的平均疏散人数不超过 30 人的房间，其疏散门的开启方向不限。

（2）中小学校每间教学用房的疏散门均不应少于 2 个，每樘疏散门的通行净宽度不应小于 0.90m。疏散门应外开，开启后不应妨碍走道疏散通行。

（3）托儿所、幼儿园的活动室、寝室、多功能活动室等幼儿使用的房间应设双扇平开门，门净宽不应小于 1.20m。疏散门应外开，开启后不应妨碍走道疏散通行。

（4）变配电室、锅炉房的疏散门应外开。

4.7.8 避难层（间）

1．避难层。

（1）通向避难层的疏散楼梯应使人员在避难层处必须经过避难区上下。

（2）避难层可兼作设备层。设备管道宜集中布置，其中的易燃、可燃液体或气体管道应集中布置，设备管道区应采用耐火极限不低于 3.00h 的防火隔墙与避难区分隔。管道井和设备间应采用耐火极限不低于 2.00h 的防火隔墙与避难区分隔，管道井和设备间的门不应直接开向避难区；确需直接开向避难区时，与避难层区出入口的距离不应小于 5m，且应采用甲级防火门。

（3）第一个避难层（间）的楼地面至灭火救援场地地面的高度不应大于 50m，两个避难层（间）之间的高度不宜大于 50m。

2．高层病房楼应在二层及以上的病房楼层和洁净手术部设置避难间；楼地面距室外设计地面高度大于 24m 的洁净手术部及重症监护区，每个防火分区应至少设置 1 间避难间。

避难间应靠近楼梯间；避难间服务的护理单元不应超过 2 个，其净面积应按每个护理单元不小于 25.0m^2 确定；避难间兼作其他用途时，且不得减少可供避难的净面积；并应采用耐火极限不低于 2.00h 的防火隔墙和甲级防火门与其他部位分隔；应设置直接对外的可开启窗口或独立的机械防烟设施，外窗应采用乙级防火窗。

3．三层及三层以上总建筑面积大于 3000m^2 老年人照料设施，应在二层及以上各层老年人照料设施部分的每座疏散楼梯间的相邻部位设置 1 间避难间；当老年人照料设施设置与疏散楼梯或安全出口直接连通的开敞式外廊、与疏散走道直接连通且符合人员避难要求的室外平台等时，可不设置避难间。避难间内可供避难的净面积不应小于 12m^2，避难间可利用疏散楼梯间的前室或消防电梯的前室，其他要求应符合《建筑设计防火规范》GB 50016—2014（2018 年版）第 5.5.24 条的规定。

4.《建筑设计防火规范》GB 50016—2014（2018 年版）第 5.5.32 条规定，建筑高度大于 54m 的住宅建筑，每户应有一间房间，其应靠外墙设置，并应设置可开启外窗，外窗的耐火完整性不宜低于 1.00h（《浙江省消防技术规范难点问题操作技术指南（2020 版）》第

3.4.9 条规定其有效可开启面积不应小于 1m^2）。该房间的内、外墙体的耐火极限不应低于 1.00h，房间门宜采用乙级防火门。

5.《浙江省消防技术规范难点问题操作技术指南（2020 版）》第 7.1.10 条规定，采用自然通风方式防烟的避难间，当其建筑面积小于等于 100m^2 时，可设置一个朝向的可开启外窗，其有效面积不应小于该避难间地面面积的 3%，且不应小于 2.0m^2。对于建筑面积小于等于 30m^2 的高层病房楼的避难间，其可开启外窗的有效面积不应小于 1.0m^2。

4.8 灭火救援设施

4.8.1 与消防车登高操作场地关系

（1）消防车登高操作场地对应范围内的裙房进深不应大于 4m；若不符合时，复核是否符合间隔设置的条件和要求（《建筑设计防火规范》GB 50016—2014（2018 年版）第 7.2.1 条）。

（2）消防车登高操作场地对应范围内，不应设置车库出入口。《浙江省消防技术规范难点问题操作技术指南（2020 版）》第 2.1.9 条规定该“车库出入口”不包含非机动车出入口，且采取有效措施后可以设置车库出入口（《建筑设计防火规范》GB 50016—2014（2018 年版）第 7.2.2 条）。

（3）建筑物与消防车登高操作场地相对应的范围内，应设置直通室外的楼梯或直通楼梯间的入口。

4.8.2 消防救援口

建筑平面、立面、门窗详图等均应标注、标识消防救援窗。消防救援口的设置应符合《建筑防火通用规范》GB 55037—2022 第 2.2.3 条、《建筑设计防火规范》GB 50016—2014（2018 年版）第 7.2.3、7.2.4 条等的规定：

（1）《建筑防火通用规范》规定，无外窗的建筑应每层设置消防救援口，有外窗的建筑应自第三层起每层设置消防救援口（《建筑设计防火规范》GB 50016—2014（2018 年版）第 7.2.4 条规定，在每层的适当位置设置）。鉴于火灾实际发生情形，《浙江省消防技术规范难点问题操作技术指南（2020 版）》第 2.2.4 条规定，每个商业服务网点的各层均应设消防救援口。

（2）消防救援口应沿外墙的每个防火分区在对应消防救援操作面范围内设置。每个防火分区的消防救援口不应少于 2 个，间距不宜大于 20m。有图审要求每 20m 左右设置 1 个，且沿建筑周边设置。《浙江省消防技术规范难点问题操作技术指南（2020 版）》第 2.2.2 条规定，不靠外墙的防火分区，至少应设置两个通向相邻设有消防救援口防火分区的走道、公共区域或大空间区域的连通口（此连通口不得采用防火卷帘）。

（3）其净高度和净宽度均不应小于 1.0m（应扣除幕墙、门窗框料的影响），下沿距室内地面不宜大于 1.2m；当利用门作为消防救援口时，净宽度不应小于 0.8m。

（4）消防救援口应易于从室内和室外打开或破拆。采用玻璃窗时，应选用安全玻璃；浙江省住房和城乡建设厅《建筑幕墙安全技术要求》（浙建〔2013〕2 号）第 3.8 条要求，应急击碎玻璃应当采用超白钢化玻璃或均质钢化玻璃，不得采用夹胶玻璃。采用石材、铝板幕墙时，应易于从室内和室外打开。

（5）窗口应设置可在室内和室外识别的永久性明显标志。

（6）双层幕墙时，内、外消防救援口之间应设置可上人的平台。

4.8.3　消防电梯

消防电梯的设置应符合下列规定：

1．应设置消防电梯的建筑。

（1）建筑高度大于33m的住宅建筑。

（2）一类高层公共建筑（包括高度不大于32m的一类高层公共建筑）和建筑高度大于32m的二类高层公共建筑。

（3）五层及以上且总建筑面积大于3000m^2（包括设置在其他建筑内五层及以上楼层）的老年人照料设施。

（4）设置消防电梯的建筑的地下或半地下室，埋深大于10m且总建筑面积大于3000m^{2}的其他地下或半地下建筑（室）。《浙江省消防技术规范难点问题操作技术指南（2020版）》第4.3.6条规定该项规定不包括汽车库。

（5）建筑高度大于32m的丙类高层厂房。

（6）建筑高度大于32m的封闭或半封闭汽车库。

2．《建筑防火通用规范》GB 55037—2022第2.2.6条、《建筑设计防火规范》GB 50016—2014（2018年版）第7.3.2条规定，消防电梯应分别设置在不同防火分区内，且每个防火分区不应少于1台。《浙江省消防技术规范难点问题操作技术指南（2020版）》第4.3.5条规定地上部分2个防火分区、地下部分3个防火分区（总面积不应超过4000m^2）可以合用1台消防电梯；合用时，各防火分区应直接或通过走道进入消防电梯前室；消防电梯数量不少于2台。

3．消防电梯前室短边净尺寸不应小于2.4m，使用面积不应小于6m^2；公共建筑合用前室不应小于10m^2；住宅合用前室、剪刀楼梯的共用前室不应小于6m^2，消防电梯前室和剪刀楼梯的共用前室合用即“三合一”前室不应小于12m^2（《建筑设计防火规范》GB 50016—2014（2018年版）第7.3.5、5.5.28、6.4.3条）。

4．消防电梯前室应设置乙级防火门，不应设置卷帘，不应开设与前室无关的其他门窗洞口。《浙江省消防技术规范难点问题操作技术指南（2020版）》第4.2.5条允许设置普通电梯的门和人防防爆活门，第4.2.19条规定，直接开向室外或室外平台的疏散门，可采用普通门（《建筑设计防火规范》GB 50016—2014（2018年版）第7.3.5条）。

5．消防电梯前室宜靠外墙设置，并应在首层直通室外或经过长度不大于30m的通道通向室外（《建筑设计防火规范》GB 50016—2014（2018年版）第7.3.5条）。

6．消防电梯能每层停靠，电梯的载重量不应小于800kg，电梯从首层至顶层的运行时间不宜大于60s（《建筑设计防火规范》GB 50016—2014（2018年版）第7.3.8条）。

4.8.4　直升机停机坪

1．《建筑防火通用规范》GB 55037—2022第2.2.11条规定，建筑高度大于250m的工业与民用建筑，应在屋顶设置直升机停机坪。《建筑设计防火规范》GB 50016—2014（2018 年版）第 7.4.1 条规定，建筑高度大于 100m 且标准层建筑面积大于 2000m^2 的公共建筑，宜在屋顶设置直升机停机坪或供直升机救助的设施。

2. 直升机停机坪或其他供直升机救助的设施设置情况应符合《建筑防火通用规范》GB 55037—2022 第 2.2.12、2.2.13 条、《建筑设计防火规范》GB 50016—2014（2018 年版）第 7.4.2 条及其他相关规定：

（1）设置在屋顶平台上时，停机坪与屋面上突出物（含设备机房、电梯机房、水箱间、共用天线等）的最小水平距离不应小于 5m。

（2）建筑通向停机坪的出口不应少于 2 个，每个出口的宽度不宜小于 0.90m。

（3）停机坪四周应设置航空障碍灯和应急照明装置；停机坪附近应设置消火栓。

（4）供直升机救助使用的设施应避免火灾或高温烟气的直接作用，其结构承载力、设备与结构的连接应满足设计允许的人数停留和该地区最大风速作用的要求。

（5）《浙江省消防技术规范难点问题操作技术指南（2020 版）》第 4.3.7 条规定，直升机停机坪的尺寸为直径不小于 21m，直升机救助设施的场地尺寸为长、宽分别不小于 15m、12m。

4.9 立面图、剖面图

1. 建筑规划高度、消防高度是否符合规定要求。

2. 建筑外墙的装饰层应采用燃烧性能为 A 级的材料，但建筑高度不大于 50m 时，可采用 B1 级材料（《建筑设计防火规范》GB 50016—2014（2018 年版）第 6.7.12 条）。

3. 消防通道的净宽度和净空高度均不应小于 4.0m。

4. 立面图中应绘出消防救援口的标识。消防救援口不应受窗框、幕墙龙骨、装饰性线条等的影响；当采用石材、铝板等时，应易于从室内和室外打开。

5. 窗槛墙和防火挑檐。

（1）建筑外墙上、下层开口之间的不小于 1.2m（设有自动喷水灭火系统时 0.8m）的设置高度或设置长度不小于开口宽度、宽度不小于 1.0m 防火挑檐（防火挑檐宽度不足时，防火挑檐宽度与窗槛墙累加计算无效）。

（2）《浙江省消防技术规范难点问题操作技术指南（2020 版）》第 3.4.5 条规定，住宅建筑同一户内的外墙上、下层开口之间的实体墙高度可不作要求。第 3.4.6 条规定，住宅建筑封闭阳台外墙上、下层开口之间的实体墙高度应按照《建筑设计防火规范》GB 50016—2014（2018 年版）第 6.2.5 条执行。

（3）《饮食建筑设计标准》JGJ 64—2017 第 4.3.11 条规定明火厨房应设置高度不小于 1.2m 的实体墙，在设置自动喷水灭火系统时，窗槛墙高度不应降低。

6. 建筑出入口（含过街楼）上方的防护挑檐。

（1）高层建筑直通室外的安全出口上方，应设置挑出宽度不小于 1.0m 的防护挑檐（《建筑设计防火规范》GB 50016—2014（2018 年版）第 5.5.7 条）。

（2）出入口上方设置玻璃幕墙时，出入口上方应采取有效的防护措施。

（3）中小学校、住宅、宿舍、老年人照料设施等建筑专项规范要求在出入口上方防护挑檐。

（4）住宅阳台下方为商业服务网点、人行通道或活动场所时应设置防护挑檐。

（5）贴邻建筑设置自行车坡道时，应按出入口要求设置。

7．户外电致发光广告牌不应直接设置在有可燃、难燃材料的墙体上（含保温材料）。户外广告牌不应遮挡建筑的外窗（排烟口），不应影响外部灭火救援行动（《建筑设计防火规范》GB 50016—2014（2018 年版）第 6.2.10 条）。

8．复核排烟口与相邻门、窗、洞口的距离。

9．当玻璃幕墙、装饰层与墙体基层有空腔时，应绘出防火封堵示意。

10．应有复杂空间剖面图，且复核复杂空间防火分隔和防火封堵是否完备。

11．首个避难层（楼面）离地高度不应大于 50m，两个避难层之间的高度不宜大于 50m。

4.10　建筑构造和节点详图

施工图设计说明、平面图、剖面图不能表达清楚的有关防火分隔、防火封堵、防火构造的部位应用大样详图表达。

1．防火封堵。

（1）幕墙与建筑窗槛墙之间的空腔应在建筑缝隙上、下沿处分别采用矿物棉等背衬材料填塞且填塞高度均不应小于 200mm，承托板应采用钢质承托板且厚度不小于 1.5mm（《建筑防火封堵应用技术标准》GB/T 51410—2020 第 4.0.3 条等）。《玻璃幕墙工程技术规范》JGJ 102—2003 第 4.4.10 条中封堵材料填塞高度不应小于 100。

（2）建筑外墙外保温系统与基层墙体、装饰层之间的空腔的层间防火封堵应符合下列规定：应在与楼板水平的位置采用矿物棉等背衬材料完全填塞，且背衬材料的填塞高度不应小于 200mm（《建筑防火封堵应用技术标准》GB/T 51410—2020 第 4.0.4 条）。

（3）变形缝的防火封堵，应采用矿物棉等背衬材料完全填塞，且其填塞厚度不应小于 200mm；背衬材料的下部应设置钢质承托板，承托板的厚度不应小于 1.5mm；承托板之间、承托板与主体结构之间的缝隙，应采用具有弹性的防火封堵材料填塞；在背衬材料的外面应覆盖具有弹性的防火封堵材料（《建筑防火封堵应用技术标准》GB/T 51410—2020 第 4.0.5 条）。

2．屋面防水层宜采用不燃、难燃材料，当采用可燃防水材料且铺设在可燃、难燃保温材料上时，防水材料或可燃、难燃保温材料应采用不燃材料作防护层（《建筑设计防火规范》GB 50016—2014（2018 年版）第 3.2.16、5.1.5 条）。

3．建筑中的非承重外墙、房间隔墙和屋面板，当确需采用金属夹芯板材时，其芯材应为不燃材料（《建筑设计防火规范》GB 50016—2014（2018 年版）第 3.2.17、5.1.7 条）。

4.11　建筑保温

《建筑设计防火规范》GB 50016—2014（2018 年版）第 6.7.1 条规定，建筑的内、外保温系统，宜采用燃烧性能为 A 级的保温材料，不宜采用 B2 级保温材料，严禁采用 B3 级保温材料。外墙保温材料引发的火灾事故，举不胜举，以 2010 年的上海胶州路教师公寓到 2022 年的长沙电信大楼大火，应引起建筑设计师对保温材料的燃烧性能等级的高度重视。在目前保温材料应用中，以燃烧性能为 A 级、B1 级的保温材料为主。建筑保温材料的选择根据《建筑设计防火规范》GB 50016—2014（2018 年版）第 6.7 节及其他相关规定选用。除规范规定的应采用燃烧性能为 A 级的保温材料的情形外，其余情形的保温材料的燃烧性能等级宜不低于 B1 级，当采用 B2 级时，应复核是否符合相关规定。

4.11.1 老年人照料设施

独立建造的老年人照料设施，或与其他建筑组合建造且老年人照料设施部分的总建筑面积大于 500m^2 的老年人照料设施，其内、外墙体和屋面保温材料应采用燃烧性能为 A 级的保温材料。

4.11.2 外墙外保温

下列场所应采用燃烧性能 A 级的外墙外保温材料

（1）设置人员密集场所的建筑（《建筑设计防火规范》GB 50016—2014（2018 年版）第 6.7.4 条）。

（2）住宅建筑高度大于 100m，且装饰层与基层墙体无空腔时，保温材料的燃烧性能应为 A 级。

住宅建筑高度大于 27m，但不大于 100m，且装饰层与基层墙体无空腔时，保温材料的燃烧性能不应低于 B1 级；《浙江省消防技术规范难点问题操作技术指南（2020 版）》第 3.3.2 条规定，住宅建筑高度大于 54m，但不大于 100m 时，保温材料的燃烧性能应为 A 级。

（3）除住宅建筑和设置人员密集场所的建筑外，建筑高度大于 50m，且装饰层与基层墙体无空腔时，保温材料的燃烧性能应为 A 级。

（4）建筑高度大于 24m，且装饰层与基层墙体有空腔时，保温材料的燃烧性能应为 A 级，包括住宅、公共建筑、人员密集场所、老年人照料设施等。

（5）岩棉板等 A 级外墙外保温材料外包覆厚度不大于 0.5mm 的防水透气膜时，可以作为 A 级材料使用（《浙江省消防技术规范难点问题操作技术指南（2020 版）》第 3.3.4 条）。

4.11.3 外墙内保温

《建筑设计防火规范》GB 50016—2014（2018 年版）第 6.7.2 条规定，对于人员密集场所，用火、燃油、燃气等具有火灾危险性的场所以及各类建筑内的疏散楼梯间、避难走道、避难间、避难层等场所或部位，应采用燃烧性能为 A 级的保温材料（对于其他场所，应采用低烟、低毒且燃烧性能不低于 B1 级的保温材料，且应采用厚度不小于 10mm 的不燃材料做防护层）。

4.11.4 外墙夹芯保温

建筑外墙采用保温材料与两侧墙体构成无空腔复合保温结构体时，该结构体的耐火极限应符合本规范的有关规定；当保温材料的燃烧性能为 B1、B2 级时，保温材料两侧的墙体应采用不燃材料且厚度均不应小于 50mm。

4.11.5 屋面保温

1. 建筑的屋面外保温系统，当屋面板的耐火极限不低于 1.00h 时，保温材料的燃烧性能不应低于 B2 级；当屋面板的耐火极限低于 1.00h 时，不应低于 B1 级。采用 B1、B2 级保温材料的外保温系统应采用不燃材料作防护层，防护层的厚度不应小于 10mm。

2. 当建筑的屋面和外墙外保温系统均采用 B1、B2 级保温材料时，屋面与外墙之间应采用宽度不小于 500mm 的不燃材料设置防火隔离带进行分隔。

4.11.6 架空楼板顶棚保温

一般应采用燃烧性能为 A 级的保温材料；当顶棚可采用燃烧性能等级为 B1 级的装修材料时，可采用燃烧性能为 B1 级的保温材料。根据《建筑内部装修设计防火规范》GB 50222—2017 规定，顶棚装修材料燃烧性能等级可为 B1 级的建筑，包括小于 100m^2 的餐饮场所，不设置送回风管的办公场所、宾馆，住宅，其他非人员密集、非老幼医等火灾危险性不大或火灾造成的后果不严重的一般性场所。

顶棚保温材料应采取有效的防脱落措施。

4.11.7 金属夹芯板

建筑中的非承重外墙、房间隔墙和屋面板，当确需采用金属夹芯板材时，其芯材应为不燃材料。(《建筑设计防火规范》GB 50016—2014（2018 年版）第 3.2.17、5.1.7 条）

4.11.8 构造

1. 当建筑的外墙外保温系统按本节规定采用燃烧性能为 B1、B2 级的保温材料时，应符合下列规定（《建筑设计防火规范》GB 50016—2014（2018 年版）第 6.7.7、6.7.8 条）：

（1）除采用 B1 级保温材料且建筑高度不大于 24m 的公共建筑或采用 B1 级保温材料且建筑高度不大于 27m 的住宅建筑外，建筑外墙上门、窗的耐火完整性不应低于 0.50h。

（2）应每层设置水平防火隔离带。防火隔离带应采用燃烧性能为 A 级的材料，防火隔离带的高度不应小于 300mm。

（3）应采用不燃材料在其表面设置防护层，防护层厚度首层不应小于 15mm，其他层不应小于 5mm。

2. 建筑外墙外保温系统与基层墙体、装饰层之间的空腔，应在每层楼板处采用防火封堵材料封堵（《建筑设计防火规范》GB 50016—2014（2018 年版）第 6.7.9 条）。

4.12 建筑内部装修

内部装修，包括与土建同步装修的精装修工程，或土建竣工验收后的二次装修，及建筑全生命周期内的装修改造、重装等。建筑功能本身的合规性，既有建筑改扩建、加固等应符合相关规定，本章节仅讨论该场所装修相关的消防合规性。

4.12.1　消防改变

1. 装修改变原消防设计内容时，包括防火分区、防火分隔、走道、疏散楼梯或出口等，应重新复核。影响到相邻分区或建筑整体的，需整体复核。如住宅楼底部商业服务网点变更为商业，建筑就由住宅楼变为商业、住宅组合建筑的项目，需变更、复核消防设计。

2. 建筑使用功能改变、使用人数变化时，需复核消防设计。

3. 建筑平面布置变化，需复核消火栓、喷淋、自动报警、防排烟等消防设计。

4.12.2　设计说明

1. 简述装修工程所在建筑的消防设计依据规范的版本。

2. 简述装修工程所在建筑消防特征：面积、层数、高度、使用性质、建筑分类和耐火等级等；简述装修部位在建筑中的位置、装修范围与装修面积。面积指标应与消防申报表、工规证或房屋产证中的数据一致。

3. 简述装修工程所在建筑原有消防设施设备设置情况。

4. 涉及结构变化的，包括因功能变化引起的活荷载增加、墙体增加、装修材料荷载增加、设备荷载增加、楼板或墙体开洞等，应进行结构验算，并向审查机构提交相关设计文件。

5. 有新增墙体的，应说明新增墙体的材料、墙体构造，并根据墙体部位，说明其应达到的燃烧性能等级并复核。非轻质材料时，应进行结构验算，并向审查机构提交相关设计文件。

6. 装饰材料表应说明所采用的全部装饰材料的燃烧性能等级。

当使用多层装修材料时，各层装修材料的燃烧性能等级均应符合规定。复合型装修材料的燃烧性能等级应进行整体检测确定。当其中一层的材料低于该部位的燃烧性能等级要求时，除有规定外，装修材料的燃烧性能等级应测试确定，需提供有资质单位出具的鉴定报告。材料及制品燃烧性能分级的具体内容详见本书第 4.14.4 条。

关于材料及制品燃烧性能，特别规定如下：

（1）安装在金属龙骨上燃烧性能达到 B1 级的纸面石膏板、矿棉吸声板，可作为 A 级装修材料使用（《建筑内部装修设计防火规范》GB 50222—2017 第 3.0.4 条）。

（2）单位面积质量小于 300g/m^2 的纸质、布质壁纸，当直接粘贴在 A 级基材上时，可作为 B1 级装修材料使用（《建筑内部装修设计防火规范》GB 50222—2017 第 3.0.5 条）。

（3）施涂于 A 级基材上的无机装修涂料，可作为 A 级装修材料使用；施涂于 A 级基材上，湿涂覆比小于 1.5kg/m^2，且涂层干膜厚度不大于 1.0mm 的有机装修涂料，可作为 B1 级装修材料使用（《建筑内部装修设计防火规范》GB 50222—2017 第 3.0.6 条）。

（4）施涂于 A 级基材上，湿涂覆比小于 0.5kg/m^2，且涂层干膜厚度不大于 0.2mm 的合成树脂乳液内墙涂料（俗称“内墙乳胶漆”），可作为 A 级装修材料使用（《浙江省消防技术规范难点问题操作技术指南（2020 版）》第 3.4.11 条）。

7. 应在房间装修材料选用一览表中注明所采用的装饰材料及其燃烧性能等级，并复核其是否符合该场所的要求。

1）楼梯、走廊、门厅等场所的装修材料要求如下：

（1）地上建筑的疏散走道和安全出口的门厅，其顶棚应采用 A 级装修材料，其墙面、地面应采用不低于 B1 级的装修材料；地下民用建筑的疏散走道和安全出口的门厅，其顶棚、墙面和地面均应采用 A 级装修材料（《建筑内部装修设计防火规范》GB 50222—2017 第 4.0.4 条）。

（2）疏散楼梯间、前室、避难走道、防火隔间的顶棚、墙面和地面均应采用 A 级装修材料（《建筑内部装修设计防火规范》GB 50222—2017 第 4.0.5 条，《建筑设计防火规范》GB 50016—2014（2018 年版）第 6.4.13、6.4.14 条）。

（3）设有上下层相连通的中庭、走马廊、开敞楼梯、自动扶梯时，其连通部位的顶棚、墙面应采用 A 级装修材料，其他部位应采用不低于 B1 级的装修材料（《建筑内部装修设计防火规范》GB 50222—2017 第 4.0.6 条）。

2）设备用房的装修材料要求如下：

（1）消防水泵房、固定灭火系统钢瓶间、通风和空调机房、机械加压送风排烟机房、强电相关机房、发电机房、储油间等，其内部所有装修均应采用 A 级装修材料（《建筑内部装修设计防火规范》GB 50222—2017 第 4.0.9 条）。

（2）消防控制室、电子信息系统机房等弱电相关房间，其顶棚和墙面应采用 A 级装修材料，地面及其他装修应采用不低于 B1 级的装修材料；当设有自动灭火系统、火灾自动报警系统时也不应降低（《建筑内部装修设计防火规范》GB 50222—2017 第 4.0.10 条，表 5.1.1、5.2.1、5.3.1）。

3）明火、高温、电器部位的装修材料要求如下：

（1）建筑物内的厨房，其顶棚、墙面、地面均应采用 A 级装修材料。住宅厨房内的固定橱柜宜采用不低于 B1 级的装修材料（《建筑内部装修设计防火规范》GB 50222—2017 第 4.0.11、4.0.15）。

（2）经常使用明火器具的餐厅、科研试验室，其装修材料的燃烧性能等级除 A 级外，应在表 5.1.1、5.2.1、5.3.1、6.0.1、6.0.5 规定的基础上提高一级（《建筑内部装修设计防火规范》GB 50222—2017 第 4.0.12 条）。

（3）展览性场所的展厅内设置电加热设备的餐饮操作区，与电加热设备贴邻的墙面、操作台均应采用 A 级装修材料；展台与卤钨灯等高温照明灯具贴邻部位的材料应采用 A 级装修材料。其他展台材料应采用不低于 B1 级的装修材料（《建筑内部装修设计防火规范》GB 50222—2017 第 4.0.14 条）。

（4）装修材料内部安装电加热供暖系统时，采用的装修材料的燃烧性能等级应为 A 级。

装修材料内部安装水暖（或蒸汽）供暖系统时，其顶棚采用的装修材料燃烧性能应为 A 级，其他部位的燃烧性能不应低于 B1 级，且尚应符合本规范有关公共场所的规定（《建筑内部装修设计防火规范》GB 50222—2017 第 4.0.18 条）。

（5）配电箱、控制面板、接线盒、开关、插座或内部含有电器、电线等物体安装时，应采用不低于 B1 级的装修材料（《建筑内部装修设计防火规范》GB 50222—2017 第 4.0.17 条）。

4）无窗房间的装修材料要求如下：

（1）根据《建筑内部装修设计防火规范》GB 50222—2017 第 4.0.8 条规定，无窗房间内部装修材料的燃烧性能等级除A级外，应在表5.1.1、5.2.1、5.3.1、6.0.1、6.0.5规定的基础上提高一级。

（2）无窗房间发生火灾时有几个特点：火灾初起阶段不易被发觉，发现起火时，火势往往已经较大；室内的烟雾和毒气不能及时排出；消防人员进行火情侦察和施救比较困难。

中国建筑科学研究院有限公司对住房和城乡建设部标准定额司关于“无窗房间”的复函阐明：房间内如果安装了能够被击碎的窗户、外部人员可通过该窗户观察到房间内部情况，则该房间可不认定为无窗房间。

（3）《浙江省消防技术规范难点问题操作技术指南（2020版）》第1.4.11条规定，电影院的观众厅属于高大的室内空间场所，且一般设置有放映窗，不属于《建筑内部装修设计防火规范》GB 50222—2017第4.0.8条规定的无窗房间范畴。

5）其他场所的装修材料要求如下：

（1）地下汽车库、修车库的顶棚、墙面、地面采用的装修材料燃烧性能分别应为A级、A级、B1级。

（2）民用建筑内的库房或贮藏间，其内部所有装修除应符合相应场所规定外，尚应采用不低于B1级的装修材料（《建筑内部装修设计防火规范》GB 50222—2017第4.0.13条）。

（3）民用建筑内的顶棚装修材料燃烧性能等级一般为A级，除单、多层下列场所外：营业面积小于等于100平方米的餐饮场所，不设置送回风管的办公场所、宾馆、住宅，其他非人员密集、非老幼医等火灾危险性不大或火灾造成的后果不严重的一般性场所（《建筑内部装修设计防火规范》GB 50222—2017第5.1.1条）。

4.12.3　平立剖面图

1．平面上应表达消火栓等消防设施、器材的位置，立面图上应表达消火栓、疏散指示等消防设施，综合天花图上应表达消防感应器探头、消防广播、喷淋头、防排烟风口、疏散指示、挡烟垂壁的位置及构造等消防设施器材。

2．绘出包括疏散距离、安全出口等信息，涉及防火分区、整个楼层的，需绘出防火分区示意图。多地消防主管部门发文，局部装修时，不能将疏散楼梯打阴影纳入不设计的范围。从消防设计整体性角度看，疏散楼梯等虽然不属于装修的范围，但应是装修消防设计的范围。

3．下列部位不应使用影响人员安全疏散和消防救援的镜面反光材料：

1）疏散出口的门；供消防救援人员进出建筑的出入口的门、窗；

2）疏散走道及其尽端、消防专用通道、疏散楼梯间及其前室、消防电梯前室或合用前室的顶棚、墙面和地面（《建筑防火通用规范》GB 55037—2022第6.5.2条、《建筑内部装修设计防火规范》GB 50222—2017第4.0.3条）。

4．技术图纸（包括地面平面图、吊顶平面图、立面图）中应注明各房间的所采用的装饰材料，并复核其是否符合该场所的要求。

5．复核吊顶平面图中灯具、喷淋、烟感、风口相互之间的间距是否符合规定。

1）排烟口与附近安全出口相邻边缘之间的水平距离不应小于1.5m（《建筑防烟排烟

系统技术标准》GB 51251—2017 第 4.4.12—5 条）。

2）当补风口与排烟口设置在同一防烟分区时，补风口应设在储烟仓下沿以下；补风口与排烟口水平距离不应小于 5m（《建筑防烟排烟系统技术标准》GB 51251—2017 第 4.5.4 条）。

3）防烟分区内任一点与最近的排烟口之间的水平距离不应大于 30m（《建筑防烟排烟系统技术标准》GB 51251—2017 第 4.4.12 条）。

4）喷头溅水盘距常规灯具、送排风风口的平面距离不宜小于 0.3m。

5）火灾探测器的安装应符合以下规定：

（1）火灾探测器至空调送风口最近边的水平距离不应小于 1.5m，至多孔送风顶棚孔口的水平距离不应小于 0.5m（《火灾自动报警系统设计规范》GB 50116—2013 第 6.2.8 条）；

（2）火灾探测器与照明灯具的水平净距不应小于 0.2m；（《建筑电气常用数据》19DX101—1 第 12—5 页）；

（3）火灾探测器与喷头净距不应小于 0.3m；（《建筑电气常用数据》19DX101—1 第 12—5 页）；

（4）火灾探测器与防火门、防火卷帘门的间距不应小于 1 ～ 2m（《建筑电气常用数据》19DX101—1 第 12—5 页）。

4.12.4 装修构造

（1）建筑内部消火栓箱门不应被装饰物遮掩，消火栓箱门四周的装修材料颜色应与消火栓箱门的颜色有明显区别或在消火栓箱门表面设置发光标志（《建筑内部装修设计防火规范》GB 50222—2017 第 4.0.2 条）。

消火栓用石材等装饰物遮掩时，应复核其开门轨迹不受阻挡，保证消火栓门可打开角度不小于 120°。

（2）建筑内部变形缝（包括沉降缝、伸缩缝、抗震缝等）两侧基层的表面装修应采用不低于 B1 级的装修材料（《建筑内部装修设计防火规范》GB 50222—2017 第 4.0.7 条）。

4.13 与其他专业相关的关注要点

复核建筑专业与其他专业消防设计说明中关于民用建筑消防分类或工业建筑火灾危险性的描述是否一致。

4.13.1 结构专业

（1）复核结构专业消防说明的建筑耐火等级是否与建筑一致。复核柱、梁、板、屋面等构件的耐火极限是否符合规定。

（2）复核钢结构的防火涂料类型、保护层厚度、性能等是否满足耐火等级要求；对采用外包覆防火石膏板等覆面材料进行防火保护的，防火覆面板的防火性能其构造节点等应与建筑消防设计说明和节点一致（或建筑、结构专业的图纸界面清晰，不漏项）。

4.13.2 给水排水专业

（1）复核给水排水专业是否采用自动灭火系统，其与建筑消防设计中防火分区、疏散距离等消防设计相关。

（2）复核消防水池检修口、屋顶消防水箱的位置及基础、屋顶稳压设备基础等，两者是否一致。

（3）复核消防水池的取水口是否与建筑表述一致。

（4）对于采用气体灭火的房间，如变配电室、弱电机房、档案室等，其泄压口、门窗自动关闭性能等是否符合规定。根据《气体灭火系统设计规范》GB 50370—2005，第3.2.7、3.2.8条规定，防护区应设置泄压口，七氟丙烷灭火系统的泄压口应位于防护区净高的2/3以上，宜设置在外墙上，面积应按规范计算确定；第3.2.9条规定，喷放灭火剂前，防护区内除泄压口外的开口应能自行关闭，这要求与电气专业协调确定联动。

（5）复核前室、电梯厅、大堂等主要位置的消火栓位置是否与建筑表述一致。复核预埋消火栓后的墙体耐火极限是否符合规定；复核消火栓箱门开门角度是否不小于120°。

（6）当顶棚采用网格、栅板类通透性吊顶时，应根据孔隙率，协调确定喷头布置方案。当通透面积占吊顶总面积的比例大于70%时，喷头应设置在吊顶上方。

（7）高大空间场所（净空高度大于8m），协调确定是否采用自动跟踪定位射流灭火系统。

（8）要求给水排水专业配合设计的水幕系统、防护冷却系统的位置是否与建筑要求的一致。

4.13.3 电气专业

1. 电气负荷等级应与相关规范要求相符。《供配电系统设计规范》GB 50052—2009第3.0.3、3.0.2条规定，一级负荷应由双重电源（不同电网，可以简单理解为不同的35kV）供电，不能满足时，应增设自备电源；特级负荷除应由双重电源供电外，尚应增设应急电源。第3.0.7条规定，二级负荷的供电系统，宜由两回线路供电。《民用建筑电气设计标准》GB 51348—2019，第3.2.11条规定，二级负荷宜由35kV、20kV、10kV双回线路供电；当负荷较小或供电困难时，可由一回35kV、20kV或10kV专用的架空线路供电。

一般可以根据《建筑防火通用规范》GB 55037—2022简单判断建筑的用电负荷等级情况。

1）根据《建筑防火通用规范》GB 55037—2022第10.1.1条规定，建筑高度大于150m的工业与民用建筑应按特级负荷供电。

2）根据《建筑防火通用规范》GB 55037—2022第10.1.2条规定，包括且不限于下列建筑的消防用电负荷等级不应低于一级：

（1）一类高层民用建筑；

（2）I类汽车库（停车数量大于300辆或总建筑面积大于10000m^2）；

（3）建筑面积大于5000m^{2}且平时使用的人民防空工程；

（4）地铁工程；

（5）建筑高度超过 50m 的乙、丙类厂房、丙类仓库。

3）根据《建筑防火通用规范》GB 55037—2022 第 10.1.3 条规定，包括且不限于下列建筑的消防用电负荷等级不应低于二级：

（1）座位数大于 1500 个的电影院或剧场，座位数大于 3000 个的体育馆；

（2）任一层建筑面积大于 $3000m^2$ 的商店和展览建筑；总建筑面积大于 $3000m^2$ 的地下、半地下商业设施；

（3）省（市）级及以上的广播电视、电信和财贸金融建筑；

（4）民用机场航站楼；

（5）Ⅱ类、Ⅲ类汽车库和Ⅰ类修车库；

（6）上述规定外的其他二类高层民用建筑；上述规定外的室外消防用水量大于 25L/s 的其他公共建筑；

（7）室外消防用水量大于 30L/s 的厂房、仓库。

2．复核是否设置火灾自动报警系统，其与装修材料的燃烧性能等级选择相关。

3．复核变配电房、柴油发电机房、消防控制室的设置是否与建筑一致。

4．复核建筑采用常开式防火门、自动排烟窗或火灾时需要自动关闭的门窗等时，电气专业是否已采取相应的措施。

4.13.4　暖通专业

4.13.4.1　防烟和排烟的概念

防烟、排烟系统目标是控制建设工程内火灾烟气的蔓延、保障人员安全疏散、有利于消防救援。防烟、排烟是两个不同的概念，其作用场所和手段不同。

防烟是指通过自然通风方式防止火灾烟气在楼梯间、前室、避难层（间）等逃生、避难的场所（安全区或准安全区）内积聚，或通过机械加压送风方式阻止火灾烟气侵入楼梯间、前室、避难层（间）等逃生、避难的场所（安全区或准安全区）。防烟系统分为自然通风系统和机械加压送风系统。自然通风系统通过足够的有效的建筑开口（开窗）面积，将烟气直接排至室外，防止烟气积聚；机械加压送风系统采用风机，将空气从建筑外吸入并送入楼梯间、前室、避难层（间），从而增加其内部压力，且楼梯间的压力＞前室的压力＞走道的压力，防止烟气侵入。

排烟是指将房间（往往是火灾发生点）、走道、中庭等空间的火灾烟气排至建筑物外的系统。排烟系统分为自然排烟系统和机械排烟系统。自然排烟系统利用火灾热烟气流的浮力和外部风压作用，通过足够的有效的建筑开口（窗）将建筑内的烟气直接排至室外；机械排烟系统采用风机，将室内的火灾烟气排至建筑物外。

建筑设计应与暖通设计协调一致。当采用自然方式防烟、排烟时，建筑设计图纸应绘出建筑开窗位置（平面位置及高度）、大小，尚应按需编制相关信息，包括房间建筑面积、净高、清晰高度、开口有效高度和面积等；当采用机械方式防烟、排烟时，风机应设置在专用机房内（排风系统可不设置机房）、竖向风道应设置在土建管道井内，并考虑安装检修空间。相对电气、给排水专业而言，防烟、排烟设施的管道空间（包括竖向和水平向）较大，且其对建筑开口位置、面积大小、形式等均有较多技术要求，在审查中发现的两者之间的错、漏、碰、缺等问题较多。

4.13.4.2 楼梯间、前室、合同前室的防烟系统

1. 自然通风防烟系统

1）除另有规定外，建筑高度不大于 50m 的公共建筑、工业建筑，建筑高度不大于 100m 的住宅建筑，（包括地上部分和地下部分），其楼梯间、独立前室、共用前室、合用前室（除共用前室与消防电梯前室合用外）及消防电梯前室应优先采用自然通风系统。

2）自然防烟系统开口（窗）要求。

（1）采用自然通风方式的封闭楼梯间、防烟楼梯间（包括地上部分和地下室部分），应在最高部位设置面积不小于 $1.0m^2$ 的可开启外窗或开口；当建筑高度大于 10m 时，尚应在楼梯间的外墙上每 5 层内设置总面积不小于 $2.0m^2$ 的可开启外窗或开口，且布置间隔不大于 3 层（《建筑防烟排烟系统技术标准》GB 51251—2017 第 3.2.1 条）。

（2）采用自然通风方式防烟的防烟楼梯间前室、消防电梯前室应具有面积大于或等于 $2.0m^2$ 的可开启外窗或开口，共用前室和合用前室应具有面积大于或等于 $3.0m^2$ 的可开启外窗或开口（《消防设施通用规范》GB 55037—2022 第 11.2.3 条）。

（3）对于地下一层（仅有地下一层的地下、半地下室）的封闭楼梯间，当不与地上楼梯间共用（2023 年 3 月 1 日起实施的《建筑防火通用规范》GB 55037—2022 已规定不得共用），首层应设置有效面积不小于 $1.2m^2$ 的可开启外窗或直通室外的疏散门（《建筑防烟排烟系统技术标准》GB 51251—2017 第 3.1.6 条）。

3）可开启外窗应方便直接开启，设置在高处不便于直接开启的可开启外窗应在距地面高度为 1.3 ～ 1.5m 的位置设置手动开启装置（《建筑防烟排烟系统技术标准》GB 51251—2017 第 3.2.4 条）。

2. 机械防烟系统

1）必须设置机械防烟系统的情形。

（1）建筑高度大于 50m 的公共建筑、工业建筑和建筑高度大于 100m 的住宅，其防烟楼梯间及其前室、消防电梯的前室和合用前室应设置机械加压送风系统（不论其是否开窗、是否满足“自然通风条件”）（《消防设施通用规范》GB 55037—2022 第 11.2.1 条）。

（2）共用前室与消防电梯前室合用的合用前室、不满足自然通风方式防烟的（不能开口或开口面积不足或楼梯间开口间隔大于 3 层的）楼梯间、前室、消防电梯前室及合用前室均应设置机械加压送风系统。

2）机械加压送风系统的设置应符合下列规定。

（1）防烟楼梯间和前室、合用前室，当楼梯间和前室、合用前室均设置机械加压送风系统时，楼梯间、前室、合用前室的机械加压送风系统应分别独立设置。

对于在梯段之间采用防火隔墙隔开的剪刀楼梯间，当楼梯间和前室（包括共用前室和合用前室）均设置机械加压送风系统时，每个楼梯间、共用前室或合用前室的机械加压送风系统均应分别独立设置（《消防设施通用规范》GB 55037—2022 第 11.2.2—1、2 条）。

（2）建筑高度不大于 50m 的公共建筑、工业建筑和建筑高度不大于 100m 的住宅建筑，当采用独立前室且其仅有一个门与走道或房间相通时，可仅在楼梯间设置机械加压送风系统，独立前室可不设置防烟系统（即不论独立前室开窗是否满足自然通风防烟要求，均可不设置机械加压送风系统）；当独立前室有多个门时，楼梯间、独立前室应分别独立设置机械加压送风系统（《建筑防烟排烟系统技术标准》GB 51251—2017 第 3.1.5—1 条）。

（3）建筑高度不大于50m的公共建筑、工业建筑和建筑高度不大于100m的住宅建筑，当独立前室（共用前室及合用前室）的机械加压送风口设置在前室的顶部或正对前室入口的墙面时，楼梯间可采用自然通风系统；当机械加压送风口未设置在独立前室（共用前室及合用前室）的顶部或正对前室入口的墙面时，楼梯间应采用机械加压送风系统（《建筑防烟排烟系统技术标准》GB 51251—2017第3.1.3—2条）。

3）机械加压送风系统的构造。

（1）设置机械加压送风系统并靠外墙或可直通屋面的封闭楼梯间、防烟楼梯间，在楼梯间的顶部或最上一层外墙上应设置常闭式应急排烟窗（《建筑防烟排烟系统技术标准》GB 51251—2017要求应在其顶部设置不小于1m^{2}的固定窗，现按《建筑防火通用规范》GB 55037—2022执行），且该应急排烟窗应具有手动和联动开启功能（《建筑防火通用规范》GB 55037—2022第2.2.4条）。

（2）采用机械加压送风的场所不应设置百叶窗，且不宜设置可开启外窗。

（3）机械加压送风管道应采用不燃材料，且管道的内表面应光滑、密闭。竖向设置的送风管道应独立设置在管道井内，当确有困难，未设置在管道井内或与其他管道合用管道井的送风管道，其耐火极限不应低于1.0h。管道井应采用耐火极限不低于1.0h的隔墙，必须设置检修门时应采用乙级防火门（《消防设施通用规范》GB 55036—2022第11.1.3条，《建筑防烟排烟系统技术标准》GB 51251—2017第3.3.8、3.3.9条）。

（4）送风机及进风口宜设在机械加压送风系统的下部；机械加压送风风机应设置在专用机房内；进风口应直通室外，且不应与排烟风机的出风口设在同一面上。当确有困难时，应分开布置。竖向布置时进风口应在排烟出口下方，其两者边缘最小垂直距离不应小于6.0m；水平布置时，两者边缘最小水平距离不应小于20.0m（《建筑防烟排烟系统技术标准》GB 51251—2017第3.3.5条）。

（5）加压送风口的设置：一般情况下，楼梯间宜每隔2～3层设一个"常开式"百叶送风口，前室应每层设置一个"常闭式"加压送风口。送风口不宜设置在被门挡住的部位（《建筑防烟排烟系统技术标准》GB 51251—2017第3.3.6—1、2、4条）。

（6）对于建筑高度大于100m的建筑中的防烟楼梯间及其前室，其机械加压送风系统应竖向分段独立设置，且每段的系统服务高度不应大于100m（《消防设施通用规范》GB 55037—2022第11.2.2条）。

3．可不设置防烟系统的情形

1）建筑高度小于或等于50m的公共建筑、工业建筑和建筑高度小于或等于100m的住宅建筑，当独立前室或合用前室满足下列条件之一时，楼梯间可不设置 防烟系统：

（1）采用全敞开的阳台或凹廊；

（2）设有两个及以上不同朝向的可开启外窗，且独立前室两个外窗面积分别不小于2.0m^2，合用前室两个外窗面积分别不小于3.0m^2（《建筑防烟排烟系统技术标准》GB 51251—2017第3.1.3—1项）。

2）根据《浙江省消防技术规范难点问题操作技术指南（2020版）》第7.1.8条的规定，对于地下一、二层（且最底层室内地面与室外出入口地坪高差小于或等于10m）的住宅建筑地下室，如该建筑防烟楼梯间的地上部分采用自然通风防烟，则其不具备自然通风条件的地下部分可不设置机械加压送风系统；如该楼梯间地上部分的前室（或合用前室）

采用自然通风防烟，则其地下部分相应的前室（或合用前室）可不设置防烟设施，但应同时满足以下三个条件：

（1）地下室使用功能仅为汽车库、非机动车库（无充电设施）或设备用房；

（2）地下防烟楼梯间不与地上部分共用（即地上、地下梯段之间在首层采用防火隔墙分隔，无连通门，且分别直通室外）；

（3）地下防烟楼梯间在首层设置了有效面积不小于 1.2m^2 的可开启外窗或直通室外的疏散门。

3）建筑高度小于或等于 50m 的公共建筑、工业建筑和建筑高度小于或等于 100m 的住宅建筑，当楼梯间设置机械加压送风系统，且采用独立前室且其仅有一个门与走道或房间相通时，该独立前室可不设置防烟系统（《建筑防烟排烟系统技术标准》GB 51251—2017 第 3.1.5—1 条）。

4. 特殊规定

建筑高度小于或等于 50m 的公共建筑、工业建筑和建筑高度小于或等于 100m 的住宅建筑，当防烟楼梯间在裙房高度以上部分采用自然通风但裙房部分不满足自然通风，其不具备自然通风条件的裙房的独立前室、共用前室及合用前室应采用机械加压送风系统。（《建筑防烟排烟系统技术标准》GB 51251—2017 第 3.1.3—2、3 条）

4.13.4.3 避难层（间）

避难间、避难层等的排烟措施应与建筑专业一致。采用自然排烟时，建筑技术图纸应绘出自然排烟窗（口）的位置，标注防烟分区建筑面积、净高、排烟窗（口）有效面积、有效高度等信息。

（1）采用自然通风方式防烟的避难层中的避难区，应具有不同朝向的可开启外窗或开口，可开启有效面积应大于或等于避难区地面面积的 2%，且每个朝向的面积均应大于或等于 2.0m^2。避难间应至少有一侧外墙具有可开启外窗，可开启有效面积应大于或等于该避难间地面面积的 2%，并应大于或等于 2.0m^2（《消防设施通用规范》GB 55037—2022 第 11.2.4 条）。

《浙江省消防技术规范难点问题操作技术指南（2020 版）》第 7.1.10 条规定，对于建筑面积小于等于 30m^2 的高层病房楼的避难间，其可开启外窗的有效面积不应小于 1.0m^2。

（2）设置机械加压送风系统的避难层（间），尚应在外墙设置可开启外窗，其有效面积不应小于该避难层（间）地面面积的 1%。

（3）对于《建筑设计防火规范》GB 50016—2014（2018 年版）第 5.5.32 条要求设置的临时避难房间（建筑高度大于 54m 的住宅建筑），其外窗的耐火完整性不宜低于 1.00h，《浙江省消防技术规范难点问题操作技术指南（2020 版）》要求可开启外窗的有效可开启面积不应小于 1.0m^2。

4.13.4.4 需要设置排烟设施的场所

根据《建筑防火通用规范》GB 55037—2022 第 8.2.2、8.2.3 条及其他相关条款规定：

（1）公共建筑内建筑面积大于 100m^2 且经常有人停留的房间。

（2）公共建筑内建筑面积大于 300m^2 且可燃物较多的房间。

（3）设置在地下或半地下、地上第四层及以上楼层的歌舞娱乐放映游艺场所，设置在其他楼层且房间总建筑面积大于 100m^2 的歌舞娱乐放映游艺场所。

（4）无可开启外窗且经常有人停留或可燃物较多的房间和区域，建筑面积大于 50m² 或建筑面积不大于 50m² 但总建筑面积大于 200m²。

（5）民用建筑内长度大于 20m 的疏散走道。

（6）中庭。

（7）与中庭相连通的回廊及周围场所的排烟设施：当周围场所各房间均设置排烟设施时，回廊可不设（除商店建筑的回廊）；当周围场所任一房间未设置排烟设施时，回廊应设置排烟设施（《建筑防烟排烟系统技术标准》GB 51251—2017 第 4.1.3 条）。

（8）除敞开式汽车库、地下一层中建筑面积小于 1000m² 的汽车库，地下一层中建筑面积小于 1000m² 的修车库可不设置排烟设施外，其他汽车库、修车库应设置排烟设施。

4.13.4.5 自然排烟系统

1．根据建筑的使用性质、平面布局等因素，优先采用自然排烟系统。采用自然排烟系统的场所应设置自然排烟窗（口）。自然排烟窗（口）的面积、数量、位置应按规定计算确定（由暖通专业计算）。建筑技术图纸应绘出自然排烟窗（口）的位置、大小，标注防烟分区建筑面积、净高、排烟窗（口）有效面积、有效高度及控制方式等。应复核需要设置排烟设施的场所包括大房间、走廊、中庭等的自然排烟信息，与暖通专业技术图纸是否一致。

2．采用自然排烟系统的场所应设置自然排烟窗（口），自然排烟窗（口）应符合下列规定：

1）除中庭外，建筑空间净高≤ 6m 的场所，自然排烟窗有效面积不小于该房间建筑面积的 2%；建筑空间净高＞ 6m 的场所，根据房间功能、净高与有否喷淋、排烟窗风速等条件来确定自然排烟窗面积（《建筑防烟排烟系统技术标准》GB 51251—2017 第 4.6.3—1 条）。

2）当公共建筑仅需在走道或回廊设置排烟时，在走道两端（侧）均设置面积不小于 2m² 的自然排烟窗（口）且两侧自然排烟窗（口）的距离不应小于走道长度的 2/3。当公共建筑房间内与走道、回廊均需设置排烟时，在走道或回廊两端（侧）设置总有效面积不小于走道或回廊地面面积的 2% 的自然排烟窗（口）（《建筑防烟排烟系统技术标准》GB 51251—2017 第 4.6.3—3.4 条）。

3）中庭自然排烟时，需根据周围场所情形计算确定中庭排烟量，继而确定自然排烟窗面积（由暖通专业计算确定）。

（1）周围场所设置排烟系统时，中庭排烟量应计算确定且不小于 107000m³/h，自然排烟口风速取 0.5m/s，由此计算得出自然排烟窗有效面积应不小于 59.44m²。

周围场所仅在回廊设置排烟系统时，中庭排烟量应计算确定且不小于 40000m³/h，自然排烟口风速取 0.4m/s，由此计算得出自然排烟窗有效面积应不小于 27.78m²（《建筑防烟排烟系统技术标准》GB 51251—2017 第 4.6.5 条）。

（2）对于连通空间投影面积小于或等于 200m² 的办公、学校、住宅等功能场所中的中庭（含中庭回廊），或建筑面积小于或等于 300m²、净高大于 6m 且不贯通多个楼层的门厅等空间，其自然排烟口的有效面积不应小于中庭或门厅等空间地面面积的 5%。（《浙江省消防技术规范难点问题操作技术指南（2020 版）》第 7.2.35—2 条）。

4）对于无充电设施的地下室（或半地下室）内的非机动车库，当单个建筑面积大于

$500m^2$，或被分隔成多个隔间且其总建筑面积大于 $200m^2$ 时，应设置排烟设施。当采用自然排烟方式时，自然排烟窗（口）的有效面积应按不小于地面面积的 2% 计算确定。

对于设有充电设施的地下室（或半地下室）内的非机动车库，当其单个建筑面积大于 $50m^2$ 或总建筑面积大于 $200m^2$ 时，应设置排烟设施；当采用自然排烟方式时，自然排烟窗（口）的有效面积应按不小于地面面积的 3% 确定（《浙江省消防技术规范难点问题操作技术指南（2020 版）》第 7.2.38 条）。

3. 自然排烟口。

采用自然排烟系统的场所应设置自然排烟口，自然排烟口的面积、数量、位置应根据计算确定，根据《建筑防烟排烟系统技术标准》GB 51251—2017 第 4.3.2、4.3.3、4.3.6 条，自然排烟口应符合下列规定：

1）自然排烟窗（口）应设置在排烟区域的顶部或外墙。设置在外墙上时，应在储烟仓以内，但走道、室内空间净高不大于 3m 的区域的自然排烟窗（口）可设置在室内净高度的 1/2 以上。

2）当房间面积不大于 $200m^2$ 时，自然排烟窗（口）的开启方向不限。

3）自然排烟窗（口）宜分散均匀布置，防烟分区内任一点与最近的自然排烟窗（口）之间的水平距离不应大于 30m。

4）设置在防火墙两侧的自然排烟窗之间最近边缘的水平距离不应小于 2.0m。

5）自然排烟窗（口）应设置手动开启装置。可开启外窗应方便直接开启。设置在高位不便于直接开启的自然排烟窗口，应在距地面高度 1.3 ～ 1.5m 设置手动开启装置（通过手动操作装置包括拉杆、按钮等驱动装置开启高位外窗）。净空高度大于 9m 的中庭、建筑面积大于 $2000m^2$ 的营业厅、展览厅、多功能厅等场所，尚应设置集中手动开启装置和自动开启设施。

6）自然排烟窗（口）开启的有效面积计算，应注意固定窗框面积的扣除（一般按 20% 扣除），除另有规定外，尚应符合下列规定：

（1）当采用开窗角大于 70°的悬窗时，其面积应按窗的面积计算；当开窗角小于或等于 70°时，其面积应按窗最大开启时的水平投影面积计算（这条执行时需与门窗或幕墙设计协调，幕墙开启角度一般不宜大于 30°）。

（2）当采用开窗角大于 70°的平开窗时，其面积应按窗的面积计算；当开窗角小于或等于 70°时，其面积应按窗最大开启时的竖向投影面积计算。

（3）当采用推拉窗时，其面积应按可开启的最大窗口面积计算。

（4）当采用百叶窗时，其面积应按窗的有效开口面积计算，根据工程实际经验，当采用防雨百叶时系数取 0.6，当采用一般百叶时系数取 0.8。

（5）当平推窗设置在顶部时，其面积可按窗的 1/2 周长与平推距离乘积计算，且不应大于窗面积。

（6）当平推窗设置在外墙时，其面积可按窗的 1/4 周长与平推距离乘积计算，且不应大于窗面积。

4.13.4.6 机械排烟系统

1. 不满足自然排烟的场所应设置机械排烟系统。机械排烟系统应符合下列规定：

（1）排烟风机应设置在专用机房内。

（2）排烟风机宜设置在排烟系统的最高处，烟气出口应高于加压送风机和补风机的进风口，两者边缘最小垂直距离不应小于6.0m；水平布置时两者边缘最小水平距离不应小于20.0m（《建筑防烟排烟系统技术标准》GB 51251—2017第4.4.4、4.4.5条）。

（3）机械排烟系统沿水平方向布置时，应按不同防火分区独立设置。

（4）建筑高度大于50m的公共建筑和工业建筑、建筑高度大于100m的住宅建筑，其机械排烟系统应竖向分段独立设置，且公共建筑和工业建筑中每段的系统服务高度应小于或等于50m，住宅建筑中每段的系统服务高度应小于或等于100m（《消防设施通用规范》GB 55037—2022第11.3.3条）。

2．机械排烟口。

（1）防烟分区内任一点与最近的排烟口之间的水平距离不大于30m。

（2）排烟口应设在储烟仓内，宜设置在顶棚或靠近顶棚的墙面上。但走道、室内空间净高不大于3m的区域，其排烟口可设置在其净空高度的1/2以上；当设置在侧墙时，排烟口上沿与吊顶间的距离不大于0.5m。

当排烟口设在吊顶内且通过吊顶上部空间进行排烟时，吊顶应采用不燃材料，且吊顶内不应有可燃物；非封闭式吊顶的开孔率不应小于吊顶净面积的25%，且孔洞应均匀布置。

（3）排烟口的设置宜使烟流方向与人员疏散方向相反，排烟口与附近安全出口相邻边缘之间的水平距离不小于1.5m（《建筑防烟排烟系统技术标准》GB 51251—2017第4.4.12条）。

3．下列地上建筑或部位，当设置机械排烟系统时，应在外墙或屋顶设置固定窗：

1）任一层建筑面积大于3000m^{2}的商店建筑、展览建筑及类似功能的公共建筑。

2）总建筑面积大于1000m^{2}的歌舞、娱乐、放映、游艺场所。

3）商店建筑、展览建筑及类似功能的公共建筑中长度大于60m的走道。

4）靠外墙或贯通至建筑屋顶的中庭。

5）固定窗的布置要求和设置应符合暖通专业技术要求，包括且不限于以下规定（《建筑防烟排烟系统技术标准》GB 51251—2017第4.4.15、4.4.16条）：

（1）固定窗宜按每个防烟分区在屋顶或建筑外墙上均匀布置。

（2）设置在顶层区域的固定窗，其总面积不应小于楼地面面积的2%。

（3）设置在靠外墙且不位于顶层区域的固定窗，单个固定窗的面积不应小于1m^2，且间距不宜大于20m，其下沿距室内地面的高度不宜小于层高的1/2。消防救援窗不计入固定窗面积。

（4）设置在中庭区域的固定窗，其总面积不应小于中庭楼地面面积的5%。

（5）固定玻璃窗应按可破拆的玻璃面积计算，带有温控功能的可开启设施应按开启时的水平投影面积计算。

4．补风。

（1）除地上建筑的走道或地上建筑面积小于500m^{2}的房间外，设置排烟系统的场所应能直接从室外引入空气补风（《消防设施通用规范》GB 55037—2022第11.3.6条）。

（2）补风系统可采用疏散外门、手动或自动可开启外窗等自然进风方式以及机械送风方式。防火门、窗不得作为补风设施。风机应设置在专用机房内（《建筑防烟排烟系统技术标准》GB 51251—2017 第 4.5.3 条)。

(3)补风口与排烟口设置在同一空间内相邻的防烟分区时，补风口位置不限；当补风口与排烟口设置在同一防烟分区时，补风口应设在储烟仓下沿以下；补风口与排烟口水平距离不应少于 5m(《建筑防烟排烟系统技术标准》GB 51251—2017 第 4.5.4 条)。

4.13.4.7 防烟分区

1. 根据《建筑防烟排烟系统技术标准》GB 51251—2017 第 44.2.4 条规定，公共建筑、工业建筑中防烟分区的最大允许面积及其长边最大允许长度应符合下列规定：

(1)当空间净高小于等于 3.0m，防烟分区最大允许面积为 $500m^2$，长边最大允许长度为 24m。

(2)当空间净高大于 3.0m，小于等于 6.0m，防烟分区最大允许面积为 $1000m^2$，长边最大允许长度为 36m。

(3)当空间净高大于 6.0m，防烟分区最大允许面积为 $2000m^2$，长边最大允许长度为 60m；具有自然对流条件时，不应大于 75m。

(4)当空间净高大于 9m 时，防烟分区之间可不设置挡烟设施。

(5)公共建筑、工业建筑中的走道宽度不大于 2.5m 时，其防烟分区的长边长度不应大于 60m(走道、回廊防烟分区的长边长度指任意两点之间最大的沿程距离)。

2. 防烟分区不应跨越防火分区；防烟分区采用挡烟垂壁、结构梁及隔墙等划分。挡烟垂壁等挡烟分隔设施的深度不应小于储烟仓厚度(《建筑防烟排烟系统技术标准》GB 51251—2017 第 4.2.1、4.2.2 条)。

3. 同一防烟分区应采用同一种排烟方式(《消防设施通用规范》GB 55037—2022 第 11.3.1 条)。

4. 设置排烟设施的建筑内，敞开楼梯和自动扶梯穿越楼板的开口部应设置挡烟垂壁等设施(《建筑防烟排烟系统技术标准》GB 51251—2017 第 4.2.3 条)。

4.13.4.8 储烟仓和最小清晰高度

1. 储烟仓(《建筑防烟排烟系统技术标准》GB 51251—2017 第 4.6.2、4.2.2条)

(1)当采用自然排烟方式时，储烟仓的厚度不应小于空间净高的 20%，且不应小于 500mm；当采用机械排烟方式时，不应小于空间净高的 10%，且不应小于 500mm。

(2)对于有吊顶的空间，当吊顶开孔不均匀或开孔率小于或等于 25% 时，吊顶内空间高度不得计入储烟仓厚度。

(3)储烟仓底部距地面的高度应大于安全疏散所需的最小清晰高度。

2. 最小清晰高度

(1)走道、室内空间净高不大于 3m 的区域，其最小清晰高度不宜小于其净高的 1/2，其他区域的最小清晰高度 Hq=1.6+0.1・H’。H’为建筑净高，对于单层空间，H’取排烟空间的建筑净高度(m)；对于多层空间，H’取最高疏散层的层高(m)(《建筑防烟排烟系统技术标准》GB 51251—2017 第 4.6.9 条)。

(2)对于公共建筑、工业建筑中空间净高大于 6m 的场所(不含中庭)，非阶梯式(水平)地面的场所，其设计清晰高度的取值应在最小清晰高度的基础上增加不小于 1.0m；阶梯式地面或类似场所，其设计清晰高度应满足该场所最高标高地面的最小清晰高度要求，即 H’取该场所最高标高处的空间净高且起算点为该场所最高标高处(《浙江省消防技术规范难点问题操作技术指南（2020版）》第7.2.30条）。

4.13.4.9　事故通风

（1）设置气体灭火系统、细水雾灭火系统的场所（防护区），不应设置火灾时的排烟设施，应按规定设置灭火后的通风设施，机械通风的排风口应直接通至室外（《浙江省消防技术规范难点问题操作技术指南（2020版）》第7.2.8条）。

（2）地下燃气燃油锅炉房等的事故排风机应设置在地上建筑内或室内，当确有困难时，排风机可布置于锅炉房或机组机房自然通风良好的泄爆井内，或设置于自然通风良好的地下专用机房内，其自然进排风开口的有效面积均不应小于专用机房地面面积的5%，进风口应布置于机房底部，排风口应布置在机房顶部，出风口宜通至室外。（《浙江省消防技术规范难点问题操作技术指南（2020版）》第7.5.1条）。

4.14　消防术语和特别规定

4.14.1　重要公共建筑

《建筑设计防火规范》GB 50016—2014（2018年版）术语第2.1.3条规定“重要公共建筑”，指的是“发生火灾可能造成重大人员伤亡、财产损失和严重社会影响的公共建筑”。其主要是定性，并没有给出明确的范围。《浙江省消防技术规范难点问题操作技术指南（2020版）》第1.4.8条规定，《建筑设计防火规范》GB 50016—2014（2018年版）条款中出现的“重要公共建筑”可参照《汽车加油加气加氢站技术标准》GB 50156—2021附录B关于重要公共建筑物认定的标准来界定。

《汽车加油加气加氢站技术标准》GB 50156—2021附录B.0.1重要公共建筑物，应包括下列内容：

（1）地市级及以上的党政机关办公楼。

（2）设计使用人数或座位数超过1500人（座）的体育馆、会堂、影剧院、娱乐场所、车站、证券交易所等人员密集的公共室内场所。

（3）藏书量超过50万册的图书馆；地市级及以上的文物古迹、博物馆、展览馆、档案馆等建筑物。

（4）省级及以上的银行等金融机构办公楼，省级及以上的广播电视建筑。

（5）设计使用人数超过5000人的露天体育场、露天游泳场和其他露天公众聚会娱乐场所。

（6）使用人数超过500人的中小学校及其他未成年人学校；使用人数超过200人的幼儿园、托儿所、残障人员康复设施；150张床位及以上的养老院、医院的门诊楼和住院楼。与这些建筑的消防间距，有围墙者，从围墙中心线算起；无围墙者，从最近的建筑物算起。

（7）总建筑面积超过20000m^{2}的商店（商场）建筑，商业营业场所的建筑面积超过15000m^{2}的综合楼。

（8）地铁出入口、隧道出入口。

4.14.2 人员密集场所

《建筑设计防火规范》GB 50016—2014（2018 年版）中多处提及“人员密集场所”，但没有给出明确的定义。

《中华人民共和国消防法》第七十三条第四款规定，“人员密集场所”，是指“公众聚集场所”，医院的门诊楼、病房楼，学校的教学楼、图书馆、食堂和集体宿舍，养老院，福利院，托儿所，幼儿园，公共图书馆的阅览室，公共展览馆、博物馆的展示厅，劳动密集型企业的生产加工车间和员工集体宿舍，旅游、宗教活动场所等。

《中华人民共和国消防法》第七十三条第三款规定，“公众聚集场所”是指宾馆、饭店、商场、集贸市场、客运车站候车室、客运码头候船厅、民用机场航站楼、体育场馆、会堂以及公共娱乐场所等。《人员密集场所消防安全管理》第 3.2 条指出这些场所面对公众开放，具有商业经营性质。

4.14.3 建筑高度

消防角度的建筑高度与规划角度的建筑高度不是同一个概念。

1. 规划建筑高度

规划角度的建筑高度包括平屋顶建筑高度（建筑物主入口场地室外地面至女儿墙顶）、坡屋顶建筑的檐口高度和屋脊高度（《民用建筑设计统一标准》GB 50352—2019 第 4.5.2 条规定坡屋顶建筑的建筑高度应按建筑物室外地面至屋檐和屋脊的平均高度）、建筑最高点高度（含构筑物）等概念，详见本书第 3.1.5 条。

2. 消防建筑高度

《建筑设计防火规范》GB 50016—2014（2018 年版）第 A.0.1 条规定消防角度的建筑高度计算：

（1）建筑屋面为坡屋面时，建筑高度应为建筑室外设计地面至其檐口与屋脊的平均高度，其与《民用建筑设计统一标准》GB 50352—2019 相同。《浙江省消防技术规范难点问题操作技术指南（2020 版）》第 1.1.3 条规定，建筑屋面为坡屋面时，建筑高度应按建筑室外设计地面至檐口（按照建筑外墙面起坡处起算）与屋脊的平均高度或建筑室外设计地面至屋顶最高使用夹层的楼面的高度取较大值。

（2）建筑屋面为平屋面（包括有女儿墙的平屋面）时，建筑高度应为建筑室外设计地面至其屋面面层的高度。《浙江省消防技术规范难点问题操作技术指南（2020 版）》第 1.1.5 条规定，建筑屋面坡度不大于 3% 时，建筑高度计算时，屋面面层算至靠外墙处的屋面最低点。工业建筑和公共建筑（含商业住宅组合楼）屋面面层算至屋面的建筑完成面（包含绿化层、保温层等屋面构造厚度）；住宅（含底层设置商业服务网点的住宅）屋面面层可算至屋面结构板面。

（3）一座建筑有多种形式的屋面时，建筑高度应按上述方法分别计算后，取其中最大值。

（4）对于台阶式地坪，当位于不同高程地坪上的同一建筑之间有防火墙分隔，各自有符合规范规定的安全出口，且可沿建筑的两个长边设置贯通式或尽头式消防车道时，可分别计算各自的建筑高度。否则，应按其中建筑高度最大者确定该建筑建筑高度。

（5）局部突出屋顶的瞭望塔、冷却塔、水箱间、微波天线间或设施、电梯机房、排风和排烟机房以及楼梯出口小间等辅助用房占屋面面积不大于1/4者，可不计入建筑高度。

（6）对于住宅建筑，设置在底部且室内高度不大于2.2m的自行车库、储藏室、敞开空间，室内外高差或建筑的地下或半地下室的顶板面高出室外设计地面的高度不大于1.5m的部分，可不计入建筑高度。

4.14.4 建筑材料及制品燃烧性能分级

1．建筑材料及制品的燃烧性能分级标准的演化

关于判定建筑材料及制品的燃烧性能分级的现行国家标准为《建筑材料及制品燃烧性能分级》GB 8624—2012。

《建筑材料燃烧性能分级方法》GB 8624—1988第一次发布于1988年；1997年进行了第一次修订，发布了修订版《建筑材料及制品燃烧性能分级》GB 8624—1997，参照西德标准《建筑材料和构件的火灾特性 第1部分 建筑材料燃烧性能分级的要求后试验》DN 4102—1：1981，将燃烧性能分级为A、B1、B2、B3四级；2006年进行了第二次修订，发布了修订版建筑材料及制品燃烧性能分级GB 8624—2006，参照欧盟标准委员会制定的《建筑制品和构件的火灾分级 第1部分 采用对火反应试验数据的分级》EN 13501—1：2002，将燃烧性能分级调整为A1、A2、B、C、D、E、F七级；2012年，进行了第三次修订，发布了修订版《建筑材料及制品燃烧性能分级》GB 8624—2012，鉴于2006版实施后，存在燃烧性能分级过细，与我国当前工程建设实际不相匹配等问题，将建筑材料及制品燃烧性能基本分级重新调整为97标准的A、B1、B2、B3四级，同时建立了与欧盟标准分级A1、A2、B、C、D、E、F的对应关系，并采用了欧盟标准EN 13501—1：2007的分级判据（表4.14.4）。

燃烧等级分级 **表4.14.4**

燃烧性能等级		名称
A	A1	不燃材料（制品）
	A2	
B1	B	难燃材料（制品）
	C	
B2	D	可燃材料（制品）
	E	
B3	F	易燃材料（制品）

2．建筑材料及制品燃烧性能分级的主要参数及概念

（1）材料（material）是指单一物质或均匀分布的混合物，如金属、石材、木材、混凝土、矿纤、聚合物。

（2）制品（product）是指要求给出相关信息的建筑材料、复合材料或组件。

（3）持续燃烧（sustained flaming）是指试样表面或其上方持续时间大于4s的火焰。

（4）燃烧滴落物/微粒（flaming droplets/particles）是指在燃烧试验过程中，从试样上分离的物质或微粒。分为 d0、d1、d2 三级。

（5）烟气生成速率指数（smoke growth rate index，简称 SMOGRA）是指试样燃烧烟气产生速率与其对应时间比值的最大值。分为 s1、s2、s3 三级。

（6）烟气毒性（smoke toxicity）是指烟气中的有毒有害物质引起损伤/伤害的程度。烟气毒性等级分为 t0、t1、t2 三级。

（7）临界热辐射通量（critical heat flux，简称 CHF）是指火焰熄灭处的热辐射通量或试验 30min 时火焰传播到的最远处的热辐射通量。

（8）燃烧增长速率指数（fire growth rate index，简称 FIGRA）是指试样燃烧的热释放速率值与其对应时间比值的最大值，用于燃烧性能分级；FIGRA0.2MJ 是指当试样燃烧释放热量达到 0.2MJ 时的燃烧增长速率指数；FIGRA0.4MJ 是指当试样燃烧释放热量达到 0.4MJ 时的燃烧增长速率指数。

（9）600s 的总放热量 THR600s 是指试验开始后 600s 内试样的热释放总量（MJ）。

3. 建筑材料及制品燃烧性能分级判据

燃烧性能是指材料燃烧或遇火时所发生的一切物理和化学变化，这项性能由材料表面的着火性和火焰传播性、发热、发烟、炭化、失重以及毒性生成物的产生等特性来衡量。

材料的燃烧性能分为不燃性、易燃性、阻燃性。不燃性是指在规定的实验条件下，材料或制品不能进行有焰燃烧的能力；易燃性是指在规定的实验条件下，材料或制品进行有焰燃烧的能力；阻燃性是指材料所具有的减慢、终止或防止有焰燃烧的特性。

建筑材料分为平板状材料、铺地材料、管状绝热材料等；建筑用制品分为四大类：窗帘幕布、家居制品装饰用织物，电线电缆套管、电器设备外壳及附件，电器、家具制品用泡沫塑料，软质家具和硬质家具。

测试方法是按材料类别分别规定的，不同测试方法获得的燃烧性能等级之间不存在完全对应的关系，因此应按材料分类规定的测试方法确认燃烧性能等级。测试标准有：《纺织品 燃烧性能试验 氧指数法》GB/T 5454—1997、《纺织品 燃烧性能 垂直方向损毁长度、阴燃和续燃时间的测定》GB/T 5455—2014、《铺地材料的燃烧性能测定 辐射热源法》GB/T 11785—2005，等等。

如判定平板状建筑材料及制品的燃烧性能等级，其执行的标准为《建筑材料不燃性试验方法》GB/T 5464—2010。A2 时的主要分级判据为：炉内温升≤ 50℃，质量损失率≤ 50%，持续燃烧时间≤ 20s，总热值 PCS ≤ 4.0MJ/m^{2d}，燃烧增长速率指数 FIGRA0.2MJ ≤ 120W/s，600s 的总放热量 THR600s ≤ 7.5MJ，火焰横向蔓延未到达试样长翼边缘；A1 时的分级判据为：炉内温升≤ 30℃，质量损失率≤ 50%，持续燃烧时间≤ 0s，总热值 PCS ≤ 1.4MJ/m^{2d}。从数值看，A1 级的材料是基本“不燃”的，A2 级的材料并不是完全“不燃”的。

《建筑内部装修设计防火规范》GB 50222—2017 第 3.0.7 条规定，当使用多层装修材料时，各层装修材料的燃烧性能等级均应符合本规范的规定。复合型装修材料的燃烧性能等级应进行整体检测确定。当一个部位采用多层材料装修时，除有规定外，一般按较低燃烧性能等级的材料来认定该部位的燃烧性能等级。但有时会出现一些特殊的情形，如部分隔声、保温材料与其他不燃、难燃材料复合形成一个整体的复合材料时，不宜简单地认定其的耐燃等级，需进行整体试验，合理验证。

4. 常用建筑内部装修材料燃烧性能等级

各部位材料 A：花岗石、大理石、水磨石、水泥制品、混凝土制品、石膏板、石灰制品、黏土制品、玻璃、瓷砖、马赛克、钢铁、铝、铜合金等。

顶棚材料 B1：纸面石膏板、纤维石膏板、水泥刨花板、矿棉装饰吸声板、玻璃棉装饰吸声板、珍珠岩装饰吸声板、难燃胶合板、难燃中密度纤维板、岩棉装饰板、难燃木材、铝箔复合材料、难燃酚醛胶合板、铝箔玻璃钢复合材料等。

墙面材料 B1：纸面石膏板、纤维石膏板、水泥刨花板、矿棉板、玻璃棉板、珍珠岩板、难燃胶合板、难燃中密度纤维板、防火塑料装饰板、难燃双面刨花板、多彩涂料、难燃墙纸、难燃墙布、难燃仿花岗石装饰板、氯氧镁水泥装配式墙板、难燃玻璃钢平板、PVC 塑料护墙板、轻质高强复合墙板、阻燃模压木质复合板材、彩色阻燃人造板、难燃玻璃钢等。

墙面材料 B2：各类天然木材、木制人造板、竹材、纸制装饰板、装饰微薄木贴面板、印刷木纹人造板、塑料贴面装饰板、聚酯装饰板、复塑装饰板、塑纤板、胶合板、塑料壁纸、无纺贴墙布、墙布、复合壁纸、天然材料壁纸、人造革等。

地面材料 B1：硬 PVC 塑料地板，水泥刨花板、水泥木丝板、氯丁橡胶地板等。

地面材料 B2：半硬质 PVC 塑料地板、PVC 卷材地板、木地板、氯纶地毯等。

装饰织物 B1：经阻燃处理的各类难燃织物等。

装饰织物 B2：纯毛装饰布、纯麻装饰布、经阻燃处理的其他织物等。

其他装饰材料 B1：聚氯乙烯塑料、酚醛塑料、聚碳酸酯塑料、聚四氟乙烯塑料、三聚氰胺、脲醛塑料、硅树脂塑料装饰型材、经阻燃处理的各类织物等。

其他装饰材料 B2：经阻燃处理的聚乙烯、聚丙烯、聚氨酯、聚苯乙烯、玻璃钢、化纤织物、木制品等。

4.14.5 特别规定

4.14.5.1 室内变电站火灾危险性类别

《建筑设计防火规范》GB 50016 国家标准管理组于 2018 年 6 月 25 日发布《关于对室内变电站防火设计问题的复函》（建规字〔2018〕4 号）。复函规定：现行国家标准《建筑设计防火规范》GB 50016—2014（2018 年版）第 3.1.1 条及其条文说明，油浸变压器室的火灾危险性类别为丙类，干式变压器室的火灾危险性类别无明确规定，而现行国家标准《火力发电厂与变电站设计防火规范》GB 50229—2019 中，将干式变压器的火灾危险性类别定为丁类。综合考虑变电站内变压器、电容器、电缆等可燃物分布情况，室内变电站的防火设计可按丙类厂房的有关要求确定。

《建筑设计防火规范》GB 50016 国家标准管理组于 2019 年 1 月 22 日发布《关于 220KV 附建式变电站防火设计问题的复函》（建规字〔2019〕2 号）。复函规定：对确需布置在民用建筑内或民用建筑贴邻建造的 220KV 干式室内变电站，可将其视为民用建筑的附属设施，其防火设计技术要求可以比照丙类火灾危险性厂房的要求确定，并应采用不开门窗洞口的防火墙和耐火极限不低于 2.00h 的楼板进行分隔，设置独立的安全出口和疏散楼梯。

4.14.5.2 汗蒸房

针对浙江省台州市天台县“2.5”重大火灾事故教训，公安部消防局于2017年3月27日发布《关于印发〈汗蒸房消防安全整治要求〉的通知》（公消〔2017〕83号）。关于建筑设计的主要规定如下：

汗蒸房防火设计应符合《建筑设计防火规范》GB 50016—2014（2018年版）中关于歌舞娱乐放映游艺娱乐场所的相关要求。

汗蒸房应设置在一、二级耐火等级建筑内，不得设置在地下室、半地下室或四层及以上楼层。

汗蒸房应采用耐火等级不低于2.00h的防火隔墙和1.00h的不燃性楼板与其他部位分隔。

汗蒸房应布置在两个安全出口之间，确需设置在袋形走道两侧及尽端的，其疏散门至最近安全出口之间的直线距离不应大于9m。

汗蒸房内任一点至最近疏散门的直线距离不应超过9m。

汗蒸房的疏散门不应少于2个；当房间建筑面积不大于50m^{2}且经常停留人数不超过15人时，可设置1个疏散门。

汗蒸房顶棚、地面的装饰材料应采用燃烧性能等级为A级的材料；电加热汗蒸房的墙面应采用燃烧性能等级为A级的材料，其他墙面装饰材料的燃烧性能等级不应低于B1级。

4.14.5.3 足疗店

消防救援局办公室于2019年1月31日发布《关于转发足疗店消防设计问题复函的通知》（内部应急消办函〔2019〕17号）。复函规定：现行国家标准《建筑设计防火规范》GB50016—2014第5.4.9条中的“歌舞娱乐放映游艺场所”是指该条及其条文说明列举的歌厅、舞厅、录像厅、夜总会、卡拉OK厅和具有卡拉OK功能的餐厅或包房、各类游艺厅、桑拿浴室的休息室和具有桑拿服务功能的客房、网吧等场所。考虑到足疗店的业态特点与桑拿浴室休息室或具有桑拿服务功能的客房基本相同，其消防设计应按歌舞娱乐放映游艺场所处理。

《浙江省消防技术规范难点问题操作技术指南（2020版）》第1.4.5条，也对此作了同样规定。

4.14.5.4 监狱建筑

《浙江省消防技术规范难点问题操作技术指南（2020版）》第1.4.7条规定，鉴于监狱建筑的特殊性，如《建筑设计防火规范》GB 50016—2014（2018年版）与《监狱建设标准》建标139、《监狱建筑设计标准》JGJ 446—2018在相关规定中出现不一致情况的，可按《监狱建设标准》建标139、《监狱建筑设计标准》JGJ 446—2018执行。

除监狱外，尚有看守所、拘留所、强制戒毒所等场所，由于监管的特殊性，与《建筑设计防火规范》等有不一致情况的，可与当地消防主管部门、图审机构协调确定。

4.14.5.5 宿舍楼

《浙江省消防技术规范难点问题操作技术指南（2020版）》第1.4.1条规定，宿舍楼的消防设计应符合规范有关公共建筑的规定（规划部门认可按照成套住宅功能设置的除外），宿舍用房不得与其他功能建筑（配套用房除外）共用疏散楼梯。

公寓式办公楼应按办公楼的要求进行消防设计，公寓式酒店、酒店式公寓应按旅馆的要求进行消防设计，但上述用房与商场、营业厅不应共用疏散楼梯。

4.14.5.6 月子护理中心

《浙江省消防技术规范难点问题操作技术指南（2020 版）》第 1.4.2 条规定，无治疗功能的休养性质的月子护理中心，应按照旅馆建筑的要求进行消防设计；但疏散距离应按医疗建筑的病房部分要求执行。

4.14.5.7 实训楼

《浙江省消防技术规范难点问题操作技术指南（2020 版）》第 1.4.3 条规定，用于教学的实训楼，如技工学校中的汽车检修教室、卫生职业技术学院中的老年人护理、医学院中的模拟病房、商贸学院中的模拟酒店客房等用房，可按照教学实验建筑的要求进行消防设计。

4.14.5.8 公共娱乐场所

《浙江省消防技术规范难点问题操作技术指南（2020 版）》第 1.4.4 条规定，保龄球、台球、棒球、蹦床、飞镖、真人 CS、密室逃生、室内电动卡丁车场等场所属于公共娱乐场所，可不按歌舞娱乐放映游艺场所进行消防设计。其应采用耐火极限不低于 2.00h 的防火隔墙和 1.00h 的楼板、乙级防火门和符合《建筑设计防火规范》GB 50016—2014（2018 年版）第 6.5.3 条规定的防火卷帘与其他功能用房分隔。

5 人防施工图设计的关注要点

初步设计文件确定人防设计的以下内容，一是人防设计的指标、功能、布局，二是平时应施工、安装完成的主要设施，包括人防总平面布置图、人防单元的划分、平面布置、主次出入口布置（含进排风口部布置）及宽度计算布置、电站方式及平面布置、临战封堵、主要人防设备表、人防标识；三是临战时设施布置，包括防爆挡墙和隔墙布置、战时卫生间、生活水箱和饮用水水箱等。

施工图设计文件进一步完善上述内容，编制人防单元一览表（包括人防单元的建筑面积、净掩蔽面积、掩蔽人数、口部数量及有效宽度）、人防设备表，绘出详图，绘出人防标识，编制人防平战转换专篇。

施工图技术审查关注初步设计阶段人防主管部门的审批意见是否落实，设计深度是否满足要求，并从技术上全面复核设计是否满足要求。

5.1 主要国家和地方标准、规定

（1）《人民防空地下室设计规范》GB 50038—2005；

（2）《人民防空工程设计规范》GB 50225—2005；

（3）《人民防空医疗救护工程设计标准》RFJ 005—2011；

（4）《人民防空工程设计防火规范》GB 50098—2009；

（5）《浙江省人民防空工程防护功能平战功转换管理规定（试行）》（浙人防办〔2022〕6号）。

5.2 人防指标

（1）人防建筑面积应符合报人防主管部门核准的要求；人防面积的计算应符合浙江省《建筑工程建筑面积计算和竣工综合测量技术规程》第十章的相关规定。

（2）编制人防单元一览表，包括人防单元的建筑面积、净掩蔽面积、掩蔽人数（1人/m^2）、口部数量及有效宽度。

5.3 人防总图

（1）设计深度：标注防空地下室所处位置、范围，室外出入口、通道、通风竖井的定位尺寸与周围建筑关系，以及战时水源、防爆电缆井（电源、通信）的接入方式。

（2）进风口与排风口之间的水平距离不宜小于10m；进风口与柴油机排烟口之间的水平距离不宜小于15m，或高差不宜小于6m。

（3）室外出入口应在建筑倒塌范围外，或设置防倒塌棚架。

5.4 人防主体

1. 防空地下室临战封堵后不宜影响相邻非人防地下室的使用。封堵汽车进出口后，宜保证非人防机动车库满足消防和使用要求。

2. 地下非人防区和地上建筑使用的设备用房宜在防护密闭区外，生活污水管、雨水管、燃气管不得穿过围护结构。其他无关管道不宜穿过围护结构，当确需穿过时，管线公称直径不宜大于 150mm。

3. 上部建筑为钢筋混凝土结构的甲类防空地下室，其顶板结构底面不应高出室外地面。当其他防空地下室高出时，应符合《人民防空地下室设计规范》GB 50038—2005 第 3.2.15 条的规定。

上部建筑为砌体结构的核 6 级、核 6B 级甲类防空地下室，其顶板底面高出室外地面的高度不应大于 1.00m，且应满足各项防护要求；

上部建筑为砌体结构的核 5 级甲类防空地下室，其顶板底面高出室外地面的高度不应大于 0.50m，且临战时应按相关要求在高出室外地面的外墙外侧覆土；

乙类防空地下室的顶板底面高出室外地面的高度不得大于该地下室净高的 1/2，且应满足各项防护要求；

4. 人防结构底板不应临空。即建设项目有多层地下室时，防空地下室宜布置在地下室最底层；当布置在其他层时，地下室底板以下应为人防地下室或封闭结构空腔。

5. 核 6 常 6 的结构厚度：

顶板不应小于 250mm（可计入顶板结构层上面的混凝土地面厚度）；

临空墙厚度不应小于 300mm；

密闭隔墙、防护单元间墙体等厚度不应小于 250mm；

抗爆隔墙和挡墙采用砂袋堆垒时最小厚度不宜小于 500mm。

6. 室内净高：防空地下室的室内地平面至梁底和管底的净高不应小于 2.0m；距顶板的底面不宜小于 2.4m；专业队装备掩蔽部和人防汽车库的室内地面至梁底和管底的净高不应小于车高加 0.2m。

7. 相邻单元之间（含固定电站）应至少设置 1 个连通口，连通口设一框两门，门框墙厚度不宜小于 500mm。

5.5 防护单元和防爆单元

1. 防护单元和防爆单元的面积：

《人民防空地下室设计规范》GB 50038—2005 第 3.2.6 条的规定，二等人员掩蔽所防护单元不大于 2000m^2，抗爆单元不大于 500m^2；物资库、装备掩蔽部防护单元不大于 4000m^2，抗爆单元不大于 2000m^2。

《人民防空医疗救护工程设计标准》RFJ 005—2011 第 3.1.4 条规定，防护区最大面积，中心医院为 4500m^2，急救医院为 3000m^2，救护站为 1500m^2。

2. 防护单元计算单元面积时以防护单元间墙体中线为界。

3. 当满足以下条件之一时，可不划分防护单元、抗爆单元：

1）人防单元的上部建筑（含地下室）为十层及以上的（含人防单元上部的地下室层数）；当部分防空地下室的上部建筑不满足时，不足部分的防空地下室建筑面积不得大于 $200m^2$。

2）除核 4、4B 的甲类防空地下室外的多层防空地下室，当其上下相邻楼层划分为不同的防护单元时，位于上层人防单元的以下各层防空地下室可不再划分防护单元和抗爆单元。

3）防空地下室内部为小房间布置时，可不划分抗爆单元。

5.6 临战封堵

1. 根据地方规定确定人防区的临战封堵方式，包括临空墙和防护单元间平时通道。一般要求进行门式封堵。

2. 封堵后砂包厚度等对临近通道等的影响。

5.7 人防出入口

1. 每个单元应至少设置两个出入口（不包括竖井式出入口和连通口）。人防主出入口应设置在主体投影范围外。当在倒塌范围内时，应设置防倒塌棚架。倒塌范围根据《人民防空地下室设计规范》GB 50038—2005 第 3.3.3 条的规定确定，当防空地下室为甲类核 5、核 6、核 6B，地上建筑为钢筋混凝土结构、钢结构时，倒塌范围为 5m，外墙为钢筋混凝土剪力墙时不考虑倒塌影响。

2. 两个相邻单元均为人员掩蔽工程，或两个相邻单元其中一侧为人员掩蔽工程另一侧为物资库，或当两相邻防护单元均为物资库，且其建筑面积之和不大于 $6000m^2$，可在防护密闭门外，共用一个室外出入口。

3. 出入口宽度为掩蔽人数每百人不小于 0.30m；相邻（包括上下相邻、水平相邻）防护单元的共用通道、楼梯的净宽，应按多个掩蔽单元人数所需要的宽度累加计算（注：消防按其中一个防火分区的最大预定疏散人数计算）。

4. 每樘门的通过人数不应超过 700 人，出入口通道和楼梯的净宽不应小于该门洞的净宽。

5. 人防物资库的进出口门洞净宽度不应小于 1.50m，当其建筑面积大于 $2000m^2$ 时，进出口门洞净宽度不应小于 2.0m。

6. 应根据地方规定设置简易洗消间或简易洗消区。当单独设置时，其面积不宜小于 $5m^2$；当与防毒通道合并设置时，人行道的宽度不宜小于 1.3m，简易洗消区的宽度不宜小于 0.6m，且其面积不宜小于 $2m^2$。洗消间的设置应符合《人民防空地下室设计规范》GB 50038—2005 第 3.2.23 条的规定。

7. 防毒通道的长度应满足密闭门开启时人员（担架）停留的需要，一般其长度应不小于门宽 +500mm。

8. 出入口的梯段应至少在一侧设置扶手；其净宽大于 2.00m 时应在两侧设扶手；其

净宽大于 2.50m 时，宜加设中间扶手。

5.8 通风口、水电口

1．排风口、进风口宜在室外单独设置。当地方有相关规定时，应根据地方规定设置，以浙江为例，浙江金华、丽水进排风口要求设置竖井，浙江其他地区可从楼梯间进风。

2．排风口与进风口之间的距离；不宜小于 10m。

3．进风口下缘距室外地坪的高度，当位于倒塌范围以外时，其不宜小于 0.50m；当位于倒塌范围以内时，其不宜小于 1.00m。

4．与扩散室相连接的通风管由侧墙穿入时，通风管的中心线应位于距后墙面的 1/3 扩散室净长处。

5．设置防爆电缆井，包括电力、通信。

6．防爆波活门外宜设置防堵铁栅。

5.9 防化值班室

防化值班室宜靠近进风口部设置，二等人员掩蔽所的防化值班室的建筑面积宜为 8 ～ 10m^2；一等人员掩蔽所、专业队队员掩蔽部等宜为 10 ～ 12m^2。

5.10 干厕

干厕宜设在排风口附近，宜设置前室。厕位数量应符合《人民防空地下室设计规范》GB 50038—2005 第 3.5.2 条的规定。

5.11 人防电站

根据《人民防空工程设计防火规范》GB 50098—2009 第 3.1.10 条，《人民防空地下室设计规范》GB 50038—2005 第 3.4.1、3.4.2、3.6 条等，人防电站应符合下列要求：

（1）当总功率小于 120kW 时，可设置移动电站；当总功率超过 120kW 时，宜设置固定电站（1 个 2000m^2 的二等人员掩蔽所人防用电负荷约 30kW）。

（2）人防电站宜独立设计，并靠近负荷中心。

（3）人防固定电站应在电站控制室设置一个人行口（密闭通道），在柴油发电机房设置一个设备运输口（一道防护密闭门），两者之间设置防毒通道。

控制室尚宜与主体连通。控制室与主体连通时，可不单独设休息室和厕所。

（4）人防电站的设备运输通道，应靠近坡道或在非防护区设置吊装口。设备出入口门洞宽度应不小于设备净宽 +0.3m，一般采用 HFM2020。

（5）应设置柴油发电机房安装时的吊钩。

（6）柴油发电机房与电站控制室之间的防毒通道处，应设置 1 道常闭甲级防火门；密闭观察窗除应符合密闭要求外，尚应达到甲级防火窗的性能要求。

（7）电站的通风口。

排烟口应在室外单独设置，进风口宜在室外单独设置。排烟口与进风口之间不宜小于15m，或高差不宜小于6m。进风口下缘距室外地平面的高度不宜小于0.5m（当位于倒塌范围内时不宜小于1m）。

（8）贮油间。

贮油间应设置外开的甲级防火门，其地面应低于与其相连接的房间150～200mm，或设门槛。贮油间宜设置输油井。严禁柴油机排烟管、通风管、电线、电缆等穿过贮油间。

5.12 其他

1. 人防门的防护等级是否满足要求；
2. 人防门两侧门垛宽度；
3. 人防门、封堵板等的吊钩的安装位置；
4. 人防门、临战封堵口等开启轨迹范围内的净空高度；
5. 集水坑的管线、阀门不应影响人防门开启。

6 绿色建筑及建筑节能的关注要点

6.1 主要国家及地方标准、规定

（1）《绿色建筑评价标准》GB/T 50378—2019；

（2）《建筑节能与可再生能源利用通用规范》GB 55015—2021；

（3）《公共建筑节能设计标准》GB 50189—2015；

（4）《工业建筑节能设计统一标准》GB 51245—2017；

（5）浙江省《绿色建筑设计标准》DB 33/1092—2021；

（6）《关于民用建筑外墙外保温限制使用无机轻集料砂浆保温系统的通知》（杭建科发〔2020〕72号）。

6.2 程序性审查

（1）新建、扩建和改建建筑以及既有建筑节能改造均应进行建筑节能设计。建设项目可行性研究报告、建设方案和初步设计文件应包含建筑能耗、可再生能源利用及建筑碳排放分析报告。施工图设计文件应明确建筑节能措施及可再生能源利用系统运营管理的技术要求（《建筑节能与可再生能源利用通用规范》GB 55015—2021第2.0.5条）。

（2）对于绿色建筑设计前期评审或备案程序，应按规定程序完成。

（3）绿色建筑专篇、自评表、节能计算书、节能专篇等文件应按规定格式和深度编制；当地方上有格式要求时，应遵循地方规定，如杭州需按规定格式填写《杭州市民用建筑绿色与节能设计施工图专篇（居住建筑）》《杭州市民用建筑绿色与节能设计施工图专篇（公共建筑）》。

（4）当工程设计变更时，建筑节能性能不得降低（《建筑节能与可再生能源利用通用规范》GB 55015—2021第2.0.7条）。

6.3 节能标准

1. 节能建筑分类。

（1）公共建筑的分类

单栋建筑面积大于300m^{2}的建筑或单栋面积小于或等于300m^{2}但总建筑面积大于1000m^{2}的公共建筑群，应为甲类公共建筑；除甲类公共建筑外的公共建筑，为乙类公共建筑（《建筑节能与可再生能源利用通用规范》GB 55015—2021附录B.0.1）。

（2）工业建筑的分类

有供暖空调系统能耗的工业建筑，为一类工业建筑；对以通风能耗为主的工业建筑（通常有强污染源或强热源），为二类工业建筑（《工业建筑节能设计统一标准》GB 51245—2017第3.1.1条）。

2. 幼儿园、宿舍应按居住建筑进行节能计算；住宅与非住宅组合建造时，应按地方规定计算。

6.4 一般规定

（1）《建筑节能与可再生能源利用通用规范》GB 55015—2021 第 3.1.6 条规定，甲类公共建筑的屋面透光部分面积不应大于屋面总面积的 20%。

（2）《建筑节能与可再生能源利用通用规范》GB 55015—2021 第 3.1.7 条规定，设置供暖、空调系统的工业建筑总窗墙面积比不应大于 0.50，且屋顶透光部分面积不应大于屋顶总面积的 15%。

（3）建筑围护结构的热工性能指标应符合《建筑节能与可再生能源利用通用规范》GB 55015—2021 及其他相关规范的规定。

（4）《建筑节能与可再生能源利用通用规范》GB 55015—2021 第 3.1.13 条规定，当公共建筑入口大堂采用全玻幕墙时，全玻幕墙中非中空玻璃的面积不应超过该建筑同一立面透光面积（门窗和玻璃幕墙）的 15%，且应按同一立面透光面积（含全玻幕墙面积）加权计算平均传热系数。

（5）《建筑节能与可再生能源利用通用规范》GB 55015—2021 第 3.1.14、3.1.18 条规定，夏热冬冷地区（含浙江）的居住建筑外窗的通风开口面积不应小于房间地面面积的 5%；居住建筑的主要使用房间（卧室、书房、起居室等）的房间窗地面积比不应小于 1/7。

公共建筑中主要功能房间的外窗（包括透光幕墙）应设置可开启窗扇或通风换气装置。

（6）《建筑节能与可再生能源利用通用规范》GB 55015—2021 第 3.1.15 条规定，夏热冬冷地区的甲类公共建筑南、东、西向外窗和透光幕墙应采取遮阳措施。

（7）《建筑节能与可再生能源利用通用规范》GB 55015—2021 第 3.1.16 条规定，居住建筑幕墙、外窗及敞开阳台的门在 10Pa 压差下，每小时每米缝隙的空气渗透量 q1 不应大于 1.5m^3，每小时每平方米面积的空气渗透量不应大于 4.5m^3。

（8）《建筑节能与可再生能源利用通用规范》GB 55015—2021 第 3.1.17 条规定，居住建筑外窗玻璃的可见光透射比不应小于 0.40。

（9）《建筑节能与可再生能源利用通用规范》GB 55015—2021 第 4.1.1 条规定，民用建筑改造涉及节能要求时，应同期进行建筑节能改造。浙江省《绿色建筑条例》第十八条规定，城、镇总体规划确定的城镇建设用地范围内既有民用建筑改建需要整体拆除围护结构的，应按照一星级以上绿色建筑强制性标准进行节能改造。

（10）《建筑节能与可再生能源利用通用规范》GB 55015—2021 第 5.2 节规定，新建建筑应安装太阳能系统；在既有建筑上增设或改造太阳能系统，应经建筑结构安全复核，满足建筑结构的安全性要求。

太阳能建筑一体化应用系统的设计应与建筑设计同步完成。

安装太阳能系统的建筑，应设置安装和运行维护的安全防护措施，以及防止太阳能集热器或光伏电池板损坏后部件坠落伤人的安全防护设施。

（11）《建筑节能与可再生能源利用通用规范》GB 55015—2021 第 5.4 节规定，空气源热泵室外机组的安装位置，噪声和排出热气流应符合周围环境要求；应便于对室外机的换热器进行清扫和维修；应设置安装、维护及防止坠落伤人的安全防护设施。

6.5 保温材料和构造

（1）《建筑节能与可再生能源利用通用规范》GB 55015—2021 第 3.1.19 条规定，外墙保温工程应采用预制构件、定型产品或成套技术，并应具备配套的组成材料和型式检验报告。型式检验报告应包括配套组成材料的名称、生产单位、规格型号、主要性能参数。外保温系统型式检验报告还应包括耐候性和抗风压性能检验项目。

（2）墙体材料、保温材料等在节能计算书、施工图设计说明、节能专篇等中的相关参数是否一致，包括材料名称、厚度及构造。

（3）墙体材料、保温材料的导热系数及修正系数（包括用于屋面和墙体时）。

（4）围护结构热工性能应符合国家现行相关标准的规定；当地方另有规定时，应执行地方规定。如浙江省《绿色建筑设计标准》DB33/ 1092—2021 第 5.2.9、5.3.2、5.4.3 条规定：

一星级时，围护结构热工性能比国家现行相关建筑节能设计标准规定的提高幅度达到 5% 或供暖空调全年计算负荷降低幅度达到 5%；

二星级时，围护结构热工性能比国家现行相关建筑节能设计标准规定的提高幅度达到 10% 或供暖空调全年计算负荷降低幅度达到 10%；

三星级时，围护结构热工性能比国家现行相关建筑节能设计标准规定的提高幅度达到 20% 或供暖空调全年计算负荷降低幅度达到 15%。

（5）保温材料采取有效的防脱落、防开裂措施。

以杭州为例，根据《关于民用建筑外墙外保温限制使用无机轻集料砂浆保温系统的通知》（杭建科发〔2020〕72 号）规定：政府投资的民用建筑项目（含保障性住房工程），原则上不再使用无机轻集料砂浆外墙外保温系统。

（6）当采用倒置式屋面时，倒置式屋面保温层导热系数不应大于 0．080W/（m·K）；压缩强度或抗压强度不应小于 150kPa；体积吸水率不应大于 3%；设计厚度应按计算厚度增加 25% 取值，且最小厚度不得小于 25mm（《倒置式屋面工程技术规程》JGJ 230—2010 第 4.3.1、5.2.5 条）。

（7）保温材料和构造应符合消防要求。

（8）遮阳措施。采用活动遮阳时应符合地方要求。

（9）墙身节点中应绘出保温层，核查是否出现冷热桥。

（10）门窗框料、玻璃材料等在节能计算书、说明中应统一。

6.6 其他

（1）应绘出空气源热泵、太阳能热水、光伏发电等可再生能源设备的示意图，并复核是否采取相应的安全措施。

（2）复核自评表、总平面布置图、海绵城市水专业设计图纸中关于绿地面积、下凹绿地、透水铺装中的数据是否一致。总平面布置图中应绘出雨水收集池。

二星级、三星级时，硬质铺装地面中透水铺装面积的比例达到50%。

（3）玻璃幕墙专项图纸的材料参数应与土建专业相关设计文件一致；复核节点中是否出现冷桥。

（4）非亲水性的室外景观水体用水水源不得采用市政自来水和地下井水。二星级、三星级时，景观水体结合雨水综合利用设施营造，室外景观水体利用雨水的补水量应大于其水体蒸发量的60%，且采用保障水体水质的生态水处理技术。

7 总平面图及面积计算的关注要点

7.1 总平面图

7.1.1 总则

1. 施工图阶段的总平面图原则上应遵循初步设计文件，包括且不限于以下情形：

（1）建筑退界、间距、定位；规划相关要求详见本书第 3.1 节，消防相关要求详见本书第 4.4.5 条。

（2）主要场地和道路标高、建筑 ±0.00 标高和建筑高度；详见本书第 3.1.5 条。

（3）基地机动车出入口的宽度和位置，基地消防应急出入口的宽度和位置，基地主要人行出入口的位置、围墙及大门；基地内主要道路布置和机动车库出入口布置。

（4）垃圾收集点、公共厕所等涉及基地内用户及周边建筑的不利因素。

2. 当设计建筑有日照要求，或设计建筑对周边有日照要求的建筑产生影响时，对于可能影响日照分析报告结果的总平面及建筑变更，均需重新复核日照，修订后的日照分析报告应按地方规定办理申报手续。

3. 景观深化设计不得影响消防车道、消防车登高操作场地，不得影响机动车道的行车安全，不得影响海绵城市指标。

7.1.2 场地标高

（1）有洪涝威胁的场地应采取可靠的防洪、防内涝措施。

（2）当场地标高低于市政道路标高时，应有防止客水进入场地的措施（《民用建筑通用规范》GB 55031—2022 第 4.1.5 条）。

7.1.3 建筑及建筑突出物

1. 除建筑连接体、地铁相关设施以及管线、管沟、管廊等市政设施外，建筑物及其附属设施不应突出道路红线或用地红线（《民用建筑通用规范》GB 55031—2022 第 4.2.1 条）。

2. 建（构）筑物的主体不应突出建筑控制线；地下室、地下车库出入口，以及窗井、台阶、坡道、雨篷、挑檐等设施可突出建筑控制线但不应突出用地红线或道路红线（《民用建筑通用规范》GB 55031—2022 第 4.2.2 条）。

3. 骑楼、建筑连接体、沿道路红线的悬挑建筑等，不应影响交通、环保及消防安全（《民用建筑通用规范》GB 55031—2022 第 4.2.3 条）。

4. 既有建筑改造，经当地规划管理部门批准，在人行道上空的突出物应符合下列规定：

（1）2.5m 以下，不应突出凸窗、窗扇、窗罩等建筑构件；2.5m 及以上突出凸窗、窗扇、窗罩时，其深度不应大于 0.6m。

（2）2.5m 以下，不应突出活动遮阳；2.5m 及以上突出活动遮阳时，其宽度不应大于人行道宽度减 1.0m，并不应大于 3.0m。

（3）3.0m 以下，不应突出雨篷、挑檐；3.0m 及以上突出雨篷、挑檐时，其突出的深度不应大于 2.0m。

（4）3.0m 以下，不应突出空调机位；3.0m 及以上突出空调机位时，其突出的深度不应大于 0.6m（《民用建筑设计统一标准》GB 50352—2019 第 4.3.2 条）。

7.1.4 基地出入口

1. 建筑基地道路应与外部道路相连接；当基地内要求设置环形消防车道时，其至少应有两处与城市道路连通；大型、特大型交通、文化、体育、娱乐、商业等人员密集的建筑基地的出入口不应少于 2 个，且不宜设置在同一条城市道路上（《民用建筑通用规范》GB 55031—2022 第 4.3.2 条、《建筑设计防火规范》GB 50016—2014（2018 年版）第 7.1.9 条，《民用建筑设计统一标准》GB 50352—2019 第 4.2.1、4.2.5 条）。

当建筑基地内建筑面积小于或等于 3000m^2 时，其连接道路的宽度不应小于 4.0m；当建筑基地内建筑面积大于 3000 平方米，且只有一条连接道路时，其宽度不应小于 7.0m；当有两条或两条以上连接道路时，单条连接道路宽度不应小于 4.0m。

2. 根据《民用建筑通用规范》GB 55031—2022 第 4.3.3、4.3.5 条，《民用建筑设计统一标准》GB 50352—2019 第 4.2.4 条，浙江省《城市建筑工程停车场（库）设置规则和配建标准》DB33/ 1021—2013 第 4.1.2、4.1.3 条及其他（含地方性法规及规划设计条件书）的规定，建筑基地机动车出入口位置应符合下列规定：

（1）不应直接与城市快速路相连接。

（2）中等城市、大城市的主干路交叉口，自道路红线交叉点起沿线 70.0m 范围内不应设置机动车出入口；浙江省《城市建筑工程停车场（库）设置规则和配建标准》DB33/ 1021—2013 第 4.1.2 条要求 100m 或设置在距交叉口的最远端；当路段设有中央分隔带，且机动车出入口设置在交叉口出口道上时，出入口距交叉口的距离应大于 80m，或设置在距交叉口的最远端。

（3）浙江省《城市建筑工程停车场（库）设置规则和配建标准》DB33/ 1021—2013 第 4.1.2 条要求：

开设在次干路上的基地机动车出入口，距离交叉口的距离应大于 80m，或设置在距交叉口的最远端；当路段设有中央分隔带，且机动车出入口设置在交叉口出口道上时，出入口距交叉口的距离应大于 70m，或设置在距交叉口的最远端；

开设在支路上的基地机动车出入口，距离与主次干路相交的交叉口应大于 50m，距离与支路相交的交叉口应大于 40m，或设置在距交叉口的最远端。

距隧道洞口的距离不宜小于 150m；距隧道引道（U 形槽）端点的距离，当引道坡度大于或等于 2% 时，不宜小于 80m，并满足停车视距的要求；距桥梁引道端点的距离，当引道坡度大于或等于 2% 时，不宜小于 60m。

（4）距周边中小学及幼儿园、公园、老年人、残疾人使用建筑的出入口最近边缘不应小于 20.0m；距人行横道的最近边缘线不应小于 5.0m；距人行天桥、人行地道（包括引道、引桥）的最近边缘线不应小于 5.0m（浙江要求为 30m）；距地铁出入口不应小于 15.0m（浙江要求为 30m）；距公共交通站台边缘不应小于 15.0m。

3．浙江省《城市建筑工程停车场（库）设置规则和配建标准》DB33/ 1021—2013 第 4.1.5 条规定，基地机动车出入口与城市道路相交的角度应为 75°～ 90°，并应具有良好的通视条件。

7.1.5 基地道路

1．建筑基地内道路应能通达建筑物的主要出入口（《民用建筑通用规范》GB 55031—2022 第 4.3.5 条）。

2．根据《民用建筑通用规范》GB 55031—2022 第 4.3.3 条、《民用建筑设计统一标准》GB 50352—2019 第 5.2.4 条等的规定，建筑基地内机动车车库出入口与连接道路间应设置缓冲段：

（1）出入口缓冲段与基地内道路连接处的转弯半径不宜小于 5.5m。

（2）当出入口与基地道路垂直时，缓冲段长度不应小于 5.5m（浙江要求为 6m）。

（3）当出入口与基地道路平行时，应设不小于 5.5m 长的缓冲段再汇入基地道路。

（4）当出入口直接连接基地外城市道路时，其缓冲段长度不宜小于 7.5m（浙江要求为 12m）。

3．车道宽度、转弯半径

（1）单车道宽度不应小于 3.0m（《民用建筑设计统一标准》GB 50352—2019 第 5.2.2 条规定为 4.0m）；兼作消防车道时不应小于 4.0m（且净高不小于 4.0m）；双车道宽度不应小于 6.0m（《民用建筑通用规范》GB 55031—2022 第 4.3.6 条）。

（2）人行道路宽度不应小于 1.5m（《民用建筑设计统一标准》GB 50352—2019 第 5.2.2 条）。

（3）道路转弯半径不应小于 3.0m；消防车道转弯半径（可作轨迹线），多层时不应小于 9.0m，高层时不应小于 12.0m（《民用建筑设计统一标准》GB 50352—2019 第 5.2.2 条）。

4．尽端式道路长度大于 120m 时，应设置回车场地（不小于 12.0m × 12.0m）；长度大于 40m 的尽头式消防车道应设置满足消防车回转要求的场地（多层 12.0m × 12.0m，高层 18.0m × 18.0m）或道路（《民用建筑通用规范》GB 55031—2022 第 4.3.6 条、《建筑防火通用规范》GB 55037—2022 第 3.4.5 条）。

5．行车安全

（1）应有良好的视线，行车视距范围内不应有遮挡视线的障碍物。

（2）基地内道路与城市道路连接处、机动车库出入口应设限速设施。

（3）当机动车道路改变方向时，路边绿化及建筑物、构筑物应满足行车有效视距要求。

7.1.6 人工水体

（1）岸边（《住宅建筑规范》GB 50368—2005 第 4.4.3 条规定含园桥）近 2.0m 范围内的水深大于 0.50m 时，应采取安全防护措施（《民用建筑通用规范》GB 55031—2022 第 4.4.3 条）。

（2）托儿所、幼儿园内，宜设戏水池，储水深度不应超过 0.30m（《托儿所、幼儿园建筑设计规范》JGJ 39—2016（2019 年版）第 3.2.3 条）。

（3）人工景观水体的补充水严禁使用自来水（《住宅建筑规范》GB 50368—2005 第 4.4.3 条）。

7.1.7　垃圾收集设施

1. 垃圾收集站的建筑面积应符合规划设计条件或地方规定。

大件垃圾、装修垃圾、园林垃圾等存放点的占地面积应符合规划设计条件或地方规定。

2. 根据《市容环卫工程项目规范》GB 55013—2021 第 3.2.2、3.2.5 条，《民用建筑通用规范》GB 55031—2022 第 4.5.3 的规定，基地内的生活垃圾收集站房应符合下列规定：

（1）应配置上下水设施，地面、墙面应采用易清洁材料。

（2）垃圾收集设施位置应便于垃圾分类投放和储存。

（3）应设置满足垃圾车装载和运输要求的场地，不应占用消防通道和盲道。

（4）城镇住宅小区、新农村集中居住点的生活垃圾收集点服务半径应小于或等于 120m。

（5）垃圾收集设施位置应便于垃圾分类投放和收运车辆安全作业，不应占用消防通道和盲道。

3. 室外收集点与相邻建筑间的距离不应小于 3m。独立式收集房距离住宅楼不应小于 8m，其外围宜合理设置绿化隔离带，宽度不宜小于 2m（《新建住宅小区生活垃圾分类设施设置标准》DB33/T 1222—2020 第 4.0.2、4.0.8 条）。

7.1.8　环保、卫生

（1）地下车库、地下室有污染性的排风口不应朝向邻近建筑的可开启外窗或取风口；当排风口与人员活动场所的距离小于 10m 时，朝向人员活动场所的排风口底部距人员活动场所地坪的高度不应小于 2.5m（《民用建筑通用规范》GB 55031—2022 第 4.5.1 条、《车库建筑设计规范》JGJ 100—2015 第 3.2.8 条）。

（2）厨房宜布置在主导风频的下风向。

（3）新建产生油烟的饮食业单位边界与环境敏感目标边界水平间距不宜小于 9m；经油烟净化后的油烟排放口与周边环境敏感目标距离不应小于 20m；经油烟净化和除异味处理后的油烟排放口与周边环境敏感目标的距离不应小于 10m；饮食业单位所在建筑物高度小于等于 15m 时，油烟排放口应高出屋顶；建筑物高度大于 15m 时，油烟排放口高度应大于 15m（《饮食业环境保护技术规范》HJ 554—2010 第 4.2.3、6.2.2、6.2.3 条）。

7.2　日照分析

7.2.1　日照分析对象

以浙江省为例，根据浙江省《城市建筑工程日照分析技术规程》DB33/ 1050—2016 第 3.2.1 条规定，日照分析对象包括下列建筑：

（1）居住类：老年人居住建筑，普通住宅，独立式及联排式农居，居住用地内的集体宿舍，大、中、小学校学生宿舍。非居住用地内的酒店式公寓、集体宿舍等可不作为日照分析对象。

（2）文教卫生类：中、小学教室楼，幼儿园及托儿所，医院病房楼，休（疗）养院的寝室楼。

（3）除上述规定外，日照分析对象尚应包括住区配套中的婴幼儿照护用房、老年人照料设施等。

7.2.2 日照标准

1．住宅。

（1）住宅日照标准应符合表 7.2.2 的规定。

住宅建筑日照标准 **表 7.2.2**

建筑气候区划	Ⅰ、Ⅱ、Ⅲ、Ⅶ气候区		Ⅳ气候区		Ⅴ、Ⅵ气候区
	大城市	中小城市	大城市	中小城市	
日照标准日	大寒日			冬至日	
日照时数（h）	≥ 2	≥ 3		≥ 1	
有效日照时间带（h）（当地真太阳时）	8 ～ 16			9 ～ 15	
日照时间计算起点	底层窗台面（室内地坪 0.9cm 高的外墙位置）				

资料来源：本表格引自《住宅建筑规范》GB 50368—2005 第 4.1.1 条。

（2）老年人住宅不应低于冬至日日照 2h 的标准。

（3）旧区改建的项目内新建住宅日照标准可酌情降低，但不应低于大寒日日照 1h 的标准。

（4）《住宅建筑规范》GB 50368—2005 第 7.2.1 条、《住宅设计规范》GB 50096—2011 第 7.1.1 条规定，应充分利用外部环境提供的日照条件，每套住宅至少应有一个居住空间能获得冬季日照。

浙江省《城市建筑工程日照分析技术规程》DB33/ 1050—2016 第 3.2.2—3 条规定，当一套住宅中居住空间超过 4 个时或套内建筑面积超过 120m^2（含）时，其中应有 2 个居室达到日照标准；独立式、联排式农居单套住宅内有 2 个或 2 个以上建筑层次时，应确保每户至少有 1 层的居室窗台达到日照标准。

（5）《住宅设计规范》GB 50096—2011 第 7.1.2 条规定，需要获得冬季日照的居住空间的窗洞开口宽度不应小于 0.60m。

（6）浙江省《城市建筑工程日照分析技术规程》DB33/ 1050—2016 第 3.2.6 条规定，居住区内组团绿地的设置应满足有不少于 1/3 的绿地面积处在相应日照标准的等时线范围之外。

2．浙江省《城市建筑工程日照分析技术规程》第 3.2.2 条规定其他居住类的日照标准，大城市大寒日不应少于 2h，中小城市大寒日不应少于 3h。

3．托儿所、幼儿园。

《托儿所、幼儿园建筑设计规范》JGJ 39—2016（2019年版）第3.2.8、3.2.8A、3.2.3条规定，托儿所、幼儿园的活动室、寝室及具有相同功能的区域，应布置在当地最好朝向，冬至日底层满窗日照不应小于3h。需要获得冬季日照的婴幼儿生活用房窗洞开口面积不应小于该房间面积的20%。室外活动场地应有1/2以上的面积在标准建筑日照阴影线之外。浙江省《城市建筑工程日照分析技术规程》DB33/ 1050—2016第3.2.3条规定的要求与国标一致。

浙江省《普通幼儿园》DB33/ 1040—2007第3.4.2条规定，室外游戏场地应保证有一半以上的活动场地面积冬至日日照不少于"连续"2h。

4.《中小学校设计规范》GB 50099—2011第4.3.3条规定，普通教室冬至日满窗日照不应少于2h。浙江省《城市建筑工程日照分析技术规程》第3.2.3条，中、小学教学楼的普通教室窗台（或南外廊）必须满足冬至日有效日照2h。

《中小学校设计规范》GB 50099—2011第4.3.4条规定，中小学校至少应有1间科学教室或生物实验室的室内能在冬季获得直射阳光。

5．医院病房、休（疗）养院寝室。

《综合医院建筑设计规范》GB 51039—2014第4.2.6条规定，病房建筑的前后间距应满足日照和卫生间距要求，且不宜小于12m；第5.1.7条规定，1/2以上的病房日照应符合现行国家标准《民用建筑设计统一标准》GB 50352—2019的有关规定（GB 50352—2005第5.1.3条规定，老年人住宅、残疾人住宅的卧室、起居室，医院、疗养院半数以上的病房和疗养室应能获得冬至日不小于2h的日照标准。GB 50352—2019第5.1.2条规定，有日照要求的建筑和场地应符合国家相关日照标准的规定。）

浙江省《城市建筑工程日照分析技术规程》DB33/ 1050—2016第3.2.3条规定，医院病房、休（疗）养院寝室窗台必须满足冬至日有效日照2h。

6．既有建筑的特殊规定。

浙江省《城市建筑工程日照分析技术规程》DB33/ 1050—2016第3.2.4条规定，在原设计建筑外增加设施不应使受其遮挡的分析对象原有日照标准降低。第3.2.5条规定，当历史建筑、传统街区、危旧房在原地原面积改造时，不应使分析对象原有日照标准降低。

7.2.3 日照计算时间

（1）日照计算有效时间带：大寒日为8：00—16：00，冬至日为9：00—15：00。

（2）日照计算应采用真太阳时。

7.3 建筑面积计算

建筑面积计算应在报批方案阶段完成，初步设计、施工图原则上不应改变建筑外轮廓线和调整建筑面积。但面积预测绘往往在施工图设计阶段图审结束（图纸基本固化）后进行，城乡规划主管部门在报批方案审批过程中，不对建筑面积及其他指标进行一一复核，而是关注主要技术经济指标表格中的表征数字是否符合规划设计条件。

当测绘方与设计方对规范理解上不一致时，两方的计算结果会存在一定的偏差，这可能会引起批后修改。在规划审批环节（含批后修改），在符合规划设计条件的前提下，对建筑单体间的微调是允许的；在发改审批环节，总建筑面积和单体建筑面积均受到国家建设标准的限制，部分可研批复或初步设计批复中详细列明各单体面积，对单体之间的面积调整的情形就比较敏感。

以杭州为例，《关于建设项目建筑面积确认和超建面积处理的若干意见》（杭政办函〔2004〕174号）第四条规定，应严格控制建筑面积的合理误差，误差以建设项目总面积为单位，其标准为：1000m^2以内（含1000m^2）合理误差为5%；1000～5000m^2（含5000m^2）合理误差为3%；5000～10000m^2（含10000m^2）合理误差为2%；10000m^2以上合理误差为1%。

7.3.1 主要国家和地方标准、规定

（1）《民用建筑通用规范》GB 55031—2022；

（2）《建筑工程建筑面积计算规范》GB/T 50353—2013；

（3）浙江省《建筑工程建筑面积计算和竣工综合测量技术规程》DB33/T 1152—2018；

（4）《建筑工程建筑面积计算和竣工测量技术补充规定》（浙自然资发〔2019〕34号）；

（5）浙江省自然资源厅 浙江省住房和城乡建设厅关于调整《建筑工程建筑面积计算和竣工综合测量技术规程》有关技术标准的通知（浙自然资函〔2023〕20号）；

（6）《浙江省房屋建筑面积测算实施细则》（浙房建〔2007〕51号）；

（7）《关于印发〈杭州市建筑工程容积率计算规则〉的通知》（杭规发〔2016〕31号）。

7.3.2 地上、地下建筑面积的界面

1.《民用建筑通用规范》GB 55031—2022第3.1.3条规定，室外设计地坪以上的建筑空间，其建筑面积应计入地上建筑面积；室外设计地坪以下的建筑空间，其建筑面积应计入地下建筑面积。

2. 浙江省《建筑工程建筑面积计算和竣工综合测量技术规程》DB33/T 1152—2018第5.1.3条第2款规定，地下室、半地下室其顶板面结构标高高于室外地坪1.50m以上的（包括局部位置与地面一层通高的部位，但不包括采光井、防潮层、保护墙和出入口有顶盖的坡道），计入地上建筑面积。第5.2.1条第3款规定，地下室、半地下室出地面的各类井道（不包括采光井）、楼梯间和电梯间等，位于地面建筑内部或附着于建筑外墙的，顶板面标高高于室外地坪1.50m以上的，计入其所通过的地上各层的面积；结构层高在2.20m及以上的，应计算全面积；结构层高在2.20m以下的，应计算1/2面积。

3. 浙江省《建筑工程建筑面积计算和竣工综合测量技术规程》DB33/T 1152—2018第5.1.3条第3款规定，特殊地形建筑空间，符合下列规定的计入地上建筑面积：

（1）单独设置的建筑且地面以上外墙长度达到其外墙周长1/2以上的建筑空间；

（2）地面以上为连续临街界面，且用于商业经营功能的相对独立的建筑空间；

（3）与地下室相连，但使用功能相对独立的空间，地面以上外墙达到该空间外墙周长1/2以上的。

4.《浙江省房屋建筑面积测算实施细则》(浙房建〔2007〕51号)第4.1.1条第i款规定，地下室、半地下室及其相应出入口，层高在2.20m以上的，按其外墙(不包括采光井、防潮层及保护墙)外围水平投影计算面积。

7.3.3 下列空间应全部计算建筑面积

1.《民用建筑通用规范》GB 55031—2022第3.1.4条规定，永久性结构的建筑空间，有永久性顶盖、结构层高或斜面结构板顶高在2.20m及以上的，应按下列规定计算建筑面积：

(1)有围护结构、封闭围合的建筑空间，应按其外围护结构外表面所围空间的水平投影面积计算；

(2)无围护结构、以柱围合，或部分围护结构与柱共同围合，不封闭的建筑空间，应按其柱或外围护结构外表面所围空间的水平投影面积计算(浙江省《建筑工程建筑面积计算和竣工综合测量技术规程》DB33/T 1152—2018第5.1.2条第1款第4项规定，有盖不封闭无柱但对外敞开面的累计边长占其周长在1/2以下的，应计算建筑面积；1/2以上的，按1/2计算建筑面积)。

2.《建筑工程建筑面积计算规范》GB/T 50353—2013第3.0.23规定，以幕墙作为围护结构的建筑物，应按幕墙外边线计算建筑面积。第3.0.27条第6款规定，装饰性幕墙不计算建筑面积(《浙江省房屋建筑面积测算实施细则》(浙房建〔2007〕51号)第3.14条规定，玻璃、金属等其他材料建造的幕墙，其主墙或装饰性墙体的认定，以设计单位出具的说明书为准)。

3.《建筑工程建筑面积计算规范》GB/T 50353—2013第3.0.24条规定，建筑物的外墙外保温层，应按其保温材料的水平截面积计算，并计入自然层建筑面积(执行时有争议)。

4.《浙江省房屋建筑面积测算实施细则》(浙房建〔2007〕51号)第4.3.2条规定，当飘窗窗台高度小于0.30m，且飘窗净高在2.20m以上时，按外围水平投影计算建筑面积。

7.3.4 下列空间应按1/2计算建筑面积

(1)《民用建筑通用规范》GB 55031—2022第3.1.4条第3款规定，无围护结构、单排柱或独立柱、不封闭的建筑空间，应按其顶盖水平投影面积的1/2计算。

(2)《民用建筑通用规范》GB 55031—2022第3.1.4条第4款规定，无围护结构、有围护设施、无柱、附属在建筑外围护结构、不封闭的建筑空间，应按其围护设施外表面所围空间水平投影面积的1/2计算。〔对于建筑裙房上方建筑悬挑体块的投影下方外墙至女儿墙(或围护栏杆)之间的面积，是否计算建筑面积，执行时地方有争议〕。

(3)《民用建筑通用规范》GB 55031—2022第3.1.5条规定，阳台建筑面积应按围护设施外表面所围空间水平投影面积的1/2计算；当阳台封闭时，应按其外围护结构外表面所围空间的水平投影面积计算。〔对于有构造柱的不封闭阳台、封闭阳台，执行时地方有争议，浙江省《建筑工程建筑面积计算和竣工综合测量技术规程》DB33/T 1152—2018第5.1.2条第2款第3项规定，住宅的套内阳台(不论是否封闭)，均按1/2面积计算〕。

关于阳台面积计算，各地多有防止“偷面积”而做出的限定条款，超出限定值时应计入全面积。

（4）浙江省《建筑工程建筑面积计算和竣工综合测量技术规程》DB33/T 1152—2018第5.1.2条第2款第1项规定，结构层高在2.20m及以上，有盖不封闭无柱且对外敞开面的累计边长占其周长在1/2及以上的，按1/2计算建筑面积。

（5）浙江省《建筑工程建筑面积计算和竣工综合测量技术规程》DB33/T 1152—2018第5.1.2条第2款第4项规定，结构层高在2.20m以下的建筑空间。

7.3.5　下列空间不应计算建筑面积

（1）《民用建筑通用规范》GB 55031—2022第3.1.6条第1款规定，结构层高或斜面结构板顶高度小于2.20m的建筑空间（《住宅设计规范》GB 50096—2011第4.0.3条第5款规定：利用坡屋顶内的空间时，屋面板下表面与楼板地面的净高低于1.20m的空间不应计算使用面积，净高在1.20m～2.10m的空间应按1/2计算使用面积，净高超过2.10m的空间应全部计入套内使用面积）。

（2）《民用建筑通用规范》GB 55031—2022第3.1.6条第2款规定，无顶盖的建筑空间。

（3）《民用建筑通用规范》GB 55031—2022第3.1.6条第3款规定，附属在建筑外围护结构上的构（配）件。

（4）《民用建筑通用规范》GB 55031—2022第3.1.6条第4款规定，建筑出挑部分的下部空间。

（5）《民用建筑通用规范》GB 55031—2022第3.1.6条第5款规定，建筑物中用作城市街巷通行的公共交通空间；在《建筑工程建筑面积计算规范》GB/T 50353—2013第3.0.27条第2款规定，骑楼、过街楼底层的开放公共空间和建筑物通道不应计算面积。

（6）《民用建筑通用规范》GB 55031—2022第3.1.6条第6款规定，独立于建筑物之外的各类构筑物。

（7）《建筑工程建筑面积计算规范》GB/T 50353—2013第3.0.27条第6款规定，勒脚、附墙柱、垛、台阶、墙面抹灰、装饰面、镶贴块料面层、装饰性幕墙，主体结构外的空调室外机搁板（箱）、构件、配件，挑出宽度在2.10m以下的无柱雨篷和顶盖高度达到或超过两个楼层的无柱雨篷。

（8）《建筑工程建筑面积计算规范》GB/T 50353—2013第3.0.27条第7款规定，窗台与室内地面高差在0.45m以下且结构净高在2.10m以下的凸（飘）窗，窗台与室内地面高差在0.45m及以上的凸（飘）窗。

（9）浙江省《建筑工程建筑面积计算和竣工综合测量技术规程》DB33/T 1152—2018第5.1.2条第4款规定，无顶盖的建筑空间不计算建筑面积。

（10）《浙江省房屋建筑面积测算实施细则》（浙房建〔2007〕51号）第4．3．3条规定，房屋底层的公共通道，不计算建筑面积；临街楼房、挑廊下的底层及小区内的底层走廊作为公共通道的，不论是否有柱、是否有围护结构，不计算建筑面积。

7.3.6　特殊规定

1．浙江省《建筑工程建筑面积计算和竣工综合测量技术规程》DB33/T 1152—2018

第 5.1.2 条第 3 款规定，住宅、办公和商业等建筑无特殊功能需求的超高建筑空间按占用空间加倍计算建筑面积。

2.《建筑工程建筑面积计算和竣工综合测量技术补充规定》（浙自然资发〔2019〕34号）第六条第（五）款套内建筑面积即专有建筑面积，当住宅套内阳台、飘窗、室外设备平台、花池等空间面积超过浙江省《建筑工程建筑面积计算和竣工综合测量技术规程》DB33/T 1152—2018 第 5.2.5 条和第 5.2.6 条限定条件时，超限部分面积计入相应的套内建筑面积（专有建筑面积）；公共建筑中的室外设备平台面积计入相应套内建筑面积（专有建筑面积）。

3.《杭州市建筑工程容积率计算规则》（杭规发〔2016〕31 号）：

1）第二条第 2 款规定：坡屋顶形成建筑空间的，结构净高 1.2m 及以上至 2.1m 以下的建筑空间按照其水平投影的 1/2 面积计算容积率，结构净高 1.2m 以下部分不计算容积率。暗楼结构净高 2.1m 以上的部位按照其水平投影的全面积计算容积率。

2）第二条第 3 款规定：结构层高在两个及以上自然层高的阳台，按照主体结构内全部投影面积、主体结构外一半投影面积计算容积率。

3）第二条第 4 款规定：单套住宅阳台按照 1/2 计算建筑面积的部分，其按 1/2 计算后的面积占该套套内建筑面积比值超过 7% 的，超过部分按全面积计算容积率。

4）第二条第 6 款规定：位于建筑物主体结构外的花池，其底板结构面与室内楼、地面结构板面高差在 0.60m 以下的，应按其外围水平投影面积的 1/2 计算容积率；与阳台相连的，其底板结构面与阳台底板结构面高差在 0.60m 以下的，该花池应视为阳台的一部分，计入阳台的进深，并相应计入容积率。花池进深不得大于 0.60m。

5）第二条第 7 款规定：特殊地形的建筑，形成既有地下、又有地上的建筑空间：

（1）单独设置且地面以上外墙长度达到外墙总长度 1/2 的建筑空间，结构层高在 2.20m 及以上的，应按其外墙外围水平投影面积计入地上总建筑面积，计算容积率；结构层高在 2.20m 以下的，应按 1/2 面积计算容积率。

（2）地面以上为连续临街界面，且用于经营性功能并相对独立的空间，结构层高在 2.20m 及以上的按该部分水平投影面积计入地上总建筑面积，计算容积率；结构层高在 2.20m 以下的，应按 1/2 面积计算容积率。

（3）与地下室相连，但使用功能相对独立的空间，地面以上外墙达到该空间外墙周长 1/2 的，该部分结构层高在 2.20m 及以上的，应按其外墙外围水平投影面积计入地上总建筑面积，计算容积率；结构层高在 2.20m 以下的，应按 1/2 面积计算容积率。

6）第二条第 8 款规定：地下室、半地下室其顶板面结构标高高于室外地坪 1.50m 以上的，即视为地上，应按其外墙结构（不包括采光井、防潮层、保护墙及有顶盖的坡道）外围水平投影面积计算容积率。地下室、半地下室的局部位置与地面一层通高的，应按通高部位的水平投影面积计算容积率。

7）第二条第 9 款规定：结构层高超过一定高度的住宅、办公、商业等建筑空间：

（1）住宅建筑的结构层高在 4.50m 及以上的与坡屋顶通高的住宅顶层结构净高 4.50m 以上的部位，均应按其水平投影面积的 1.5 倍计算容积率，但最高层高不得超过 7.00m。跃层（复）式住宅及低层住宅等的通高客厅、起居厅，不超过下一层套内建筑面积 1/4 的，按一层面积计算容积率。

（2）办公建筑的结构层高在4.80m及以上6.00m以下的，应按其水平投影面积的1.5倍计算容积率；结构层高在6.00m及以上8.20m以下的，应按其水平投影面积的2倍计算容积率；结构层高在8.20m及以上的，应按其水平投影面积的3倍计算容积率。建筑物内的门厅、大堂、中庭、内廊、采光厅、展示厅、500m^2规模以上结构层高在8.20m以下的会议室等对层高有特殊要求的建筑空间按一层面积计算容积率。

（3）商业建筑的结构层高在5.00m及以上6.00m以下的，应按其水平投影面积的1.5倍计算容积率面积；结构层高在6.00m及以上8.20m以下的，应按其水平投影面积的2倍计算容积率面积；结构层高在8.20m及以上的，应按其水平投影面积的3倍计算容积率面积。建筑物内的影视厅、功能特殊的展示厅、剧场及门厅、大堂、中庭、宴会厅、内廊、采光厅、运动场馆、单层水平投影面积2000m^2以上结构层高在8.20m以下的集中商业等对层高有特殊要求的建筑空间按一层面积计算容积率。

8）第二条第10款规定：超高层建筑避难层中的避难空间及其通道作为消防疏散的公共空间面积不计算容积率。

9）第二条第11款规定：住宅、体育、文化、教育、医疗建筑的底层用作公共开放空间的架空层不计算容积率，公共开放空间应同时满足以下要求：净高3m以上，以柱、剪力墙落地；视线通透，提供相对集中的公共空间，一般不应少于主体建筑占地面积的1/3；无特定功能，只作为公共休闲、交通、绿化等空间使用。架空层内有围护结构的电梯间、楼梯间、门厅、内廊、井道等应按其围护结构外围水平投影面积计算容积率。

10）第二条第12款规定：地面社会公共停车楼面积不计算容积率。

7.4 绿地面积计算（以浙江省为例）

7.4.1 主要国家和地方标准、规定

（1）浙江省《建筑工程建筑面积计算和竣工综合测量技术规程》DB33/T 1152—2018；

（2）《建筑工程建筑面积计算和竣工综合测量技术补充规定》（浙自然资发〔2019〕34号）。

7.4.2 绿地面积计算

根据浙江省《建筑工程建筑面积计算和竣工综合测量技术规程》DB33/T 1152—2018第8.2.1条、《建筑工程建筑面积计算和竣工综合测量技术补充规定》（浙自然资发〔2019〕34号）第八条的规定，绿地面积计算规则，应符合下列规定：

1. 绿地面积测量表应以单块绿地为单位，分别计算其地面绿化、地下室及半地下室顶绿化、屋顶绿化、园林铺装（含园路）和景观水体面积（以杭州为例，宜绘制绿地面积计算图，对每一块绿地编号，并列表统计；需要折算的，尚应列明折算系数）。

2. 绿地面积计算的起止界规定：

（1）绿地边界对宅间道路、组团路和小区路算到路边，当小区路设有人行便道时算到便道边，沿居住区路、城市道路则算到红线；距房屋墙脚1.5m；对其他围墙、院墙算到墙脚。

（2）住宅地块中的集中绿地需要满足如下条件：应同时满足每边宽度不小于 8m、面积不小于 400m^2 和不少于 1/3 的绿地面积在标准的建筑日照阴影线范围之外的日照环境要求。

集中绿地内的景观水体、园路和园林铺装可计入绿地面积，但铺装及水系面积应小于 30%。

集中绿地内要求设置一定的休憩设施。

（3）住宅地块中人均集中绿地面积 = 集中绿地面积 /（户数 ×3.2 人）（或根据当地绿化部门的规定执行）。

3. 建设工程项目的地下设施顶面按要求实施绿化的，且乔灌木覆盖比例满足省级相关要求的，按下列规定计算附属绿地面积：

（1）地下设施顶板低于室外地坪 1m 以上，且覆土厚度 1.5m 以上的，按 100% 计算绿地面积；

（2）地下设施顶板低于室外地坪 1m 以上，且覆土厚度 1m 以上不足 1.5m 的，按 80% 计算绿地面积；

（3）地下设施顶板低于室外地坪不足 1m 的，则按浙江省《建筑工程建筑面积计算和竣工综合测量技术规程》DB33/T 1152—2018 第 8.2.1 条第 4 款规定计入屋顶绿地面积（住宅地块屋顶绿化不计绿地面积）。

4. 除住宅以外的建设工程项目按要求实施屋顶绿化的，屋顶绿化面积可按照下列比例计算为附属绿地面积：

（1）覆土厚度 1.5m 以上的，按 100% 计算绿地面积；

（2）覆土厚度 1.0m 以上不足 1.5m 的，按 80% 计算绿地面积；

（3）覆土厚度 0.5m 以上不足 1.0m 的，按 50% 计算绿地面积；

（4）覆土厚度 0.3m 以上不足 0.5m 的，按 30% 计算绿地面积；

（5）覆土厚度 0.1m 以上不足 0.3m 的，按 10% 计算绿地面积；

（6）覆土厚度不足 0.1m 的，不计算绿地面积。

5. 除住宅以外的建设工程项目，按要求在建（构）筑物墙面实施垂直绿化，种植槽宽度 0.5m 以上且覆土厚度 0.5m 以上的，其绿化面积等于种植长度值，并按 20% 的比例折算附属绿地面积。

6. 建设工程项目实施屋顶绿化、墙面垂直绿化等计算的绿地面积总额，不得超过建设工程项目审批确定的绿地率的 20%。

7. 架空层、阳台、雨棚和屋檐等各类建、构筑物垂直投影线内的绿地不计入绿地面积。

8. 行道树或零星乔木以种植穴面积计入绿地面积。

9. 当单块绿地内的景观水体、园路、园林小品和园林铺装等休憩场所面积总和不大于单块绿地总面积的 30% 时，均可计入绿地面积。如前述休憩场所面积总和超过单块绿地总面积的 30%，则以单块绿地的植物种植面积除以 70% 得到可计入的该单块绿地面积。

10. 下列绿化或设施，一般不计入建设项目附属绿地面积，但该建设项目设计批复有明确规定的除外：

（1）绿地内的垃圾房、箱式变、采光井、煤气调压箱、地下室透气孔及面积大于 1m^2

的消防和电力等市政设施井盖；

（2）住宅建设项目底层院落内设置围挡的，其围挡院落（包括公众不可进入的下沉式庭院）内的绿地；

（3）阳台绿化、室内绿化和盆栽花草树木，墙、栏杆上的花台、花池；

（4）小区道路、组团道路、宅旁（宅间）道路和入户通道；

（5）游泳池、消防水池、戏水池以及城市规划控制的溪、河等水体；

（6）停车场、消防登高面、消防通道等带功能属性铺设的植草砖及隐形场地设施；

（7）一书两证文件中要求同步实施的代征代建公共绿地；

（8）用地范围内的蓝线水域（河道）、排水渠等非景观性水域不计入绿地面积；

（9）宅间道路、组团路和小区路等路边的护石（侧石）、挡墙、护栏等围护设施面积不计入绿地面积。

8　通用建筑技术标准的关注要点

本章通用建筑技术标准所述范围，主要包含《民用建筑通用规范》GB 55031—2022、《民用建筑统一设计标准》、《建筑与市政工程防水通用规范》GB 55030—2022、《建筑与市政工程无障碍通用规范》GB 55019—2021 等现行国家及地方标准，其普遍适用于公共建筑、居住建筑、工业建筑项目。

8.1　建筑通用空间

8.1.1　出入口

（1）台阶踏步数不应少于 2 级，台阶踏步宽度不应小于 0.30m，踏步高度不应大于 0.15m；当踏步数不足 2 级时，应按人行坡道设置（《民用建筑通用规范》GB 55031—2022 第 5.2.2、5.2.3 条）。

（2）除采用不大于 1：20 的平坡（公共建筑宜设置坡度小于 1：30 的平坡）外，建筑出入口应设置无障碍坡道或升降平台（《建筑与市政工程无障碍通用规范》GB 55019—2021 第 2.4.1 条，《无障碍设计规范》GB 50763—2012 第 8.1.1，8.1.3 条）。

（3）除平坡出入口外，无障碍出入口的门前应设置平台，平台宽度不应小于 1.50m，且门扇开启不应占用此范围空间。无障碍出入口的上方应设置雨篷（《建筑与市政工程无障碍通用规范》GB 55019—2021 第 2.4.2 条）。

（4）台阶、人行坡道的铺装面层应采取防滑措施（《民用建筑通用规范》GB 55031—2022 第 5.2.4 条）。

（5）当台阶、人行坡道总高度达到或超过 0.70m 时，应在临空面采取防护措施（《民用建筑通用规范》GB 55031—2022 第 5.2.1 条）。

8.1.2　走廊

（1）除住宅外，民用建筑的公共走廊净宽应满足各类型功能场所最小净宽要求，且不应小于 1.30m（《民用建筑通用规范》GB 55031—2022 第 5.3.12 条）。

住宅走廊通道的净宽不应小于 1.20m（《住宅设计规范》GB 50096—2011 第 6.5.1 条）。

（2）无障碍通道的通行净宽不应小于 1.20m，人员密集的公共场所的通行净宽不应小于 1.80m。

无障碍通道的净宽，当设置扶手时，应计算扶手截面内侧之间的水平净距离（除无障碍外，走道净宽一般指的是扶手中心线之间的间距）。

（3）《办公建筑设计标准》JGJ/T 67—2019 第 4.1.9 条规定：

当走道长度不大于 40m 时，单面布房的走道净宽不应小于 1.30m，双面布房的走道净宽不应小于 1.50m；当走道长度大于 40m 时，单面布房的走道净宽不应小于 1.50m，双面布房的走道净宽不应小于 1.80m。

（4）《宿舍建筑设计规范》JGJ 36—2016 第 5.2.5 条规定，通廊式宿舍走道的净宽度，当单面布置居室时不应小于 1.60m，当双面布置居室时不应小于 2.20m；单元式宿舍公共走道净宽不应小于 1.40m。

（5）《中小学校设计规范》GB 50099—2011 第 8.2.2、8.2.3 条规定，中小学校建筑的疏散通道宽度最少应为 2 股人流，并应按 0.60m 的整数倍增加疏散通道宽度。教学用房的内走道净宽度不应小于 2.40m，单侧走道及外廊的净宽度不应小于 1.80m。

（6）《托儿所、幼儿园建筑设计规范》JGJ 39—2016（2019 年版）第 4.1.14 条规定，幼儿生活用房的中间走廊净宽不应小于 2.4m，单面走道净宽不应小于 1.8m；服务用房、供应用房的中间走廊净宽不应小于 1.5m，单面走道净宽不应小于 1.3m。

8.1.3 楼梯

根据《民用建筑通用规范》GB 55031—2022 第 5.3、6.3 节、《民用建筑设计统一标准》GB 50352—2019 第 6.8 节及其他相关标准，楼梯应符合下列规定：

1．楼梯的数量、位置、梯段净宽和总宽度、楼梯间形式应满足使用方便、通行顺畅和安全疏散的要求。

2．梯段净宽。

供日常交通用的公共楼梯的梯段最小净宽应根据建筑物使用特征，按人流股数和每股人流宽度 0.55m 确定，并不应少于 2 股人流的宽度。每股人流宽度可有 +（0 ～ 0.15）m 的摆幅，公共建筑人流众多的场所应取上限值。

公共楼梯的梯段净宽宜上下楼层一致；当每层疏散人数不等时，地上建筑内的下层楼梯和地下建筑内上层楼梯，可增加宽度（即往疏散方向宽度可增加，但不能减小）。

梯段净宽按扶手中心线至墙体装饰面或扶手中心线的水平距离计算。

（1）除另有规定外，楼梯梯段净宽不应小于 1.10m（2 股人流）。

（2）建筑高度不超过 18m 的住宅楼梯梯段净宽不应小于 1.00m。

（3）高层公共建筑的楼梯梯段净宽不应小于 1.20m。

（4）高层医疗建筑的楼梯梯段净宽不应小于 1.30m，医疗建筑的主楼梯梯段净宽不应小于 1.65m。

（5）商业服务网点的楼梯梯段净宽不应小于 1.20m（《浙江省消防技术规范难点问题操作技术指南（2020 版）》第 9.8.1 条）。

（6）商店建筑营业区的公用楼梯、室外楼梯等梯段净宽不应小于 1.40m，专用疏散楼梯梯段净宽不应小于 1.20m（《商店建筑设计规范》JGJ 48—2014 第 4.1.6 条）。

（7）中小学校教学用房的楼梯梯段净宽不应小于 1.20m，且应为 0.60m 的整数倍 + 不超过 0.15m 的摆幅宽度，常用值为 1.20 ～ 1.35m、1.80 ～ 1.95m（《中小学校设计规范》GB 50099—2011 第 8.7.2 条）。

3．楼梯踏级。

（1）《民用建筑通用规范》GB 55031—2022 第 5.3.8 条规定，公共楼梯每个梯段的踏步级数不应少于 2 级（与台阶规定一致）；《民用建筑统一设计标准》GB 50352—2019 第 6.8.5 条规定，每个梯段的踏步级数不应少于 3 级；应按《民用建筑通用规范》GB 55031—2022 执行。

（2）公共楼梯每个梯段的踏步级数不应超过 18级。

（3）每个梯段的踏步高度、宽度应一致，相邻梯段踏步高度差不应大于 0.01m，且踏步面应采取防滑措施（《民用建筑通用规范》GB 55031—2022 第 5.3.10 条）。

4．楼梯的踏宽、踏高。

1）《民用建筑通用规范》GB 55031—2022 第 5.3.9 条，楼梯的踏宽、踏高应符合下列规定：

（1）以楼梯作为主要垂直交通的公共建筑、非住宅类居住建筑（不包含托儿所、幼儿园、中小学、老年人照料设施），楼梯踏步最小宽度为 0.26m，最大高度为 0.165m；

（2）住宅、以“电梯”作为主要垂直交通的多层公共建筑和高层建筑裙房，楼梯踏步最小宽度为 0.26m，最大高度为 0.175m；

（3）以电梯作为主要垂直交通的高层和超高层建筑，楼梯踏步最小宽度为 0.25m，最大高度为 0.180m。

2）《民用建筑通用规范》GB 55031—2022 第 5.3.9 条的规定相对比较笼统，下列建筑的楼梯宜按《民用建筑统一设计标准》GB 50352—2019 及其他专项建筑规范执行：

（1）托儿所、幼儿园建筑，踏步宽度最小宽度为 0.26m，最大高度为 0.13m。

（2）小学校楼梯，踏步宽度最小宽度为 0.26m，最大高度为 0.15m。

（3）中学校楼梯，踏步宽度最小宽度为 0.28m，最大高度为 0.165m。

（4）人员密集且竖向交通繁忙的建筑，踏步宽度最小宽度为 0.28m，最大高度为 0.165m；商店建筑的公用楼梯，踏步宽度最小宽度为 0.28m，最大高度为 0.16m；商店建筑的室外楼梯，踏步宽度最小宽度为 0.30m，最大高度为 0.15m。

（5）宿舍（不包含小学宿舍）建筑楼梯，踏步宽度最小宽度为 0.27m，最大高度为 0.165m；（《宿舍建筑设计规范》JGJ 36—2016 第 4.5.1 条）。

（6）老年人公共建筑，踏步宽度最小宽度为 0.32m，最大高度为 0.13m。

（7）老年人住宅建筑，踏步宽度最小宽度为 0.30m，最大高度为 0.15m。

（8）医疗建筑，主楼梯踏步宽度最小宽度为 0.28m，最大高度为 0.16m（《综合医院建筑设计规范》GB 51039—2014 第 5.1.5 条）。

（9）检修及内部服务楼梯，踏步宽度最小宽度为 0.22m，最大高度为 0.20m。

（10）住宅套内楼梯，踏步宽度最小宽度为 0.22m，最大高度为 0.20m。

（11）螺旋楼梯和扇形踏步离内侧扶手中心 0.250m 处的踏步宽度不应小于 0.22m。

5．楼梯扶手。

（1）楼梯应至少于一侧设扶手，梯段净宽达三股人流时应两侧设扶手，达四股人流时宜加设中间扶手。净宽度大于 4.0m 的疏散楼梯、室内疏散台阶或坡道，应设置扶手栏杆分隔为宽度均不大于 2.0m 的区段（《建筑防火通用规范》GB 55037—2022 第 7.1.4 条）。

（2）扶手高度自“踏步前缘线”量起，室内楼梯不宜小于 0.90m，室外疏散楼梯不应小于 1.10m（《民用建筑设计统一标准》GB 50352—2019 第 6.8.8 条、《建筑设计防火规范》GB 50016—2014（2018年版）第 6.4.5 条）。

楼梯水平段栏杆长度大于 0.50m 时，其扶手高度，《民用建筑设计统一标准》GB 50352—2019 第 6.8.8 条规定不应小于 1.05m；《民用建筑通用规范》GB 55031—2022 第 6.6.1 条规定楼梯的临空部位栏杆垂直高度应不小于 1.10m。综上建议按 1.10m 执行。

（3）靠墙扶手边缘距墙面完成面净距不应小于 40mm（《民用建筑通用规范》GB

55031—2022 第 5.3.3 条）。

（4）《民用建筑通用规范》GB 55031—2022 第 6.6.3 条规定，少年儿童专用活动场所的栏杆应采取防止攀滑措施，当采用垂直杆件做栏杆时，其杆件净间距不应大于 0.11m。条文说明解释，本条是针对包括住宅、托儿所、幼儿园、中小学及其他少年儿童专用活动场所在内的涉及栏杆安全方面的要求。其他公共建筑，一般情况下儿童应在监护人陪同下使用，防护栏杆可参照此要求设计。栏杆（栏板）上的花饰或栏板之间的缝隙，无论是水平还是垂直，其净距均不应大于 0.11m，防止摔倒头颅卡住危险发生。

《托儿所、幼儿园建筑设计规范》JGJ 39—2016（2019 年版）第 4.1.12 条规定，楼梯栏杆垂直杆件间净空不应大于 0.09m。

6．楼梯梯井。

（1）《民用建筑通用规范》GB 55031—2022 第 5.3.11 条规定，当少年儿童专用活动场所（《民用建筑设计统一标准》GB 50352—2019 第 6.8.9 条，托儿所、幼儿园、中小学校及其他少年儿童专用活动场所）的公共楼梯井净宽大于 0.20m 时，应采取防止少年儿童坠落的措施。条文说明尚包含楼梯扶手上应加装防止少年儿童溜滑的设施，栏杆应采用不易攀登的构造和花饰；杆件或花饰的镂空处净距不得大于 0.11m等。

（2）《中小学校设计规范》GB 50099—2011 第 8.7.5 条规定，楼梯两梯段间楼梯井净宽不得大于 0.11m，大于 0.11m 时，应采取有效的安全防护措施。两梯段扶手间的水平净距宜为 0.10 ～ 0.20m。

（3）《住宅设计规范》GB 50096—2011 第 6.3.5 条规定，楼梯井净宽大于 0.11m 时，必须采取防止儿童攀滑的措施。

7．中小学校防护栏杆最小水平推力应取 1．5kN/m，其他场所防护栏杆最小水平推力应取 1.0kN/m。

8．楼梯平台。

楼梯平台净宽不应小于楼梯梯段净宽，且不得小于 1.20m；当中间有实体墙时，扶手转向端处的平台净宽不应小于 1.30m；直跑楼梯的中间平台宽度不应小于 0.9m（《民用建筑通用规范》GB 55031—2022 第 5.3.5 条）。

公共楼梯正对（向上、向下）梯段设置的楼梯间门距踏步边缘的距离不应小于 0.60m（《民用建筑通用规范》GB 55031—2022 第 5.3.6 条）。

开向疏散楼梯或疏散楼梯间的门，当其完全开启时，不应减少楼梯平台的有效宽度（《建筑设计防火规范》GB 50016—2014（2018年版）第 6.4.11 条）。

9．楼梯高度。

梯段净高不应小于 2.2m。梯段净高为自踏步前缘（包括每个梯段最低和最高一级踏步前缘线以外 0.3m 范围内）量至上方突出物下缘间的垂直高度。

疏散楼梯平台上部及下部过道处的净高不应小于 2.10m（注：《民用建筑统一设计标准》GB 50352—2019 规定不应低于 2.00m，《建筑防火通用规范》GB 55037—2022 规定，疏散通道、疏散走道、疏散出口的净高度均不应小于 2.1m）。

楼梯入口处地坪与室外地面应有高差，并不应小于 0.10m（注：《建筑地面设计规范》GB 50037—2013 第 3.1.5 条规定，建筑底层地面，宜高出室外地面 0.15m。）

10．室外疏散楼梯。

室外疏散楼梯的梯段净宽不应小于 0.80m（《建筑设计防火规范》GB 50016—2014（2018年版）第 6.4.5 条规定为 0.90m），倾斜角度不应大于 45°；室外疏散楼梯的栏杆扶手高度不应小于 1.10m。除疏散门外，楼梯周围 2.0m 内的墙面上不应设置其他开口，疏散门不应正对梯段。通向室外楼梯的门应采用乙级防火门，并应向外开启（《建筑防火通用规范》GB 55037—2022 第 7.1.4、7.1.11 条，《建筑设计防火规范》GB 50016—2014（2018年版）第 6.4.5 条）。

11.《建筑与市政工程无障碍通用规范》GB 55019—2021 第 2.7.1、2.7.2、2.8.3 条规定，视觉障碍者主要使用的楼梯和台阶：

（1）距踏步起点和终点 250 ～ 300mm 处应设置提示盲道，提示盲道的长度应与梯段的宽度相对应；

（2）上行和下行的第一阶踏步应在颜色或材质上与平台有明显区别；

（3）不应采用无踢面和直角形突缘的踏步；

（4）踏步防滑条、警示条等附着物均不应突出踏面；

（5）行动障碍者和视觉障碍者主要使用的三级及三级以上的台阶和楼梯应在两侧设置扶手。扶手的起点和终点处应水平延伸≥ 300mm；扶手末端应向墙面或向下延伸不应小于 100mm。

12. 其他。

（1）梯段内不应有影响疏散的突出物；

（2）踏步应采取防滑措施。无障碍楼梯不应采用突出踏面的防滑条；

（3）托儿所、幼儿园采用的楼梯，踏步踢面不应漏空。严寒地区不应设置室外楼梯；

（4）楼梯门、窗等尚应满足防火规范相关要求；

（5）楼梯大样图应绘出构造柱、突入楼梯间内的结构梁，并复核其影响；

（6）楼梯梯段临外墙开窗处且窗台高度不足时应绘出扶手，并复核其影响。

8.1.4 电梯

1. 根据《民用建筑通用规范》GB 55031—2022 第 5.4.2 条、《住宅设计规范》GB 50096—2011 第 6.4.1 条等，电梯设置应符合下列规定：

1）高层公共建筑和高层非住宅类居住建筑的电梯台数不应少于 2 台。

2）住宅建筑电梯设置要求（《住宅设计规范》GB 50096—2011 第 6.4.1 条）。

（1）七层及七层以上住宅或住户入口层楼面（跃层住宅时，跃层部分不计层数，计算至其入口层楼面）距室外设计地面的高度超过 16m 时；必须设置电梯。《浙江省住宅设计标准》DB33/ 1006—2017 第 5.3.1 条规定，四层及四层以上住宅或住户入口层楼面距室外设计地面的高度超过 10m 时，必须设置电梯。

（2）十二层及十二层以上的住宅，每栋楼设置电梯不应少于两台，其中应设置一台可容纳担架的电梯。《浙江省住宅设计标准》DB33/ 1006—2017 第 5.3.2 条规定，100m 以上高层住宅的电梯，其设置数量应经过计算确定，且每个单元不宜少于 3 台。

3）公共建筑内设有电梯时，至少应设置 1 台无障碍电梯。（《建筑与市政工程无障碍通用规范》GB 55019—2021 第 2.6.4 条）。

2. 电梯及电梯候梯厅的平面布置。

1）电梯的设置，单侧排列时不宜超过4台，双侧排列时不宜超过2排 ×4台。

2）高层建筑电梯分区服务时，每服务区的电梯单侧排列时不宜超过4台，双侧排列时不宜超过2排 ×4台。

3）电梯候梯厅的深度（B为最大轿厢深度）：

电梯单侧布置时，住宅建筑候梯厅深度不应小于B，且不应小于1.5m（多台时《住宅设计规范》规定不应小于1.5m，《民用建筑统一设计标准》GB 50352—2019规定不应小于1.8m）；公共建筑候梯厅深度不应小于1.5B，且不应小于1.8m。

电梯双侧布置时，候梯厅深度不应小于相对B+B。

消防电梯的候梯厅深度不应小于2.4m。

4）电梯不应在转角处贴邻布置，且电梯井不宜被楼梯环绕设置。

5）电梯井道和机房与有安静要求的用房贴邻布置时，应采取隔振、隔声措施：(《民用建筑通用规范》GB 55031—2022第5.4.2条)。

（1）《住宅建筑规范》GB 50368—2005第7.1.5条规定，电梯不应与卧室、起居室紧邻布置。受条件限制需要紧临布置时，必须采取有效的隔声和减振措施。

（2）《宿舍建筑设计规范》JGJ 36—2016第6.2.2条规定，居室不应与电梯、设备机房紧邻布置。

3.《电梯工程施工质量验收规范》GB 50310—2002第4.2.3-1条规定：

（1）当底坑底面下有人员能到达的空间存在，且对重（或平衡重）上有未设有安全钳装置时，对重缓冲器必须能安装在（或平衡重运行区域的下边必须）一直延伸到坚固地面上的实心桩墩上。

（2）除相邻轿厢间设有相互救援用轿厢安全门的情形外，当相邻两层门地坎间的距离大于11m时，其间必须设置井道安全门，井道安全门严禁向井道内开启。

4.《建筑节能与可再生能源利用通用规范》GB 55015—2021第3.1.20条规定，电梯应具备节能运行功能，两台及以上电梯集中排列时应设置群控措施。并应具备无外部召唤与轿厢内指令时，自动转为节能运行模式的功能。

8.1.5 自动扶梯、自动人行道

根据《民用建筑通用规范》GB 55031—2022第5.4.3条等，自动扶梯、自动人行道设置应符合下列规定：

（1）出入口畅通区的宽度从扶手带端部算起不应小于2.50m（商店建筑不应小于3.00m）。

（2）两梯（道）相邻平行或交叉设置，当扶手带中心线与平行墙面或楼板（梁）开口边缘完成面之间的水平投影距离、两梯（道）之间扶手带中心线的水平距离小于0.50m时，应在产生的锐角口前部1.00m处范围内，设置具有防夹、防剪的保护设施或采取其他防止建筑障碍物伤害人员的措施。

（3）自动扶梯的梯级、自动人行道的踏板或传送带上空，垂直净高不应小于2.30m。

（4）商店建筑内的自动扶梯倾斜角度不应大于30°，自动人行道倾斜角度不应大于12°；出入口畅通区的宽度从扶手带端部算起不应小于3.00m（《商店建筑设计规范》JGJ 48—2014第4.1.8条）。

（5）《建筑节能与可再生能源利用通用规范》GB 55015—2021 第 3.1.20 条规定，自动扶梯、自动人行步道应具备空载时暂停或低速运转的功能。

8.1.6 厕所、浴室

1．厕所、卫生间、盥洗室和浴室的平面位置

（1）室内公共厕所的服务半径应满足不同类型建筑的使用要求，不宜超过 50.0m。

（2）在食品加工与贮存、医药及其原材料生产与贮存、生活供水、电气、档案、文物等有严格卫生、安全要求房间的直接上层，不应布置厕所、卫生间、盥洗室、浴室等有水房间；在餐厅、医疗用房等有较高卫生要求用房的直接上层，应避免布置厕所、卫生间、盥洗室、浴室等有水房间，否则应采取同层排水和严格的防水措施。

（3）除本套住宅外，住宅卫生间不应布置在下层住户的卧室、起居室、厨房和餐厅的直接上层（《民用建筑统一设计标准》GB 50352—2019 第 6.6.1 条）。

2．厕位比例

（1）男女厕位的比例应根据使用特点、使用人数确定。在男女使用人数基本均衡时，男厕厕位（含大、小便器）与女厕厕位数量的比例宜为 1 ∶ 1 ～ 1 ∶ 1.5；在商场、体育场馆、学校、观演建筑、交通建筑、公园等场所，厕位数量比不宜小于 1 ∶ 1.5 ～ 1 ∶ 2（《民用建筑统一设计标准》GB 50352—2019 第 6.6.2 条）。

（2）在人流集中的场所，女厕位与男厕位（含小便站位）的比例不应小于 2 ∶ 1（《城市公共厕所设计标准》CJJ 14—2016 第 4.1.1 条）。

3．视线遮蔽和前室

（1）公共厕所、公共浴室应防止视线干扰，“宜”分设前室（《民用建筑统一设计标准》GB 50352—2019 第 6.6.3 条）。

（2）中小学校男、女生卫生间“应”分别设置前室，不得共用一个前室（《中小学校设计规范》GB 50099—2011 第 6.2.12 条）。

（3）医院卫生间“应”设置前室（《综合医院建筑设计规范》GB 51039—2014 第 5.1.13 条）。

4．清洁池

（1）清洁池应设置在单独的隔断间内，清洁池的设置应满足坚固、易清洗的要求（《城市公共厕所设计标准》CJJ 14—2016 第 4.3.6 条）。

（2）公共厕所宜设置独立的清洁间（《民用建筑设计统一标准》GB 50352—2019 第 6.6.3 条）。

5．无障碍

（1）无障碍厕位不应小于 1800mm × 1500mm，无障碍卫生间面积不应小于 4.00m^2（《建筑与市政工程无障碍通用规范》GB 55019—2021 第 3.2.2、3.2.3 条）。

（2）无障碍卫生间要求详见本书第 8.2.4 条第 8 款。

6．卫生间布置大样图

（1）公共厕所（卫生间）隔间的平面净尺寸，外开门的坐便隔间为 900mm × 1300mm，蹲便隔间为 900mm × 1200mm；内开门的坐便隔间为 900mm × 1500mm，蹲便隔间为 900mm × 1400mm（《民用建筑通用规范》GB 55031—2022 第 5.6.4 条）。

（2）公共厕所内隔间外通道、隔间至对面小便器或小便槽外沿的通道净宽，当隔间外开门时，不应小于1.30m；当隔间内开门时，通道净宽不应小于1.10m（《民用建筑通用规范》GB 55031—2022第5.6.5条）。

（3）单侧厕所隔间至对面洗手盆或盥洗槽的距离，当采用内开门时，不应小于1.3m；当采用外开门时，不应小于1.5m（《民用建筑统一设计标准》GB 50352—2019第6.6.5条）。

（4）洗手盆或盥洗槽水嘴中心与侧墙面净距不应小于0.55m；并列洗手盆或盥洗槽水嘴中心间距不应小于0.7m。单侧并列洗手盆或盥洗槽外沿至对面墙的净距不应小于1.25m；双侧并列洗手盆或盥洗槽外沿之间的净距不应小于1.8m（《民用建筑统一设计标准》GB 50352—2019第6.6.5条）。

（5）公共厕所每个厕位间应设置坚固、耐腐蚀的挂物钩（《城市公共厕所设计标准》CJJ 14—2016第4.3.6条）。

7. 第三卫生间

《民用建筑统一设计标准》GB 50352—2019第6.6.3条规定，公共活动场所宜设置独立的无性别厕所，且同时设置成人和儿童使用的洁具。无性别厕所可兼作无障碍厕所。

8.1.7 母婴室

《民用建筑统一设计标准》GB 50352—2019第6.6.6条规定，在交通客运站、高速公路服务站、医院、大中型商店、博览建筑、公园等公共场所应设置母婴室，办公楼等工作场所的建筑物内宜设置母婴室。

（1）母婴室应为独立房间且使用面积不宜低于10.0m^2；

（2）母婴室应设置洗手盆、婴儿尿布台及桌椅等必要的家具；

（3）母婴室的地面应采用防滑材料铺装。

8.1.8 公共厨房和餐厅

根据《民用建筑通用规范》GB 55031—2022第5.5.1条的规定，公共厨房应符合食品卫生防疫安全和厨房工艺要求。

1. 室内卫生

（1）厨房专间（冷荤间、生食海鲜）、备餐区等清洁操作区内不应设置排水明沟（《民用建筑通用规范》GB 55031—2022第5.5.2条）。

（2）厨房区、食品库房等用房应采取防鼠、防虫和防其他动物的措施，以及防尘、防潮、防异味和通风的措施（《民用建筑通用规范》GB 55031—2022第5.5.3条）。

（3）公共厨房的直接上方不应布置卫生间、盥洗室、浴室等有水房间；用餐区域的直接上方不应布置卫生间、盥洗室、浴室等有水房间；确有困难，应采取同层排水和严格的防水措施（《饮食建筑设计标准》JGJ 64—2017第4.1.6条）。

（4）公共厨房备餐区入口应设置二更。

（5）避免垃圾流线与洁净流线（配餐、送餐）的交叉。

2. 环保

（1）公共厨房应采取防止油烟、气味、噪声及废弃物等对紧邻建筑物或空间环境造成污染的措施（《民用建筑通用规范》GB 55031—2022 第 5.5.4 条）。

（2）厨房的污水需经隔油措施后才能排入公共管道，设于地下室的厨房需设置污水提升间。

（3）饮食业厨房烟气排放

新建产生油烟的饮食业单位边界与环境敏感目标边界水平间距不宜小于 9m；经油烟净化后的油烟排放口与周边环境敏感目标距离不应小于 20m；经油烟净化和除异味处理后的油烟排放口与周边环境敏感目标的距离不应小于 10m；饮食业单位所在建筑物高度小于等于 15m 时，油烟排放口应高出屋顶；建筑物高度大于 15m 时，油烟排放口高度应大于 15m（《饮食业环境保护技术规范》HJ 554—2010 第 4.2.3，6.2.2，6.2.3 条）。

3. 消防

（1）烹饪间（或厨房区）、食库应采用耐火等级不低于 2h 的防火隔墙和乙级防火门分隔。博物馆内食品加工区应采用甲级防火门（《建筑设计防火规范》GB 50016—2014（2018年版）第 6.2.3 条、《博物馆建筑设计规范》JGJ 66—2015 第 7.1.5 条）。

（2）当厨房采用天然气时应便于通风和防爆泄压（《建筑防火通用规范》GB 55037—2022 第 4.3.12 条）。

（3）《饮食建筑设计标准》JGJ 64—2017 第 4.3.11 条规定明火厨房应设置高度不小于 1.2m 的实体墙；在设置自动喷水灭火系统时，窗槛墙高度也不应降低。

（4）高层建筑及地下室中的商业营业厅、展览厅内，可附设餐饮用房，但不得设置带明火的厨房（《浙江省消防技术规范难点问题操作技术指南（2020 版）》第 3.1.5 条）。

（5）对于总建筑面积 10 万 m^2 及以上（不包括住宅、写字楼部分及地下车库的建筑面积）集购物、旅店、展览、餐饮、文娱、交通枢纽等两种或两种以上功能于一体的超大城市综合体，其餐饮场所食品加工区的明火部位应靠外墙设置，且不得设置在地下室（靠下沉式广场外墙设置除外），并应与其他部位进行防火分隔（《浙江省消防技术规范难点问题操作技术指南（2020 版）》第 9.4 条）。

（6）建筑物内的厨房，其顶棚、墙面、地面均应采用 A 级装修材料（《建筑内部装修设计防火规范》GB 50222—2017 第 4.0.11 条）。

8.1.9 设备用房

1. 一般规定

（1）消控室、消防水泵房、变配电室、发电机房、锅炉房、瓶组间等设备用房的防火要求详见本书第 4.6.1 节。

（2）消控室宜设置独立空调；消控室不应设置在有水房间的下方和贴邻；并应采取防水淹措施，一般设置门槛。

（3）强电、弱电相关设备用房不应设置在有水房间的下方和贴邻（贴邻时采用双墙）。设置在地面建筑内时，应设置不低于 100mm 高门槛；设置在地下室时应设不小于 150mm 高门槛。

（4）发电机房、锅炉房的烟气应高空排放。

2. 5G 移动通信机房

《建设工程配建 5G 移动通信基础设施技术标准》DB33/ 1239—2021 第 3.0.3 条规定，

房屋建筑工程应按建设用地面积每 40000m² 配建不少于一处移动通信基站。

移动通信机房可分为基站机房和室分机房，室分机房可分为中心室分机房和远端室分机房。移动通信机房应符合下列规定：

（1）基站机房应独立设置。室分机房宜独立设置，在条件不具备时可与其他通信设备机房合并设置。基站机房宜设置于屋面，且宜建于弱电井上方；确有困难时，可设在顶层并与弱电井贴邻。

（2）移动通信机房不应贴邻强电磁源及震动源，并应远离易燃易爆场所。

（3）移动通信机房不应设置在厕所、浴室、厨房或其他经常积水场所的正下方，且不宜与上述场所贴邻；机房室内地面应高于相邻地面面层或屋面面层，且高差不应小于 0.10m，或设置 0.10m 高门槛。中心室分机房和基站机房不应设置在多层地下室的最底层。

（4）基站机房面积不宜小于 20m²。布置单排设备柜的基站机房最小净宽不应小于 3m，布置双排设备柜的基站机房最小净宽不应小于 4m，净高不应低于 2.8m。

（5）移动通信机房门应采用乙级防火门，并向疏散方向开启，门净宽不应小于 0.9m，净高不应小于 2.0m。

（6）与基站机房无关的管线不应穿越机房。

（7）基站机房和中心室分机房应预留独立空调位置。

8.2　无障碍

为满足残疾人、老年人等有需求的人使用，消除他们在社会生活上的障碍，在新建、改建、扩建的市政和建筑工程均需设置无障碍设施。

无障碍设计在建筑设计中主要是三个方面，一是无障碍的通行设施，包括无障碍出入口、无障碍通道、无障碍电梯（升降台）、无障碍楼梯、无障碍车位等的设置；二是无障碍服务设施的设置，包括低位服务设施、无障碍卫生间、轮椅席位、无障碍房间（包括住宅、宿舍、客房）的数量；三是无障碍设施的构造要求，包括且不限于门、高差、扶手、卫生间等。前两方面需在初步设计中落实，无障碍专篇中应说明无障碍设计的原则、无障碍设计的范围，技术图纸中应绘出无障碍设施、出入口坡道等；第三方面需在施工图中落实，包括说明中的无障碍专篇和技术图纸。

8.2.1　主要国家和地方标准、规定

（1）《建筑与市政工程无障碍通用规范》GB 55019—2021；

（2）《无障碍设计规范》GB 50763—2012。

8.2.2　关于无障碍通行设施的关注要点

根据《建筑与市政工程无障碍通用规范》GB 55019—2021 第 2.1.1 条的规定，城市开敞空间、建筑场地、建筑内部及其之间应提供连贯的无障碍通行流线。也就是说，建筑的室内外公共空间，无障碍通行设施应全覆盖。

无障碍通行设施包括无障碍通道、轮椅坡道、无障碍出入口、无障碍电梯、升降平台、无障碍机动车停车位、无障碍小汽（客）车上客和落客区、缘石坡道、盲道等，这些

设施以服务行动障碍者为主，同时兼顾各类有需要的人群。

（1）除采用不大于 1：20 的平坡（公共建筑宜设置坡度小于 1：30 的平坡）外，建筑出入口应设置无障碍坡道或升降平台（《建筑与市政工程无障碍通用规范》GB 55019—2021 第 2.4.1 条，《无障碍设计规范》GB 50763—2012 第 8.1.1、8.1.3 条）。

（2）除平坡出入口外，无障碍出入口的门前应设置平台，平台宽度不应小于 1.50m，且门扇开启不应占用此范围空间。无障碍出入口的上方应设置雨篷（《建筑与市政工程无障碍通用规范》GB 55019—2021 第 2.4.2 条）。

（3）当公共建筑设有电梯时，应至少设置一台无障碍电梯。无障碍电梯应符合《建筑与市政工程无障碍通用规范》GB 55019—2021 第 2.6 节的要求，其中电梯设备的要求一般在说明中明确；在技术图纸中，应绘出无障碍电梯门净宽不应小于 900mm（若绘出门洞宽度，一般宜 +200mm 的安装、装修余量），电梯门前应能满足轮椅回转（直径不小于 1.50m 的回转空间），公共建筑的候梯厅深度不应小于 1.80m；呼叫按钮前应设置提示盲道（《建筑与市政工程无障碍通用规范》GB 55019—2021 第 2.6 节，《无障碍设计规范》GB 50763—2012 第 8.1.4、7.4.5、3.7.1 条）。

（4）当不采用电梯及升降平台时，公共建筑（除商业网点及规范注明外）的楼梯和台阶应符合《建筑与市政工程无障碍通用规范》GB 55019—2021 第 2.7 节的要求。楼梯详图应绘出提示盲道，不应采用突出的防护条。三级及以上的台阶应在两侧设置扶手。

（5）无障碍车位：非公共停车场应设置不少于总停车数 1% 的无障碍机动车停车位；公共停车场应设置不少于总停车数 2% 的无障碍机动车停车位；无障碍车道一侧应设无障碍通道，车位及通道应设置无障碍标志（《建筑与市政工程无障碍通用规范》GB 55019—2021 第 2.9 节，《无障碍设计规范》GB 50763—2012 第 8.1.2、8.10.1 条）。

8.2.3 关于无障碍服务设施的关注要点

无障碍服务设施包括无障碍住宅、宿舍、客房，轮椅席位、低位服务设施，无障碍卫生间等，无障碍专篇应说明无障碍服务设施的设置部位及数量，初步设计应在平面图中绘出无障碍服务设施，施工图设计应绘出详图。

1. 公共建筑中，每层应至少一个无障碍卫生间，或在男女卫生间分别设置无障碍厕位、无障碍小便器、无障碍洗手盆，卫生间内应留有轮椅回转空间。一类固定式公共厕所，二级及以上医院、商业区、重要公共设施及重要交通客运设施区域的活动式公共厕所中的无障碍卫生间尚应符合第三卫生间要求（《建筑与市政工程无障碍通用规范》GB 55019—2021 第 3.2 节、《城市公共厕所设计标准》CJJ 14—2016 第 4.2.10 条）。

2. 为公众提供服务的各类服务台均应设置低位服务设施，包括问询台、接待处、业务台、收银台、借阅台、行李托运台等（《建筑与市政工程无障碍通用规范》GB 55019—2021 第 3.6.1 条）。

门、急诊部的挂号、收费、取药处应设置文字显示器以及语言广播装置和低位服务台或窗口；候诊区应设轮椅停留空间（《无障碍设计规范》GB 50763—2012 第 8.4.3 条）。

3. 轮椅席位：

（1）办公建筑中的多功能厅、报告厅等至少应设置 1 个轮椅坐席（《无障碍设计规范》GB 50763—2012 第 8.2.3—3 条）。

（2）法庭、审判庭及为公众服务的会议及报告厅、剧场、音乐厅、电影院、会堂、演艺中心等的观众厅等，其公众座席座位数为300座及以下时应至少设置1个轮椅席位，300座以上时不应少于0.2%且不少于2个轮椅席位（《无障碍设计规范》GB 50763—2012第8.2.2—6、8.7.4条）。

（3）体育建筑场馆内各类观众看台的坐席区都应设置轮椅席位，并在轮椅席位旁或邻近的坐席处，设置1：1的陪护席位，轮椅席位数不应少于观众席位总数的0.2%（《无障碍设计规范》GB 50763—2012第8.6.2—9条）。

4. 居住建筑应按每100套住房设置不少于2套无障碍住房，设计应绘出套型内平面布置，包括厨房、不少于1个卫生间，需复核户门及通道是否符合规定（《无障碍设计规范》GB 50763—2012第7.4.3条）。

5. 旅馆应设置无障碍客房：100间以下，应设1～2间；100～400间，应设2～4间；400间以上，应至少设4间（《无障碍设计规范》GB 50763—2012第8.8.3条）。

6. 男女宿舍应分别设置无障碍宿舍，每100套宿舍各应设置不少于1套无障碍宿舍（《无障碍设计规范》GB 50763—2012第7.4.5条）。

8.2.4 无障碍通道、服务设施详细构造的关注要点

（1）无障碍通道的通行净宽不应小于1.20m，人员密集的公共场所的通行净宽不应小于1.80m。无障碍通道上的门洞口净宽不应小于0.90m。无障碍通道的净宽，当设置扶手时，应计算扶手截面内侧之间的水平净距离（消防、民用建筑的走道净宽一般指的是扶手中心线之间的间距）。

（2）无障碍通道上有地面高差时，应设置轮椅坡道或缘石坡道。

（3）轮椅坡道应符合《建筑与市政工程无障碍通用规范》GB 55019—2021第2.3节的规定，坡度一般为1：12，提升高度每段不大于0.75m，坡道净宽度（扶手截面内侧之间的水平净距离）不应小于1.20m，平台宽度不应小于1.50m，且两侧设扶手。

（4）内有无障碍设施的内部空间（无障碍厕位除外），内部应设置直径不小于1.50m的轮椅回转空间。

（5）具有内部使用空间的无障碍服务设施的入口、通道、门净宽不应小于900mm，内部应设置易于识别和使用的救助呼叫装置（《建筑与市政工程无障碍通用规范》GB 55019—2021第3.1.2、3.1.4条）。

（6）无障碍门应符合《建筑与市政工程无障碍通用规范》GB 55019—2021第2.5节的规定，门净宽不应小于900mm，门把手侧门垛宽度不应小于400mm。无障碍门门口高差不应大于15mm，并应采用不大于1：10的斜面过渡（《建筑与市政工程无障碍通用规范》GB 55019—2021第2.5.3条，《无障碍设计规范》GB 50763—2012第3.5.3条）。

（7）具有内部使用空间的无障碍服务设施的门在紧急情况下应能从外面打开（《建筑与市政工程无障碍通用规范》GB 55019—2021第3.1.3条）。

（8）无障碍卫生间。

① 无障碍卫生间面积不应小于4.00m²，应采用移门（宜外侧安装）或外开门，不应采用内开门（《建筑与市政工程无障碍通用规范》GB 55019—2021第3.2.3条）；

② 无障碍厕位不应小于1.80m×1.50m，门内开时应满足轮椅回转，并采用门外可紧

急开启的门闩（《建筑与市政工程无障碍通用规范》GB 55019—2021 第 3.2.2 条）；

③ 内部应设置无障碍坐便器、无障碍洗手盆、多功能台、低位挂衣钩和救助呼叫装置；无障碍坐便器应符合《建筑与市政工程无障碍通用规范》GB 55019—2021 第 3.1.8 条规定，无障碍小便器应符合《建筑与市政工程无障碍通用规范》GB 55019—2021 第 3.1.9 条规定，无障碍洗手盆应符合《建筑与市政工程无障碍通用规范》GB 55019—2021 第 3.1.10 条规定，无障碍淋浴间应符合《建筑与市政工程无障碍通用规范》GB 55019—2021 第 3.1.11 条规定。

（9）无障碍通行的地面应坚固、平整、防滑，且不应设置厚地毯（《建筑地面设计规范》GB 50037—2013 第 3.2.1 条，《建筑与市政工程无障碍通用规范》GB 55019—2021 第 3.1.5 条）。

（10）固定在无障碍通道、轮椅坡道、楼梯的墙或柱面上的物体，距地面的高度不应小于 2.00m；如小于 2.00m 时，探出部分的宽度不应大于 100mm；如突出部分大于 100mm，则其距地面的高度应小于 600mm，且应保证有效通行净宽（《建筑与市政工程无障碍通用规范》GB 55019—2021 第 2.1.2 条，《无障碍设计规范》GB 50763—2012 第 3.5.2 条）。

（11）缘石坡道应符合《建筑与市政工程无障碍通用规范》GB 55019—2021 第 2.10 节的规定。

（12）无障碍通道上有井盖、箅子时，井盖、箅子孔洞的宽度或直径不应大于 13mm，条状孔洞应垂直于通行方向。

8.3 建筑防水

8.3.1 主要国家及地方标准、规定

（1）《建筑与市政工程防水通用规范》GB 55030—2022；

（2）《建筑外墙防水工程技术规程》JGJ/T 235—2011；

（3）《地下工程防水技术规范》GB 50108—2008；

（4）《屋面工程技术规范》GB 50345—2012；

（5）《种植屋面工程技术规程》JGJ 155—2013；

（6）《倒置式屋面工程技术规程》JGJ 230—2010；

（7）《坡屋面工程技术规范》GB 50693—2011；

（8）《住宅室内防水工程技术规范》JGJ 298—2013；

（9）《压型金属板工程应用技术规范》GB 50896—2013；

（10）《浙江省建筑防水工程技术规程》DB33/T 1147—2018。

8.3.2 防水通用规定

1. 工程防水设计工作年限。

（1）地下工程防水设计工作年限不应低于工程结构设计工作年限；

（2）屋面工程防水设计工作年限不应低于 20 年；

（3）室内工程防水设计工作年限不应低于 25 年。

（《建筑与市政工程防水通用规范》GB 55030—2022 第 2.0.2 条）。

2．工程防水等级。

根据《建筑与市政工程防水通用规范》GB 55030—2022 第 2 章的规定，工程的防水等级由工程的防水类别（甲、乙、丙类）和工程的工程使用环境类别（Ⅰ、Ⅱ、Ⅲ类）综合确定。

根据《建筑与市政工程防水通用规范》GB 55030—2022 第 2.0.3 条的规定，公共建筑和居住建筑，机械、航空、电子、信息、纺织、医药、化工、能源等工业建筑，其屋面工程、外墙工程、室内工程的防水类别为甲类。有人员活动的民用建筑地下室及对渗漏敏感的建筑地下工程，包括且不限于车库、设备机房、金库、连接通道等，其防水类别为甲类。亭台楼榭等园林建筑工程和地下应急避难场所的防水类别为乙类。

根据《建筑与市政工程防水通用规范》GB 55030—2022 第 2.0.4 条的规定，地下结构板底标高低于（含齐平）抗浮设防水位标高的地下工程，其工程防水使用环境类别为Ⅰ类；当年降水量 P ≥ 1300mm 时，工程防水使用环境类别为Ⅰ类；当年降水量 P ≥ 400mm 且 < 1300mm 时，工程防水使用环境类别为Ⅱ类；当年降水量 P < 400mm 时，工程防水使用环境类别为Ⅲ类。

根据《建筑与市政工程防水通用规范》GB 55030—2022 第 2.0.6 条的规定，工程防水等级应依据工程类别和工程防水使用环境类别分为一级、二级、三级。其中一级防水包含Ⅰ类、Ⅱ类防水使用环境下的甲类工程；Ⅰ类防水使用环境下的乙类工程。

综合以上因素，浙江一般民用建筑项目（包含亭台楼榭）和工业项目，其屋面、外墙、地下室的防水等级均为一级。

3．防水材料要求。

1）卷材防水层厚度（《建筑与市政工程防水通用规范》GB 55030—2022 第 3.3.10条）。

（1）聚合物改性防水卷材不应小于 3.0mm；

（2）预铺反粘防水卷材（聚酯胎类）不应小于 4.0mm；

（3）合成高分子类防水卷材不应小于 1.2mm。

2）反应型高分子类防水涂料、聚合物乳液类防水涂料和水性聚合物沥青类防水涂料等涂料防水层最小厚度不应小于 1.5mm，热熔施工橡胶沥青类防水涂料防水层最小厚度不应小于 2.0mm，当其与防水卷材配套使用并作为一道防水层时，其厚度不应小于 1.5mm（《建筑与市政工程防水通用规范》GB 55030—2022 第 3.3.11、3.3.12 条）。

3）外涂型水泥基渗透结晶型防水层的厚度不应小于 1.0mm，用量不应小于 1.5kg/m^2（《建筑与市政工程防水通用规范》GB 55030—2022 第 3.4.1 条）。

4）地下工程使用时：

聚合物水泥防水砂浆防水层的厚度不应小于 6.0mm；

砂浆防水层（掺外加剂、防水剂的）的厚度不应小于 18.0mm（《建筑与市政工程防水通用规范》GB 55030—2022 第 3.4.3 条）。

4．下列构造层不应作为一道防水层：

1）混凝土屋面板、塑料排水板、不具备防水功能的装饰瓦和不搭接瓦、注浆加固

(《建筑与市政工程防水通用规范》GB 55030—2022 第 4.1.2条)。

2)混凝土结构层、隔汽层、细石混凝土层(《屋面工程技术规程》GB 50345—2012 第 4.5.8条)。

5. 相邻材料间及其施工工艺不应产生有害的物理和化学作用(《建筑与市政工程防水通用规范》GB 55030—2022 第 4.1.4 条)。

6. 排水坡度(《建筑与市政工程防水通用规范》GB 55030—2022 第 4.4.3、4.5.4条)。

平屋面,不应小于 2%;结构找坡时,不应小于 3%;

块瓦屋面,不应小于 30%,其他瓦屋面,不应小于 20%;

金属屋面(压型金属板、金属夹芯板),不应小于 5%;单层防水卷材金属屋面,不应小于 2%;

种植屋面,不应小于 2%;

玻璃采光顶,不应小于 5%。

混凝土屋面檐沟、天沟、雨棚、阳台坡向水落口处的纵向坡度不应小于 1%。

注:《坡屋面工程技术规范》GB 50693—2011 第 2.0.1 条定义,坡屋面坡度大于等于 3% 的屋面。

7. 非外露防水材料暴露使用时应设有保护层(《建筑与市政工程防水通用规范》GB 55030—2022 第 4.4.6 条)。

8. 天沟、檐沟、天窗、雨水管、伸出屋面的管井管道、变形缝等部位应设置附加层。(《建筑与市政工程防水通用规范》GB 55030—2022 第 4.4.5条)。

8.3.3 地下室防水

(1)地下工程防水等级为一级时,防水做法不应少于 3 道;其中必选防水混凝土(厚度不小于 250mm)为一道,外设防水层在防水卷材、防水涂料、水泥基防水材料中选做 2 道(防水卷材或防水涂料不应少于 1 道)。

防水等级为二级时,防水做法不应少于 2 道;其中必选防水混凝土(厚度不小于 250mm)为一道,外设防水层在防水卷材、防水涂料、水泥基防水材料中选做 2 道(《建筑与市政工程防水通用规范》GB 55030—2022 第 4.2.1 条)。

(2)基底至结构底板以上 500mm 范围及结构顶板以上不小于 500mm 范围的回填层压实系数不应小于 0.94(《建筑与市政工程防水通用规范》GB 55030—2022 第 4.2.6 条)。

(3)附建式全地下或半地下工程的防水设防范围应高出室外地坪,其超出的高度不应小于 300mm(《建筑与市政工程防水通用规范》GB 55030—2022 第 4.2.7条)。

民用建筑土地下室顶板采用种植防水设计时,泛水高出覆土或场地不应小于 500mm,且应将覆土中积水排至周边土体或建筑排水系统(《建筑与市政工程防水通用规范》GB 55030—2022 第 4.2.8 条)。

8.3.4 屋面防水工程

8.3.4.1 平屋面工程(《建筑与市政工程防水通用规范》GB 55030—2022 第 4.4.1条)

平屋面工程的防水等级为 1 级时,防水做法不应少于 3 道,防水层做法可选防水卷材和防水涂料,且防水卷材不应少于 1道。

平屋面工程的防水等级为2级时，防水做法不应少于2道，防水层做法可选防水卷材和防水涂料，且防水卷材不应少于1道。

8.3.4.2 瓦屋面工程（《建筑与市政工程防水通用规范》GB 55030—2022第4.4.1条）

（1）瓦屋面工程的防水等级为1级时，防水做法不应少于3道，除屋面瓦为1道外，其他防水层做法可选防水卷材和防水涂料，且防水卷材不应少于1道。

瓦屋面工程的防水等级为2级时，防水做法不应少于2道，除屋面瓦为1道外，其他防水层做法可任选防水卷材和防水涂料。

（2）屋面坡度大于100%以及大风和抗震设防烈度为7度以上的地区，应采取加强瓦材固定等防止瓦材下滑的措施（《坡屋面工程技术规范》GB 50693—2011第3.2.10条）。

8.3.4.3 种植屋面

1．种植屋面和地下建（构）筑物种植顶板工程防水等级应为一级，并应至少设置一道具有耐根穿刺性能的防水层，其上应设置保护层（《建筑与市政工程防水通用规范》GB 55030—2022第4.1.3条，《种植屋面工程技术规程》JGJ 155—2013第5.1.7条）。

2．耐根穿刺防水材料（《种植屋面工程技术规程》JGJ 155—2013第4.3节）：

（1）弹性体、塑性体改性沥青防水卷材的厚度不应小于4.0mm；

（2）聚氯乙烯、热塑性聚烯烃、高密度聚乙烯土工膜、三元乙丙橡胶防水卷材的厚度不应小于1.2mm。

3．耐根穿刺性防水层上应设置保护层，花园式种植屋面宜采用厚度不小于40mm的细石混凝土作保护层；地下建筑顶板种植应采用厚度不小于70mm的细石混凝土作保护层；采用土工布或聚酯无纺布作保护层时，单位面积质量不应小于300g/m^2（《种植屋面工程技术规程》JGJ 155—2013第5.1.12条）。

4．种植屋面不宜设计为倒置式屋面（《种植屋面工程技术规程》JGJ 155—2013第3.2.2条）。

5．种植土屋面坡度大于20%，其他屋面坡度大于30%时，应采取防滑措施（《屋面工程技术规程》GB 50345—2012第5.1.6条，《坡屋面工程技术规范》GB 50693—2011第3.3.12条，《种植屋面工程技术规程》JGJ 155—2013第3.2.7条）。

8.3.4.4 倒置式屋面

（1）倒置式屋面工程的防水等级应为Ⅰ级，防水层合理使用年限不得少于20年（《倒置式屋面工程技术规程》JGJ 230—2010第3.0.1条）。

（2）倒置式屋面保温层的设计厚度应按计算厚度增加25%取值，且最小厚度不得小于25mm；保温材料的导热系数不应大于0．080W/（m·K）；压缩强度或抗压强度不应小于150kPa；体积吸水率不应大于3%（《倒置式屋面工程技术规程》JGJ 230—2010第5.2.5、4.3.1条）。

（3）倒置式屋面坡度不宜小于3%。当倒置式屋面坡度大于3%时，应在结构层采取防止防水层、保温层及保护层下滑的措施。坡度大于10%时，应沿垂直于坡度的方向设置防滑条，防滑条应与结构层可靠连接（《倒置式屋面工程技术规程》JGJ 230—2010第5.1.3、5.1.4条）。

（4）倒置式屋面宜结构找坡；当屋面单向坡长大于9m时，应采用结构找坡。当屋面采用材料找坡时，最薄处找坡层厚度不得小于30mm（《倒置式屋面工程技术规程》JGJ

230—2010 第 5.2.1条）。

8.3.4.5　金属板屋面

1．金属屋面工程的防水等级为一、二级时，防水做法不应少于 2 道，除金属屋面为 1 道外，防水卷材不应少于 1 道（《建筑与市政工程防水通用规范》GB 55030—2022 第 4.4.1 条）。

2．当在屋面金属板基层上采用聚氯乙烯防水卷材（PVC）、热塑性聚烯烃防水卷材（TPO）、三元乙丙防水卷材（EPDM）等外露型防水卷材单层使用时，防水卷材的厚度，一级防水不应小于 1.8mm，二级防水不应小于 1.5mm，三级防水不应小于 1.2mm（《建筑与市政工程防水通用规范》GB 55030—2022 第 4.4.1 条）。

3．压型金属板屋面防水等级为一级时，应设非明钉固定且咬边连接大于 180°的压型金属板和防水垫层或防水透气层；压型金属板屋面防水等级为二级时，宜设置防水垫层或防水透气层（《压型金属板工程应用技术规范》GB 50896—2013 第 3.0.3 条，该条要求的设计工作年限低于《建筑与市政工程防水通用规范》GB 55030—2022 规定，应按《建筑与市政工程防水通用规范》GB 55030—2022 执行）。

4.《建筑与市政工程防水通用规范》GB 55030—2022GB 第 3.6.2 条规定，屋面压型金属板厚度应由结构设计确定，且应符合下列规定：

压型不锈钢面层板的公称厚度不应小于 0.5mm；压型铝合金面层板的公称厚度不应小于 0.9mm（《压型金属板工程应用技术规范》GB 50896—2013 第 4.2.3 条规定，重要建筑厚度不应小于 1.0mm）；

压型钢板面层板的公称厚度不应小于 0.6mm（《压型金属板工程应用技术规范》GB 50896—2013 第 4.1.3 条规定，外层板公称厚度不宜小于 0.6mm，重要建筑内层板厚度不应小于 0.5mm，一般建筑不宜小于 0.5mm；屋面及墙面压型钢板，重要建筑宜采用彩色涂层钢板，一般建筑可采用热镀铝锌合金或热镀锌镀层）。

5．屋面坡度。

（1）平屋面，不应小于 2%；结构找坡时，不应小于 3%。

（2）块瓦屋面，不应小于 30%，其他瓦屋面，不应小于 20%。

（3）压型金属板屋面坡度不应小于 5%；当压型金属板采用紧固件连接时，屋面坡度不宜小于 10%；在腐蚀性粉尘环境中，压型金属板屋面坡度不宜小于 10%；当腐蚀性等级为强、中环境时，压型金属板屋面坡度不宜小于 8%（《压型金属板工程应用技术规范》GB 50896—2013 第 5.2.3条）。

（4）种植屋面，不应小于 2%。

（5）玻璃采光顶，不应小于 5%。

（6）混凝土屋面檐沟、天沟、雨棚、阳台坡向水落口处的纵向坡度不应小于 1%。

注：《坡屋面工程技术规范》GB 50693—2011 第 2.0.1 条定义，坡屋面为坡度大于等于 3% 的屋面。

6．构造。

（1）压型金属板屋面板的出挑长度及伸出固定支架的悬挑长度应不小于 120mm；

（2）屋脊泛水板与压型屋面板的搭接长度应不小于 120m；

（3）屋面泛水板立边有效高度应不小于 250mm、与压型屋面板的搭接长度应不小于

250m（《压型金属板工程应用技术规范》GB 50896—2013 第 5.3.2、5.3.4、5.3.5 条）。

8.3.5　外墙防水

1．根据确定的外墙防水等级，设置外墙防水层（《建筑与市政工程防水通用规范》GB 55030—2022 第 4.5.2 条）：

（1）防水等级为一级的框架填充或砌体结构外墙，应设置 2 道及以上防水层。防水等级为二级的框架填充或砌体结构外墙，应设置 1 道及以上防水层。当采用 2 道防水时，应设置 1 道防水砂浆及 1 道防水涂料或其他防水材料。

（2）防水等级为一级的现浇混凝土外墙、装配式混凝土外墙板应设置 1 道及以上防水层。

（3）封闭式幕墙应达到一级防水要求。

2．防水层最小厚度应：

（1）防水砂浆，用于混凝土墙时应不小于 8mm，用于砌体墙时应不小于 10mm。

（2）干粉类聚合物防水砂浆，用于混凝土墙时应不小于 3mm，用于砌体墙时应不小于 5mm。

（3）乳液类聚合物防水砂浆，用于混凝土墙时应不小于 5mm，用于砌体墙时应不小于 8mm。

（4）防水涂料，用于混凝土墙时应不小于 1.0mm，用于砌体墙时应不小于 1.2mm，但不得用于面砖墙面。

3．构造。

（1）女儿墙压顶宜采用钢筋混凝土或金属压顶，压顶应向内找坡，坡度不应小于 2%（《建筑外墙防水工程技术规程》JGJ/T 235—2011 第 5.3.6 条）。

（2）窗台处应设置排水板和滴水线等排水构造措施，排水坡度不应小于 5%（《建筑与市政工程防水通用规范》GB 55030—2022 第 4.5.3条）。

8.3.6　室内防水

1．室内工程防水使用环境类别。

（1）频繁遇水场合，或长期相对湿度 RH ≥ 90% 时，工程防水使用环境类别为Ⅰ类。

（2）间歇遇水场合，工程防水使用环境类别为Ⅱ类。

（3）偶发渗漏水可能造成明显损失的场合，其工程防水使用环境类别为Ⅲ类。

2．室内楼地面防水等级为一级时，防水做法不应少于 2 道，其中防水涂料或防水卷材不应少于 1 道；再任选 1 道防水卷材、防水涂料、水泥基防水材料。

室内楼地面防水等级为二级时，防水做法不应少于 1 道，可任选 1 道防水卷材、防水涂料、水泥基防水材料。（《建筑与市政工程防水通用规范》GB 55030—2022 第 4.6.1 条）。

3．有水房间包括厕所（卫生间）、浴室、公共厨房、垃圾间等场所的楼面、地面，开敞式外廊、阳台的楼面应设防水层（《民用建筑通用规范》GB 55031—2022 第 6.3.3 条）。

4．墙面防水：

（1）室内墙面防水层不应少于 1 道（《建筑与市政工程防水通用规范》GB 55030—2022 第 4.6.2条）。

（2）淋浴区墙面防水层翻起高度不应小于2000mm，且不低于淋浴喷淋口高度。盥洗池盆等用水处墙面防水层翻起高度不应小于1200mm。墙面其他部位泛水翻起高度不应小于250mm（《建筑与市政工程防水通用规范》GB 55030—2022 第 4.6.4条）。

5. 顶棚防潮。

潮湿空间的顶棚应设置防潮层或采用防潮材料（《建筑与市政工程防水通用规范》GB 55030—2022 第 4.6.5 条）。

6. 构造要求。

（1）室内需进行防水设防的区域不应跨越变形缝等可能出现较大变形的部位（《建筑与市政工程防水通用规范》GB 55030—2022 第 4.6.7 条）。

（2）有防水要求的楼地面应设排水坡，并应坡向地漏或排水设施，排水坡度不应小于1.0%（《建筑与市政工程防水通用规范》GB 55030—2022 第 4.6.3 条）。

（3）穿过楼板的防水套管应高出装饰层完成面，且高度不应小于20mm（《建筑与市政工程防水通用规范》GB 55030—2022 第 4.6.6 条）。

（4）有水房间的墙体、外墙与楼地面交接处应设置高度不小于200mm的混凝土翻边；

（5）下列房间需设置防水门槛：消防水泵房、消防控制室、电气设备间、管道井等。

8.4　安全防护

8.4.1　主要国家及地方标准

（1）《民用建筑通用规范》GB 55031—2022；

（2）《民用建筑统一设计标准》GB 50352—2019；

（3）《建筑防护栏杆技术标准》JGJ—T 470—2019；

（4）《住宅设计规范》GB 50096—2011；

（5）《中小学建筑设计规范》GB 50099—2011；

（6）《托儿所、幼儿园建筑设计规范》JGJ 39—2016（2019 年版）JGJ 39—2016。

8.4.2　栏杆（除楼梯外）

1. 当台阶、人行坡道总高度达到或超过 0.70m 时，应在临空面采取防护措施（《民用建筑通用规范》GB 55031—2022 第 5.2.1 条）。

2. 栏杆（栏板）高度。

（1）阳台、外廊、室内回廊、内天井及楼梯等处的临空部位应设置垂直高度不应小于1.10m 的防护栏杆（栏板）（《民用建筑通用规范》GB 55031—2022 第 6.6.1条）。

（2）中庭临空部位的防护栏杆（栏板）的垂直高度，《民用建筑通用规范》GB 55031—2022 第 6.6.1 条规定，不应小于 1.10m，《民用建筑设计统一标准》GB 50352—2019 第 6.7.3 条规定，交通、商业、旅馆、医院、学校等建筑，不应小于 1.20m。

（3）屋面临空部位的防护栏杆（栏板）的垂直高度，《民用建筑通用规范》GB 55031—2022 第 6.6.1 条规定，不应小于 1.10m；《民用建筑设计统一标准》GB 50352—2019 第 6.7.3 条规定，不应小于 1.20m。建议民用建筑按 1.20m。

（4）托儿所、幼儿园的外廊、室内回廊、内天井、阳台、上人屋面、平台、看台及室外楼梯等临空处应设置防护栏杆，防护栏杆的高度应从可踏部位顶面起算，且净高不应小于1.30mm。

3．栏杆（栏板）高度应按所在楼地面或屋面至扶手顶面的垂直高度计算，如底面有宽度大于或等于0.22m，且高度不大于0.45m的可踏部位，应按可踏部位顶面至扶手顶面的垂直高度计算。

"可踏面"和"防止攀登"是属于两个不同的概念。前者主要针对成年人，《民用建筑统一设计标准》GB 50352—2019条文说明中解释：当栏杆底部有宽度大于或等于0.22m，且高度低于或等于0.45m的可踏部位，按正常人上踏步情况，人很容易踏上并站立眺望（不是攀登），此时，栏杆高度如从楼地面或屋面起算，则至栏杆扶手顶面高度会低于人的重心高度，很不安全，故应从可踏部位顶面起计算。后者主要针对少儿活动场所，其栏杆应采用防止攀登的构造，如不宜做横向花饰、女儿墙防水材料收头的小沿砖等。生活中，不属于可踏面的低窗台或栏杆的混凝土翻边，小孩容易"攀登"，并已发生多起坠楼事故。

4．住宅、少年儿童专用活动场所的栏杆应采取防止攀滑措施，当采用垂直杆件做栏杆时，其杆件净间距不应大于0.11m（托儿所、幼儿园为0.09m）（《民用建筑通用规范》GB 55031—2022第6.6.3条）。

5．防护栏杆的荷载：

《工程结构通用规范》GB55001—2021第4.2.14条规定，楼梯、看台、阳台和上人屋面等的栏杆活荷载标准值，不应小于下列规定值：

（1）托儿所、幼儿园、住宅、宿舍、办公楼、旅馆、医院，栏杆顶部的水平荷载应取1.0kN/m；

（2）食堂、电影院、剧场、车站、礼堂、展览馆、体育场，栏杆顶部的水平荷载应取1.0kN/m，竖向荷载应取1.2kN/m；

（3）中小学校的外廊、楼梯、平台、阳台、上人屋面，栏杆顶部的水平荷载应取1.5kN/m，竖向荷载应取1.2kN/m。

6．金属防护栏杆的构件厚度：不锈钢管立柱的壁厚不应小于2.0mm，不锈钢单板立柱的厚度不应小于8.0mm，不锈钢双板立柱的厚度不应小于6.0mm，不锈钢管扶手的壁厚不应小于1.5mm；镀锌钢管立柱的壁厚不应小于3.0mm，镀锌钢单板立柱的厚度不应小于8.0mm，镀锌钢双板立柱的厚度不应小于6.0mm，镀锌钢管扶手的壁厚不应小于2.0mm；铝合金管立柱的壁厚不应小于3.0mm，铝合金单板立柱的厚度不应小于10.0mm，铝合金双板立柱的厚度不应小于8.0mm，铝合金管扶手的壁厚不应小于2.0mm。

7．玻璃栏板的构件厚度：室内玻璃栏板设有立柱和扶手时，栏板玻璃作为镶嵌面板安装在护栏系统中，栏板玻璃应使用《建筑玻璃应用技术规程》JGJ 113—2015中表7.1.1—1规定的夹层玻璃；栏板玻璃固定在结构上且直接承受人体荷载的护栏系统，当栏板玻璃最低点离一侧楼地面高度不大于5m时，应使用公称厚度不小于16.76mm的钢化夹层玻璃。当栏板玻璃最低点离一侧楼地面高度大于5m时，不得采用玻璃栏板护栏系统。室外栏板玻璃应进行玻璃抗风压设计，对有抗震设计要求的地区，应考虑抗震作用的组合效应，要求同室内玻璃栏板的规定。

《建筑防护栏杆技术标准》JGJ/T470 中第 4.1.8 条规定玻璃栏板采用两边支承时，玻璃嵌入量不应小于 15mm；采用四边支承时，玻璃嵌入量不应小于 12mm。

8．公共场所的临空且下部有人员活动部位的栏杆（栏板），在地面以上 0.10m 高度范围内不应留空（《民用建筑通用规范》GB 55031—2022 第 6.6.4 条）。

9．体育建筑、剧场看台栏杆：

（1）根据《体育建筑设计规范》JGJ 31—2003 第 4.3.9 条规定：看台前部栏杆高度不应低于 0.9m，在室外看台后部危险性较大处严禁低于 1.1m；栏杆形式不应遮挡观众视线并保障观众安全。当设楼座时，栏杆下部实心部分不得低于 0.4m。

（2）根据《剧场建筑设计规范》JGJ57—2016 第 5.3.7、5.3.8 条规定：楼座前排栏杆和楼层包厢栏杆不应遮挡视线，高度不应大于 0.85m，下部实体部分不得低于 0.45m；当观众厅座席地坪高于前排 0.50m 以及座席侧面紧邻有高差的纵向走道或梯步时，应在高处设栏杆，且栏杆应坚固，高度不应小于 1.05m，并不应遮挡视线。

8.4.3　门窗及玻璃防护安全

1．民用建筑临空窗的窗台距楼地面的净高低于 0.80m（住宅、托儿所、幼儿园、中小学校及供少年儿童独自活动的场所为 0.90m）时应设置防护设施，防护高度由楼地面（或可踏面）起计算不应小于 0.80m（住宅、托儿所、幼儿园、中小学校及供少年儿童独自活动的场所为 0.90m）(《民用建筑通用规范》GB 55031—2022 第 6.5.6 条）。

当凸窗窗台高度低于或等于 0.45m 时，栏杆防护高度从窗台面起算不应低于 0.9m；当凸窗窗台高度高于 0.45m 时，栏杆防护高度从窗台面起算不应低于 0.6m（《民用建筑统一设计标准》GB 50352—2019 第 6.11.7 条）。

2．高层建筑当采用外开窗时，应有加强牢固窗扇构件，设防风块及防坠落措施。

3．阳台推拉外墙门窗应配防脱落块和上下防风块；推拉窗用于外墙时，应设置防止窗扇向室外脱落的装置。

4．落地玻璃门、窗应设置防碰撞警示（可为 PVC 带背胶粘纸，电脑刻提醒文字或图案，粘贴在玻璃上）。

5．符合下列情形之一的应采用安全玻璃（钢化玻璃、夹层玻璃或钢化夹层玻璃）：

（1）楼梯、阳台、平台、走道和中庭等临空部位的玻璃栏板应采用公称厚度不小于 16.76mm 的钢化夹层玻璃（《民用建筑通用规范》GB 55031—2022 第 6.6.2 条）。

（2）面积大于 1.50m^2 的窗玻璃，离地高度小于 500mm 的窗玻璃，7 层及以上的外开窗。

（3）玻璃幕墙；观光电梯及其外围护。

（4）玻璃雨棚、天窗、吊顶，应采用钢化夹层安全玻璃，夹层胶片厚度应不小于 0.76mm，且应在玻璃下方设置防坠落构造措施。玻璃雨棚在玻璃板中心点直径为 150mm 区域内，能承受垂直于玻璃 1.1kN 的活荷载，防止坠物伤人。

（5）当室内饰面玻璃最高点离楼地面高度在 3m 或 3m 以上时，应使用夹层玻璃（《建筑玻璃应用技术规程》JGJ 113—2015 第 7.2.7条）。

（6）活动门玻璃、固定门玻璃和落地窗玻璃的选用应符合下列规定：当使用有框玻璃时应符合《建筑玻璃应用技术规程》JGJ 113—2015 中表 7.1.1—1 规定。当使用无框玻璃应使用公称厚度不小于 12mm 的钢化玻璃。

（7）倾斜装配窗，吊顶。

（8）室内隔断、浴室围护、屏风。

（9）用于承受行人行走的地面板。

（10）水族馆和游泳池的观察窗、观察孔。

（11）易遭受撞击、冲击而造成人体伤害的其他部位。

8.4.4 出入口上方防护

符合下列情形之一的出入口上方应设置防护措施：

（1）高层建筑直通室外的安全出口（含非机动车坡道）上方，应设置挑出宽度不小于 1.0m 的防护挑檐；

（2）公共出入口位于阳台、外廊及开敞楼梯的平台下部时，均需做防坠落雨棚；

（3）建筑出入口上方设有建筑幕墙的，应当设置有效的防护措施；

（4）住宅、中小学校出入口上方应设有效的防护措施。

8.4.5 地面防滑

（1）建筑地面工程防滑面层应满足《建筑地面工程防滑技术规程》JGJ/T331—2014 的相关规定。

（2）室内外地面或路面的地面工程防滑性能不应低于以下要求，且老年人居住建筑、托儿所、幼儿园及活动场所、建筑出入口及平台、公共走廊、电梯门厅、厨房、浴室、卫生间等易滑地面，防滑等级应选择不低于中高级防滑等级。

（3）室外及室内潮湿地面工程防滑等级见表 8.4.5–1。

室外及室内潮湿地面工程防滑等级 **表 8.4.5-1**

工程部位	防滑等级	防滑安全程度
坡道、无障碍步道、无障碍通行设施的地面等	Aw	高级
楼梯踏步等		
公交、地铁站台等		
建筑出口平台、无障碍便利设施及无障碍通用场所的地面	Bw	中高级
人行道、步行街、室外广场、停车场等		
人行道支干道、小区道路、绿地道路及室内潮湿地面（超市肉食部菜市场、餐饮操作间、潮湿生产车间等）	Cw	中级
室外普通地面	Dw	低级

（4）室内干态地面工程防滑等级见表 8.4.5–2。

室内干态地面工程防滑等级　**表 8.4.5-2**

工程部位	防滑等级	防滑安全程度
站台、踏步及防滑坡道、无障碍通行设施的地面等	Ad	高级
室内游泳池、厕浴室、建筑出入口、无障碍便利设施及无障碍通用场所的地面等	Bd	中高级
大厅、候机厅、候车厅、走廊、餐厅、通道、生产车间、电梯廊、门厅、室内平面滑地面等（含工业、商业建筑）	Cd	中级
室内普通地面	Dd	低级

8.5　环保、卫生

8.5.1　平面布置

1. 卫生间、盥洗室、浴室等有水房间不应布置在公共厨房、用餐区域的直接上方；确有困难布置在用餐区域上方时，应采取同层排水和严格的防水措施（《饮食建筑设计标准》JGJ 64—2017 第 4.1.6 条）。

2. 生活饮用水水池（箱）、供水泵房等设置应符合《民用建筑设计统一设计标准》GB 50352—2019 第 8.1.2 条的规定：

（1）建筑物内的生活饮用水水池应采用独立结构形式，不得利用建筑物的本体结构作为水池的壁板、底板及顶盖；与其他用水水池（箱）并列设置时，应有各自独立的分隔墙。

（2）埋地生活饮用水贮水池周围 10.0m 以内，不得有化粪池、污水处理构筑物、渗水井、垃圾堆放点等污染源，周围 2.0m 以内不得有污水管和污染物。

（3）生活饮用水水池（箱）的材质、衬砌材料和内壁涂料不得影响水质；生活给水泵房内的环境应满足国家现行有关卫生标准的要求。

（4）建筑物内的生活饮用水箱宜设在专用房间内，其直接上层不应有厕所、浴室、盥洗室、厨房、厨房废水收集处理间、污水处理机房、污水泵房、洗衣房、垃圾间及其他产生污染源的房间，且不应与上述房间相毗邻。

（5）泵房内地面应设防水层。

3. 住宅建筑，卫生间不应直接布置在下层住户的卧室、起居室（厅）、厨房、餐厅的上层（不包括跃层式住宅、排屋、别墅等套内卫生间）。卫生间地面和局部墙面应有防水构造（《住宅建筑规范》GB 50368—2005 第 5.1.3 条）。

4. 饮食建筑的环保、卫生相关要点详见本书第 8.1.8 条。

8.5.2　废气

（1）锅炉房、柴油发电机房等烟气排放应高空排放。

（2）公共厨房烟气排放应高空排放；且与环境敏感目标边界水平间距应符合规定，详见本书第 8.1.8 条。

（3）汽车库烟气排放口应符合《民用建筑通用规范》GB 55031—2022 第 4.5.1 条的规定：地下车库、地下室有污染性的排风口不应朝向邻近建筑的可开启外窗或取风口；当排风口与人员活动场所的距离小于 10m 时，朝向人员活动场所的排风口底部距人员活动场所地坪的高度不应小于 2.5m。

（4）给排水高出屋面的通气管应符合《建筑给水排水设计标准》GB 50015—2019 第 4.7.12 条规定，高出屋面的通气管高出屋面不得小于 0.3m，且应大于最大积雪厚度；在经常有人停留的平屋面上，通气管口应高出屋面 2m。当屋面通气管有碍于人们活动时，宜设置侧墙通气时或自循环通气系统；在全年不结冰的地区，可在室外设吸气阀替代伸顶通气管，吸气阀设在屋面隐蔽处。

在通气管口周围 4m 以内有门窗时，通气管口应高出窗顶 0.6m 或引向无门窗一侧；通气管口不宜设在建筑物挑出部分的下面。

（5）自然排放的烟道和排风道应符合《民用建筑设计统一设计标准》GB 50352—2019 第 6.16.4 条的规定：自然排放的烟道和排风道宜伸出屋面，同时应避开门窗和进风口。伸出高度应有利于烟气扩散，并应根据屋面形式、排出口周围遮挡物的高度、距离和积雪深度确定，伸出平屋面的高度不得小于 0.6m。伸出坡屋面时，当烟道或排风道中心线距屋脊的水平面投影距离小于 1.5m 时，应高出屋脊 0.6m；当烟道或排风道中心线距屋脊的水平面投影距离为 1.5 ～ 3.0m 时，应高于屋脊，且伸出屋面高度不得小于 0.6m；当烟道或排风道中心线距屋脊的水平面投影距离大于 3.0m 时，可适当低于屋脊，但其顶部与屋脊的连线同水平线之间的夹角不应大于 10°，且伸出屋面高度不得小于 0.6m。

（6）机械通风系统的室外进风、排风口设置应符合《全国民用建筑工程设计技术措施暖通空调·动力》（2009 年版）要求：

① 进风口应直接设置在室外空气较清洁的地点，应尽量设在排风口的上风侧且应低于排风口。

② 进、排风口的底部距室外地坪不宜小于 2m，当进风口设在绿化地带时，不宜小于 1m。事故排风的排风口不应布置在人员经常停留或经常通行的地点。事故排风的排风口与机械进风系统的进风口的水平距离不应小于 20m；当进风、排风口水平距离不足 20m 时，排风口必须高出进风口，并不得小于 6m。

③ 排风管道的排出口高空排放时，宜高出屋脊，排出口的上端高出屋脊的高度，当排出无毒、无污染气体时，宜高出屋面 0.5m；当排出最高允许浓度小于 $5mg/m^3$ 有毒气体时，应高出屋面 3.0m；当排出最高允许浓度大于 $5mg/m^3$ 有毒气体时，应高出屋面 5.0m。直接排入大气的有害物，应符合有关环保、卫生防疫等部门的排放要求和标准，不符合时应进行净化处理。

④ 进风、排风口的噪声应符合环保部门的要求，否则应采取消声措施。

⑤ 一般百叶风口的遮挡率可取 50%。

8.5.3　隔声、降噪

（1）产生噪声的设备用房应采取隔声、减振措施。

（2）电梯不应贴邻卧室布置，当电梯贴邻住宅起居室、卧室布置时应采取有效的隔声和减振措施（《住宅设计规范》GB 50096—2011 第 7.3.5 条，《住宅建筑规范》GB 50368—

2005 第 7.1.5 条）。

宿舍、老年人照料设施的居室和休息室不应与电梯、设备机房紧邻布置（《宿舍建筑设计规范》JGJ 36—2016 第 6.2.2 条，《老年人照料设施建筑设计标准》JGJ 450—2018 第 6.5.3 条）。

（3）分户墙、分户楼板的空气声隔声性能应符合《住宅设计规范》GB 50096—2011 第 7.3.2 条的规定：分隔卧室、起居室（厅）的分户墙和分户楼板，空气声隔声评价量（Rw+C）应大于 45dB；分隔住宅和非居住用途空间的楼板，空气声隔声评价量（Rw+Ctr）应大于 51dB。

（4）卧室、起居室（厅）的分户楼板的计权规范化撞击声压级宜小于 75dB。当条件受到限制时，分户楼板的计权规范化撞击声压级应小于 85dB（《住宅设计规范》GB 50096—2011 第 7.3.3 条）。

8.6 门窗

（1）铝合金门窗主型材的壁厚应经计算或试验确定，其基材壁厚（附件功能槽口处的翅壁壁厚除外），外门不应小于 2.2mm，内门不应小于 2.0mm；外窗不应小于 1.8mm，内窗不应小于 1.4mm（《铝合金门窗》GB/T 8478—2020 第 5.1.2 条）。

《铝合金门窗》GB/T 8478—2020 中关于最小截面要求，比《铝合金门窗工程技术规范》JGJ 214—2010 第 3.1.2 条中规定的数值大，应按照《铝合金门窗》GB/T 8478—2020 的规定执行。

（2）建筑门窗与墙体连接件、PVC 塑料门窗增强型钢、PVC 塑料门窗主要受力杆件的增强型钢的厚度应经计算确定，最小实测壁厚：门≥ 2.0mm；窗≥ 1.5mm；副框≥ 1.5mm；组合窗拼樘管≥ 2.0mm（《铝合金门窗》GB/T 8478—2020 第 3.4.3 条）。

（3）门窗采用的玻璃、框料等应与节能计算书一致。

（4）施工图说明中应明确门窗的水密性、气密性和抗风压性能等要求。

（5）门窗详图中应标注消防救援口，并需复核扣除框料后的净尺寸。

（6）复核楼梯间顶部、走廊、前室及楼梯间前室、大房间等有自然排烟要求的窗的有效开启面积、开启高度和开启方式。

（7）安全玻璃，厚 5mm 时，最大许用面积为 $2.0m^2$；厚 6mm 时，最大许用面积为 $3.0m^2$；厚 8mm 时，最大许用面积为 $4.0m^2$（《建筑玻璃应用技术规程》JGJ 113—2015 第 7.1.1 条）。

（8）门窗的安全玻璃使用情形和防护栏杆措施详见本书第 8.4.3、8.6 条。

8.7 建筑幕墙

建筑是否允许采用幕墙，在方案报批阶段确定。

8.7.1 幕墙结构安全论证

根据浙江省住房和城乡建设厅《建筑幕墙安全技术要求》（浙建〔2013〕2 号）第 2.1

条规定：建筑幕墙工程应当进行专项设计。

下列建筑幕墙建设单位应当在施工图审查前组织专家对幕墙专项设计方案进行结构安全性论证：

（1）单体建筑幕墙面积大于 6000m^2 或者幕墙顶部标高大于 50m 的；

（2）住宅和医院使用玻璃、石材幕墙的；

（3）安全技术要求高的其他幕墙工程。

结构安全性论证送审资料包括技术图纸、计算书、主体设计单位签署的技术复核表。结构安全性论证意见应在施工图设计文件中落实。变更建筑幕墙设计的，建设单位应当将施工图设计文件送原审查机构重新审查。

幕墙结构安全论证时间程序上可以在初步设计审查结束后，但幕墙造价在建筑中占比较大，特别是出挑较大、单层高度较大、悬索结构等幕墙，其对结构设计也有较大影响，因此建议该类幕墙应在初步设计阶段同步完成，同步评审，以确保初步设计概算的准确。

幕墙图纸应报送图审机构审查。建筑幕墙与建筑主体委托不同单位设计的，幕墙施工图设计文件报审时尚应附建筑设计单位的确认意见。施工图设计文件未经审查的，不得使用。

8.7.2 主要国家和地方标准、规定

（1）《关于进一步加强玻璃幕墙安全防护工作的通知》（建标〔2015〕38 号）；

（2）《建筑幕墙安全技术要求》（浙建〔2013〕2 号）；

（3）《玻璃幕墙工程技术规范》JGJ 102—2003；

（4）《金属与石材幕墙工程技术规范》JGJ133—2001；

（5）《人造板材幕墙工程技术规范》JGJ336—2016；

（6）《建筑幕墙》GB/T 21086—2007；

（7）《建筑防火封堵应用技术标准》GB/T 51410—2020；

（8）《建筑玻璃应用技术规程》JGJ113—2015；

（9）《建筑幕墙工程技术标准》DB33/T 1240—2021；

（10）《玻璃幕墙光热性能》GBT 18091—2015。

8.7.3 一般规定

1. 建筑幕墙属于危险性较大的分部分项工程，其中 50m 以上的幕墙属于超过一定规模的危险性较大的分部分项工程范围。

2. 幕墙玻璃、金属的反射系数应符合规划要求和现行国家和地方标准的规定：

（1）《玻璃幕墙光热性能》GBT 18091—2015 第 4.3 条，玻璃幕墙应采用可见光反射比不得大于 0.30 的玻璃。其中，在城市快速路、主干道、立交桥、高架桥两侧的建筑物 20m 以下及一般道路 10m 以下的玻璃幕墙，在 T 形路口正对直线路段处设置玻璃幕墙时，幕墙用玻璃的可见光反射比不得大于 0.16。

（2）《玻璃幕墙光热性能》GBT 18091—2015 第 4.6 条，构成玻璃幕墙的金属外表面，不宜使用可见光反射比不得大于 0.30 的镜面和高光泽材料。

（3）《玻璃幕墙工程技术规范》JGJ 102—2003 第 4.2.9 条规定，玻璃幕墙应采用反

射比不大于 0.30 的幕墙玻璃，对有采光功能要求的玻璃幕墙，其采光折减系数不宜低于 0.20。

3. 玻璃幕墙应便于维护和清洁，《玻璃幕墙工程技术规范》JGJ 102—2003 第 4.1.6 条规定，高度超过 40m 的幕墙工程宜设置清洗设备。浙江省住房和城乡建设厅《建筑幕墙安全技术要求》（浙建〔2013〕2 号）第 3.11 条规定，高度超过 50m 的建筑幕墙工程应当设置满足面板清洗、更换和维护要求的装置。

4. 幕墙开启扇的开启角度不宜大于 30°，开启距离不宜大于 300mm，且应避免设置在梁、柱、隔墙等位置（《玻璃幕墙工程技术规范》JGJ 102—2003 第 4.1.5 条）。

5. 主体设计有无障碍要求的门应符合相关规定。

6. 围护性的幕墙应纳入建筑面积的计算范围，装饰性幕墙不计入建筑面积。

8.7.4 安全防护

（1）《关于进一步加强玻璃幕墙安全防护工作的通知》第三条：人员密集、流动性大的商业中心，交通枢纽，公共文化体育设施等场所，邻近道路、广场及下部为出入口、人员通道的建筑，严禁采用全隐框玻璃幕墙。以上建筑在二层及以上安装玻璃幕墙的，应在幕墙下方周边区域合理设置绿化带或裙房等缓冲区域，也可采用挑檐、防冲击雨篷等防护设施。

（2）浙江省住房和城乡建设厅《建筑幕墙安全技术要求》（浙建〔2013〕2 号）第 3.1 条规定，建筑出入口上方设有建筑幕墙的，应当设置有效的防护措施。

（3）浙江省住房和城乡建设厅《建筑幕墙安全技术要求》（浙建〔2013〕2 号）第 3.7 条规定，建筑幕墙外片玻璃应当采用安全夹层玻璃、超白钢化玻璃或者均质钢化玻璃及其制品。

（4）浙江省住房和城乡建设厅《建筑幕墙安全技术要求》（浙建〔2013〕2 号）第 3.1、3.7 条规定，建筑玻璃采光顶和玻璃雨篷应当设置防坠落构造措施，应采用由半钢化玻璃、超白钢化玻璃或者均质钢化玻璃合成的安全夹层玻璃。

（5）雨篷后置埋件应采用对穿钢筋混凝土螺杆等安全的连接方式。

（6）浙江省住房和城乡建设厅《建筑幕墙安全技术要求》（浙建〔2013〕2 号）第 3.2 条规定，当特殊部位石材幕墙确需使用水平或倾斜倒挂式构造时，面板总宽度不得大于 900mm，且应当在板背设置防止石材坠落的安全措施。

（7）浙江省住房和城乡建设厅《建筑幕墙安全技术要求》（浙建〔2013〕2 号）第 3.3 条规定，玻璃幕墙采用隐框形式时，横向隐框玻璃板块应当设置托板，托板应当与框架可靠连接，并且有可靠的承载力。铝合金副框应当在角部可靠连接。幕墙开启窗应当采取防坠落措施，开启扇托板应当与窗扇可靠连接。

（8）当与玻璃幕墙相邻的楼面外缘无实体墙时，应设置防撞设施（《玻璃幕墙工程技术规范》JGJ 102—2003 第 4.4.5 条）。

（9）人员流动密度大、青少年或幼儿活动的公共场所以及使用中容易受到撞击的部位，应设置明显的警示标志（《玻璃幕墙工程技术规范》JGJ 102—2003 第 4.4.4 条）。

8.7.5 消防

1. 应根据《建筑防火封堵应用技术标准》GB/T 51410—2020 第 4.0.3 条、《建筑设计防火规范》GB 50016—2014（2018 年版）第 6.2.6 条及其他相关规范，对下列部位进行防火封堵：

（1）幕墙与建筑窗槛墙之间的空腔，应在上下沿处分别采用矿物棉等背衬材料进行封堵，填塞高度不应小于 200mm，承托板应采用钢质承托板且厚度不小于 1.5mm。

（2）玻璃幕墙与各层楼板的缝隙，当采用岩棉或矿棉封堵时，其厚度不应小于 200mm（根据《玻璃幕墙工程技术规范》JGJ 102—2003 第 4.4.11 条规定，厚度不应小于 100mm，根据《建筑防火封堵应用技术标准》GB/T 51410—2020 规定，厚度不应小于 200mm，建议按 200mm 执行），并应填充密实；楼层间水平防烟带的岩棉或矿棉宜采用厚度不小于 1.5mm 的镀锌钢板承托；承托板与主体结构、幕墙结构及承托板之间的缝隙宜填充防火密封材料。当建筑要求防火分区间设置通透隔断时，可采用防火玻璃，其耐火极限应符合设计要求。

（3）幕墙与隔墙外沿处的缝隙应采用防火封堵材料封堵。当采用岩棉或矿棉封堵时，其厚度不应小于 100mm，并应填充密实。

2. 浙江省住房和城乡建设厅《建筑幕墙安全技术要求》（浙建〔2013〕2 号）第 3.9 条规定，幕墙非透明处玻璃幕墙的内衬板应当采用燃烧性能为 A 级的材料，与玻璃内表面的间距不得小于 50mm，且不得使用深颜色的内衬板。

3. 浙江省住房和城乡建设厅《建筑幕墙安全技术要求》（浙建〔2013〕2 号）第 3.8 条：应急击碎玻璃应当采用超白钢化玻璃或均质钢化玻璃，不得采用夹胶玻璃。应急击碎玻璃不宜设置在建筑的出入口上方。消防登高面侧玻璃幕墙应当在首层设置挑檐等防碎片坠落措施。

4. 首层疏散外门净宽应符合主体设计的净宽要求，地弹簧门对疏散门的净宽影响较大。

5. 幕墙的消防救援口设置应符合主体设计要求及消防要求。

6. 幕墙的开启扇面积应符合主体设计通风要求和排烟要求（包括位置和净面积）。高位开启扇是否设置手动装置或电动装置；若设置电动装置，电气设置是否配套完成。

7. 楼梯间（含顶层）、前室、避难间、避难层、住宅避险房间等处的开启要求和防火要求。

8. 建筑有耐火完整性、耐火极限要求的外窗、幕墙，包括且不限于防火墙两侧、窗槛墙、避难层（间）等。

9. 同一幕墙玻璃单元，不宜跨越建筑物的两个防火分区（《玻璃幕墙工程技术规范》JGJ 102—2003 第 4.4.12 条）。

8.7.6 节能

1. 幕墙的水密性、气密封和抗风压性能应符合相关规定要求。

（1）有采暖、通风、空气调节要求时，玻璃幕墙的气密性能不应低于 3 级（《玻璃幕墙工程技术规范》JGJ 102—2003 第 4.2.4 条）。

（2）玻璃幕墙的水密性能应按《玻璃幕墙工程技术规范》JGJ 102—2003 第 4.2.5 条规定经计算确定，受热带风暴和台风袭击的地区，水密性设计取值可按下式计算，且固定部分取值不宜小于 1000Pa；其他地区，水密性可按计算值的 75% 进行设计，且固定部分取值不宜低于 700Pa。可开启部分水密性等级宜与固定部分相同。

2. 幕墙的传热系数应符合主体设计要求。

8.7.7 材料、构造

8.7.7.1 金属与石材幕墙工程

（1）幕墙石材宜选用火成岩，石材吸水率应小于 0.8%，其弯曲强度不应小于 8.0MPa；单块石材板面面积不宜大于 $1.5m^2$；厚度不应小于 25mm；石板火烧后影响强度，火烧石板的厚度应按减薄 3mm 计算强度（《金属与石材幕墙工程技术规范》JGJ 133—2001 第 3.2 节）。

（2）蜂窝铝板应根据幕墙的使用功能和耐久年限的要求分别选用，厚度为 10mm、12mm、15mm、20mm 和 25mm；厚度为 10mm 的蜂窝铝板应由 1mm 厚的正面铝合金板、0.5 ～ 0.8mm 厚的背面铝合金板及铝蜂窝粘结而成；厚度在 10mm 以上的蜂窝铝板，其正背面铝合金板厚度均应为 1mm（《金属与石材幕墙工程技术规范》JGJ 133—2001 第 3.3.12 条）。

（3）上下立柱之间应有不小于 15mm 的缝隙，芯柱总长度不应小于 400mm，芯柱与下柱之间应采用不锈钢螺栓固定（《金属与石材幕墙工程技术规范》JGJ 133—2001 第 5.7.2 条）。

（4）铝挂件壁厚不应小于 4mm，不锈钢挂件壁厚不应小于 3mm，挂件宽度应为 50mm（《金属与石材幕墙工程技术规范》JGJ 133—2001 第 5.5.7 条）。

（5）浙江省住房和城乡建设厅《建筑幕墙安全技术要求》（浙建〔2013〕2 号）第 3.5 条规定：干挂石材幕墙不得使用斜插入式挂件和 T 形挂件。高度超过 100m 的石材幕墙应当采用背栓连接。

（6）《干挂石材用金属挂件》GB/T 32839—2016 第 6.1.4 条规定：背栓用于室外装饰时最小直径不小于 8mm；背栓螺栓的长度应超过连接石材的重心。

8.7.7.2 玻璃幕墙工程

1. 框支承玻璃幕墙单片玻璃的厚度不应小于 6mm，夹层玻璃的单片厚度不宜小于 5mm。夹层玻璃和中空玻璃的单片玻璃厚度相差不宜大于 3mm（《玻璃幕墙工程技术规范》JGJ 102—2003 第 6.1.1 条）。

全玻璃幕墙的面板玻璃的厚度不宜小于 10mm，夹层玻璃单片厚度不应小于 8mm；玻璃肋的截面厚度不应小于 12mm，截面高度不应小于 100mm；胶缝厚度应经计算确定，且不应小于 6mm（《玻璃幕墙工程技术规范》JGJ 102—2003 第 7.2.1、7.3.1、7.4.2 条）。

2. 幕墙玻璃表面周边与建筑内、外装饰物之间的缝隙不宜小于 5mm，可采用柔性材料嵌缝（《玻璃幕墙工程技术规范》JGJ 102—2003 第 4.3.10 条）。

3. 全玻幕墙的板面与装修面或结构面之间的空隙不应小于 8mm；周边收口槽壁与玻璃面板或玻璃肋的空隙均不宜小于 8mm，吊挂玻璃下端与下槽底的空隙尚应满足玻璃伸长变形的要求（《玻璃幕墙工程技术规范》JGJ 102—2003 第 7.1.2、7.1.6 条）。

4. 明框幕墙玻璃下边缘与下边框槽底之间，应采用硬橡胶垫块衬托，垫块数量应为 2 个，厚度不应小于 5mm，每块长度不应小于 100mm（《玻璃幕墙工程技术规范》JGJ 102—2003 第 4.3.11 条）。

5. 框支撑玻璃幕墙的横梁（《玻璃幕墙工程技术规范》JGJ 102—2003 第 6.2.1 条）:

钢型材截面主要受力部位的厚度不应小于 2.5mm。

铝合金型材截面主要受力部位的厚度，当横梁跨度不大于 1.2m 时，不应小于 2.0mm；当横梁跨度大于 1.2m 时，不应小于 2.5mm。型材孔壁与螺钉之间直接采用螺纹受力连接时，其局部截面厚度不应小于螺钉的公称直径。

6. 框支撑玻璃幕墙的立柱（《玻璃幕墙工程技术规范》JGJ 102—2003 第 6.3.1、6.3.3、6.3.11、6.3.12 条）:

（1）钢型材截面主要受力部位的厚度不应小于 3.0mm。

（2）铝型材截面开口部位的厚度不应小于 3.0mm。闭口部位的厚度不应小于 2.5mm；型材孔壁与螺钉之间直接采用螺纹受力连接时，其局部厚度尚不应小于螺钉的公称直径。

（3）上、下立柱之间应留有不小于 15mm 的缝隙，闭口型材可采用长度不小于 250mm 的芯柱连接。

（4）立柱与横梁可通过角码、螺钉或螺栓连接，角码厚度不应小于 3mm。

（5）立柱与主体结构之间每个受力连接部位的连接螺栓不应少于 2 个，且其直径不宜小于 10mm。

7. 女儿墙内侧罩板深度不应小于 150mm，罩板与女儿墙之间的缝隙应使用密封胶密封（《玻璃幕墙工程质量检验标准》JGJ/T 139—2020 第 5.2.5-1 条）。

8. 有雨篷、压顶及其他突出玻璃幕墙墙面的建筑构造时，如果这些部位的水密性设计不当，将容易发生渗漏，应完善其结合部位的防、排水构造设计（《玻璃幕墙工程技术规范》JGJ 102—2003 第 4.3.4 条）。

9. 除不锈钢外，玻璃幕墙中不同金属材料接触处，应合理设置绝缘垫片或采取其他防腐蚀措施（《玻璃幕墙工程技术规范》JGJ 102—2003 第 4.3.8 条）。

10. 玻璃栏板采用两边支承时，玻璃嵌入量不应小于 15mm；采用四边支承时，玻璃嵌入量不应小于 12mm（《建筑防护栏杆技术标准》JGJ/T 470—2019 第 4.1.8 条）。

11. 玻璃面板面积不宜大于 2.5m^2，长边边长不宜大于 2m。（《采光顶与金属屋面技术规程》JGJ 255—2012 第 3.4.6 条）。

8.8 吊顶

（1）吊杆长度超过 1.50m 时，应设置反支撑（《民用建筑通用规范》GB 55031—2022 第 6.4.3 条，《建筑装饰装修工程质量验收标准》GB 50210—2018 第 7.1.11 条）。

吊杆上部为网架、钢屋架或吊杆长度大于 2500mm 时，应设有钢结构转换层（《建筑装饰装修工程质量验收标准》GB 50210—2018第 7.1.14 条）。

吊杆、反支撑及钢结构转换层与主体结构的连接应安全牢固，且不应降低主体结构的安全性（《民用建筑通用规范》GB 55031—2022 第 6.4.4 条）。

（2）吊顶吊杆距主龙骨端部距离不得大于 300mm（《建筑装饰装修工程质量验收标准》第 7.1.11 条）。

（3）设置永久马道的，马道应单独吊挂在建筑承重结构上（《民用建筑通用规范》GB 55031—2022 第 6.4.7 条）。

马道宽度不宜小于500mm，上空高度应满足维修人员通过的要求；两边应设防护栏杆，栏杆高度不应小于900mm，栏杆上不得悬挂任何设施或器具；马道上应设置照明，并设置人员进出的检修口。

（4）吊顶与主体结构的吊挂应采取安全构造措施。重量大于3kg的物体，以及有振动的设备应直接吊挂在建筑承重结构上（《民用建筑通用规范》GB 55031—2022第6.4.2条）。

8.9 推广或限制使用的建筑材料

1. 对于被禁止或限制使用的材料，应按规定执行。

2. 对于新材料的应用，该材料应符合相应的性能技术要求，并具有相关鉴定报告，宜具备主管部门的推广文件许可。以浙江省为例，浙江省建设科技推广中心《关于公布〈无机轻集料砂浆保温系统应用技术研讨会纪要〉的通知》（浙建推广〔2018〕5号）。

8.10 危险性较大的分部分项工程

1. 主要国家及地方标准：

（1）《危险性较大的分部分项工程安全管理规定》（住建部〔2018〕37号令）；

（2）《危险性较大的分部分项工程安全管理规定》有关问题的通知（建办质〔2018〕31号令）。

2. 建筑设计文件宜注明涉及危险性较大的分部分项工程的重点部位和环节，包括且不限于玻璃幕墙工程；或明确危险性较大的分部分项工程专篇详见结构设计文件。

8.11 建筑防雷

8.11.1 主要国家及地方标准

《建筑物防雷设计规范》GB 50057—2010。

8.11.2 关注要点

1. 防雷分类

在可能发生对地闪击的地区，建筑物应根据建筑物的重要性、使用性质、发生雷电事故的可能性和后果按防雷要求，分为三类。详见《建筑物防雷设计规范》GB 50057—2010第3.0.1～3.0.4条。

2.《建筑物防雷设计规范》GB 50057—2010第5.2.7条规定，除第一类防雷建筑物外，金属屋面时，宜利用其屋面作为接闪器：

（1）金属板下面无易燃物品时，铅板的厚度不应小于2mm，不锈钢、热镀锌钢、钛和铜板的厚度不应小于0.5mm，铝板的厚度不应小于0.65mm，锌板的厚度不应小于0.7mm；

（2）金属板下面有易燃物品时，不锈钢、热镀锌钢和钛板的厚度不应小于4mm，铜板的厚度不应小于5mm，铝板的厚度不应小于7mm；

（3）金属板应无绝缘被覆层。薄的油漆保护层或1mm厚沥青层或0.5mm厚聚氯乙烯层均不应属于绝缘被覆层。

3.《建筑物防雷设计规范》GB 50057—2010第5.2.8规定，除第一类防雷建筑物和排放爆炸危险气体、蒸气或粉尘的放散管、呼吸阀、排风管等管道外，屋顶上永久性金属物宜作为接闪器，旗杆、栏杆、装饰物、女儿墙上的盖板等，其截面、壁厚应符合规范的相关规定。

4.《玻璃幕墙工程技术规范》JGJ 102—2003第4.4.13条规定，玻璃幕墙的防雷设计应符合国家现行标准《建筑防雷设计规范》GB 50057和《民用建筑电气设计规范》JGJ/T 16的有关规定。幕墙的金属框架应与主体结构的防雷体系可靠连接，连接部位应清除非导电保护层。顶部厚度不小于3mm的铝板可作为接闪器。

5.《建筑给水排水设计标准》GB 50015—2019第4.17.2条第6款规定，当伸顶通气管为金属管材时，应根据防雷要求设置防雷装置。

9 专项建筑技术标准的关注要点

本章节专项技术标准的关注要点，主要描述的是针对某一类功能建筑特有的技术标准和规定，如住宅建筑，其应遵循《住宅建筑规范》GB 50368—2005、《住宅设计规范》GB 50096—2011 及其他地方标准如《浙江省住宅设计标准》DB 33/ 1006—2017；除此外，尚应符合现行有关消防、节能、防水等通用技术标准的规定。

9.1 车库项目的关注要点

9.1.1 主要国家及地方标准、规定

（1）《车库建筑设计规范》JGJ 100—2015；

（2）《汽车库、修车库、停车场设计防火规范》GB 50067—2014；

（3）浙江省《城市建筑工程停车场（库）设置规则和配建标准》DB33/ 1021—2023。

9.1.2 行车安全

1.《车库建筑设计规范》JGJ 100—2015 第 3.2.7 条规定，道路转弯时，应保证良好的通视条件，弯道内侧的边坡、绿化及建（构）筑物等均不应影响行车视距。

车库内通道交叉处、建筑内置式地下车库坡道口交叉处，在平面视距三角形范围内，必须保证驾驶员视线通透；视距三角形要求的停车视距应符合表 9.1.2 的规定：

视距三角形要求的停车视距 **表 9.1.2**

行车设计速度（km/h）	20	15	10
安全停车视距（m）	20	15	10

资料来源：本表格引自浙江省《城市建筑工程停车场（库）设置规则和配建标准》DB33/ 1021—2023 第 4.2.10 条。

2. 机动车库基地出入口应设置减速安全设施（《车库建筑设计规范》JGJ 100—2015 第 3.1.7 条）。

3.《车库建筑设计规范》JGJ 100—2015 第 3.1.6 条规定，机动车库基地出入口转弯半径不宜小于 6m，与城市道路连接的出入口地面坡度不宜大于 5%。

4.《民用建筑设计统一标准》GB 50352—2019 第 5.2.4 条规定建筑基地内地下机动车车库出入口，应符合下列规定：

（1）出入口缓冲段与基地内道路连接处的转弯半径不宜小于 5.5m；

（2）当出入口与基地道路垂直时，缓冲段长度不应小于 5.5m（浙江要求为 6m）；

当出入口直接连接基地外城市道路时，其缓冲段长度不宜小于 7.5m（浙江要求为 12m）。

（3）当出入口与基地道路平行时，应设不小于 5.5m 长的缓冲段再汇入基地道路；

5. 基地内停车库机动车出入口之间净距应大于 15m；机动车库和非机动车库出入口

应分开设置，其净距应大于 10m。出入口之间应确保视线通透，并满足机动车停车视距要求（《车库建筑设计规范》JGJ 100—2015 第 4.2.2 条、浙江省《城市建筑工程停车场（库）设置规则和配建标准》DB33/ 1021—2023 第 4.2.11 条）。

9.1.3 平面布置

（1）机动车库的人员出入口与车辆出入口应分开设置，机动车升降梯不得替代乘客电梯作为人员出入口，并应设置标识（《车库建筑设计规范》JGJ 100—2015 第 4.2.8 条）。

（2）停车场（库）内尽端式通道长度大于 26m 时，应满足回车条件；大型车库两侧或单侧停车的通道长度大于 85m 时，应在通道垂直方向设置联通道（浙江省《城市建筑工程停车场（库）设置规则和配建标准》DB33/ 1021—2023 第 4.4.13 条）。

（3）车位大小应符合地方规定。以杭州为例，小车泊车位 2.5m × 6.0m，单侧边靠墙时应 +0.2m，两侧靠墙时应 +0.5m。

（4）应配置无障碍泊位，泊位一侧应设置宽度不小于 1.2m 的通道。无障碍车位宜设在地面层或地下车库的人行电梯口附近，且不应设置成机械停车位（浙江省《城市建筑工程停车场（库）设置规则和配建标准》DB33/ 1021—2023 第 4.4.14 条）。

（5）复新建住宅建筑不应采用机械式停车库；具有大量人流、车流集中疏散的建筑工程不宜采用机械式停车库；商业建筑停车场(库)配置的机械停车位数不宜超过其配建停车位总数的 40%，其他建筑工程不宜超过其配建停车位总数的 60%。(浙江省《城市建筑工程停车场（库）设置规则和配建标准》DBJ33/T 1021—2023 第 4.4.15-1 条）。

（6）复式机动车库的机械停车位宜设置在次要通道或尽端通道附近；车库内主通道和坡道端口附近不应设置机械停车位。(浙江省《城市建筑工程停车场（库）设置规则和配建标准》DBJ33/T 1021—2023 第 4.4.15-3 条）。

9.1.4 环保

地下车库排风口宜设于下风向，并应做消声处理。排风口不应朝向邻近建筑的可开启外窗；当排风口与人员活动场所的距离小于 10m 时，朝向人员活动场所的排风口底部距人员活动地坪的高度不应小于 2.5m。(《车库建筑设计规范》JGJ 100—2015 第 3.2.8 条）。

9.1.5 消防

1. 消防分类和耐火等级。

《汽车库、修车库、停车场设计防火规范》GB 50067—2014 第 3.0.1 条规定，停车数量大于 300 辆或总建筑面积大于 10000m^2 的汽车库为Ⅰ类，停车数量 151 ～ 300 辆或总建筑面积大于 5000 小于等于 10000m^2 的汽车库为Ⅱ类，停车数量 51 ～ 150 辆或总建筑面积大于 2000 小于等于 5000m^2 的汽车库为Ⅲ类，停车数量小于等于 50 辆或总建筑面积小于等于 2000m^2 的汽车库为Ⅳ类。

《汽车库、修车库、停车场设计防火规范》GB 50067—2014 第 3.0.3 条规定，地下、半地下和高层汽车库；甲、乙类物品运输车的汽车库、修车库和Ⅰ类汽车库、修车库的耐火等级应为一级；Ⅱ、Ⅲ类汽车库、修车库的耐火等级不应低于二级。

2. 机动车库的防火分区。

（1）《汽车库、修车库、停车场设计防火规范》GB 50067—2014 第 5.1.1、5.1.2 条规定，一、二级耐火等级的汽车库防火分区的最大允许建筑面积，单层汽车库为 3000m^2，多层汽车库、半地下汽车库为 2500m^2，地下汽车库、高层汽车库为 2000m^2。当设置自动灭火系统时，其每个防火分区的最大允许建筑面积不应大于规定的 2.0 倍；敞开式、错层式、斜楼板式汽车库的上下连通层面积应叠加计算，每个防火分区的最大允许建筑面积不应大于规定的 2.0 倍；室内有车道且有人员停留的机械式汽车库，其防火分区最大允许建筑面积应按规定减少 35%。

（2）《浙江省消防技术规范难点问题操作技术指南（2020 版）》第 4.1.31 条规定，单个面积不大于 200m^2 且同一防火分区内总面积不大于 500m^2 的 20kV 及以下变配电房等类似小型设备用房（柴油发电机房、锅炉房、消防水泵房、消防控制室等除外），可附设在汽车库防火分区内，但应采用耐火极限不低于 3.00h 的防火隔墙和甲级防火门与停车区之间进行防火分隔，其疏散门可直接开向汽车库。

（3）《浙江省消防技术规范难点问题操作技术指南（2020 版）》第 3.1.2 条规定，地下汽车库同一层停车区域建筑面积大于 50000m^2 时，应分隔成若干个停车区，停车区之间（主车道处除外）应采用不开设门窗洞口的防火墙分隔，在主车道处可利用防火隔间相连，防火隔间两侧应为不开设门窗洞口的防火墙，两端可为特级防火卷帘（卷帘之间的间距不应小于 4m）。防火隔间可不设置防排烟设施。

3. 充电桩车位的防火分隔：

（1）充电设施区防火单元最大允许面积，地下汽车库和高层汽车库为 1000m^2，多层汽车库为 1250m^2，单层汽车库为 1500m^2。既有建筑内配建分散充电设施时宜满足防火分隔要求。

（2）充电设施在同一防火分区内应集中布置。

（3）应布置在汽车库的首层、二层或三层。当设置在地下或半地下时，宜布置在地下车库的首层，不应布置在地下四层及以下。

（4）应采用耐火极限不小于 2.00h 的防火隔墙、防火卷帘、防火分隔水幕和乙级防火门分隔。

（5）当地下、半地下和高层汽车库内配建分散充电设施时，应设置火灾自动报警系统、排烟设施、自动喷水灭火系统、消防应急照明系统和疏散指示标志；未设置以上系统的既有汽车库内不得配建分散充电设施。

4. 汽车库不应与托儿所、幼儿园，老年人建筑，中小学校的教学楼，病房楼等组合建造。当汽车库设置在托儿所、幼儿园，老年人建筑，中小学校的教学楼，病房楼等的地下部分时，应采用耐火极限不低于 2.00h 的楼板完全分隔；安全出口和疏散楼梯应分别独立设置（《汽车库、修车库、停车场设计防火规范》GB 50067—2014 第 4.1.4 条）。

电梯可通至地下汽车库，该电梯厅应采用耐火极限不低于 2.00h 的防火隔墙和甲级防火门分隔，且不应采用防火卷帘替代（《浙江省消防技术规范难点问题操作技术指南（2020 版）》第 2.3.6 条）。

5.《汽车库、修车库、停车场设计防火规范》GB 50067—2014 第 5.1.6 条规定，汽车库、修车库与其他建筑合建时，应符合下列规定：

（1）当贴邻建造时，应采用防火墙隔开；

（2）设在建筑物内的汽车库（包括屋顶停车场）、修车库与其他部位之间，应采用防火墙和耐火极限不低于2.00h的不燃性楼板分隔；

（3）汽车库、修车库的外墙门、洞口的上方，应设置耐火极限不低于1.00h、宽度不小于1.0m、长度不小于开口宽度的不燃性防火挑檐；

（4）汽车库、修车库的外墙上、下层开口之间墙的高度，不应小于1.2m或设置耐火极限不低于1.00h、宽度不小于1.0m的不燃性防火挑檐。

6. 汽车库通向连通住宅部分的门应采用甲级防火门（《汽车库、修车库、停车场设计防火规范》GB 50067—2014第6.0.7条）。

7.《浙江省消防技术规范难点问题操作技术指南（2020版）》第3.1.1条规定：地下商业与汽车库之间应采用不开设门窗洞口的防火墙分隔，若有连通口时，应采用下沉式广场等室外开敞空间、避难走道、防火隔间或防烟前室连接。

8.《浙江省消防技术规范难点问题操作技术指南（2020版）》第4.1.1条规定在地下汽车库防火分区满足2个安全出口的条件下，人员可通过相邻防火分区防火墙上的甲级防火门疏散，车道处可设防火卷帘。

9.《浙江省消防技术规范难点问题操作技术指南（2020版）》第4.3.1、2.3.6条规定：直通建筑内附设汽车库的普通电梯，应在汽车库部分设置电梯候梯厅，并应采用耐火极限不低于2.00h的防火隔墙和甲级防火门与汽车库分隔，确需用防火卷帘替代时，卷帘总长度不得超过6m。托儿所、幼儿园，老年人建筑，中小学校的教学楼，病房楼的候梯厅应采用甲级防火门分隔，且不得采用防火卷帘替代。根据《建筑防火通用规范》GB 55037—2022第6.4.2条规定，电梯间与汽车库连通的门应为甲级防火门。

10. 消防车登高操作场地与登高操作面的建筑外墙之间不应设置汽车库（坡道）出入口。当确需设置时，《浙江省消防技术规范难点问题操作技术指南（2020版）》第2.1.9条作了补充规定。

11. 地下汽车库地面装修材料的燃烧性能等级不应低于《建筑内部装修防火规范》GB 50222—2017表5.3.1规定的B1级。

12. 车位不应影响设备用房门开启，不应影响消火栓的操作空间（消火栓前1.0m）。

9.1.6 其他

（1）配套设置社会停车场的项目，原则上应自成体系，设置一个独立的出入口，与其他车位之间可独立管理（车道消防连通口除外），包括消防人员疏散，水、电、暖通等设备。

（2）地上单体电梯、楼梯未通达地下车库时，宜设置公共的楼电梯达到地面层（当不设置公共的楼梯、电梯时，使用上要借用别的单体的楼梯、电梯，管理上比较紊乱，且用户使用不便捷，在住宅小区中的这类情形曾引起投诉）。

9.2 住宅项目的关注要点

《住宅设计规范》GB 50096—2011术语中定义住宅是供“家庭”“居住”使用的建

筑，住宅套型是由居住空间（卧室、起居室）和厨房、卫生间等三个必需的基本空间共同组成。

住宅属于居住建筑，居住建筑尚包括宿舍、单身公寓等。居住建筑均有日照要求，节能计算执行居住建筑类标准。但住宅外的居住建筑按公共建筑进行消防设计；住宅按住宅建筑进行消防设计。

住宅与非住宅组合建造时，住宅部分应与其他部分完成分隔，两者之间采用不开设门窗洞口的防火隔墙和楼板完全分隔，安全疏散完全独立。

住宅与非住宅组合组合建造时的建设项目，其住宅部分的消防设计依然按住宅功能执行。与商业网点组合建造时，建设项目的消防设计整体上按住宅执行；与其他功能组合建造时，建设项目的消防设计整体上按公共建筑执行。

9.2.1 主要国家和地方标准、规定

（1）《住宅建筑规范》GB 50368—2005；

（2）《住宅设计规范》GB 50096—2011；

（3）《浙江省住宅设计标准》DB 33/ 1006—2017。

9.2.2 总平面布置

1. 建筑退界、住宅间的间距、日照、主要技术经济指标、交通出入口及主要道路组织、建筑高度等应符合城市规划的要求，其原则上应在方案或初步设计阶段确定并报批审查完成，施工图阶段不得改变住宅位置、高度、南向开窗、南向装饰构件等有可能影响日照分析结果的设计。确需变更时，需要重新复核日照及按地方规定申请批后修改。

2. 道路和消防车道。

（1）《建筑防火通用规范》GB 55037—2022 第 3.4.3 条规定，住宅建筑应至少沿建筑的一条长边设置消防车道，这在《建筑设计防火规范》GB 50016—2014（2018 年版）第 7.1.2 条中仅限于高层住宅。

（2）当住宅建筑仅设置 1 条消防车道时，该消防车道应位于建筑的消防车登高操作场地一侧（《建筑防火通用规范》GB 55037—2022 第 3.4.3 条）。

《浙江省消防技术规范难点问题操作技术指南（2020 版）》第 2.1.6 条规定，住宅建筑端头底部设置商业服务网点、总高度（建筑层高之和）不超过 7.8m 的变配电房等时，当其与住宅的交接部位长度不大于 10m 且消防车登高可到达至该单元的楼梯间或每户时，该住宅可视作满足消防车登高操作场地要求。当住宅建筑端头底部两侧均设置商业服务网点，消防车道不能完全沿长边布置时，《浙江省消防技术规范难点问题操作技术指南（2020 版）》第 2.1.6 条没有作出明确解释，执行时图审有歧义。

（3）住宅与商业服务网点外的其他功能组合建造时，该建筑从整体上不是住宅楼。其消防车道和消防车登高操作场地的设置应按公共建筑的要求设置。

（4）住宅小区地面配套设置的沿小区道路的单排的停车位，可不按地面停车场认定（《浙江省消防技术规范难点问题操作技术指南（2020 版）》第 2.3.7 条）。

（5）住宅至道路边缘的最小距离，应符合表 9.2.2 的规定。

住宅至道路边缘最小距离　表 9.2.2

与住宅距离		路面宽度（含人行便道）		
		＜ 6m	6 ～ 9m	＞ 9m
住宅面向道路	高层无出入口	2	3	5
	多层无出口	2	3	3
	有出入口	2.5	5	不能开口
住宅山墙面向道路	高层	1.5	2	4
	多层	1.5	2	2

资料来源：本表格引自《住宅建筑规范》GB 50368—2005 表 4.1.2。

3．护坡或挡土墙。

《住宅建筑规范》GB 50368—2005 第 4.5.2、6.1.6 条，住宅用地的防护工程设置应符合下列规定：

（1）台阶式用地的台阶之间应用护坡或挡土墙连接，相邻台地间高差大于 1.5m 时，应在挡土墙或坡比值大于 0.5 的护坡顶面加设安全防护设施；

（2）土质护坡的坡比值不应大于 0.5；

（3）高度大于 2m 的挡土墙和护坡的上缘与住宅间水平距离不应小于 3m，其下缘与住宅间的水平距离不应小于 2m；

（4）邻近住宅的永久性边坡的设计工作年限，不应低于受其影响的住宅结构的设计工作年限。

9.2.3 套内空间

（1）厨房的最小面积；仅有起居兼卧室的住宅厨房面积不应小于 3.5m^2，其他不应小于 4.0m^2。该最小面积应扣除烟道面积。

（2）无前室的卫生间的门不应直接开向起居室（厅）或厨房（《住宅设计规范》GB 50096—2011 第 5.4.3 条）。

（3）卫生间不应直接布置在下层住户的卧室、起居室（厅）、厨房和餐厅的上层（《住宅设计规范》GB 50096—2011 第 5.4.4 条）。

（4）厨房应设置外窗，窗地面积比不应小于 1/7，其中直接自然通风开口面积不应小于该房间地板面积的 1/10，并不得小于 0.60m^2；当厨房外设置阳台时，阳台的自然通风开口面积不应小于厨房和阳台地板面积总和的 1/10，并不得小于 0.60m^2（《住宅建筑规范》GB 50368—2005 第 7.2.2 条，《住宅设计规范》GB 50096—2011 第 7.2.4 条）。

采用推拉窗的厨房、位于凹口的厨房、采用大面积定玻小面积开启的外窗等设计时，尤其应复核。

（5）《住宅建筑规范》GB 50368—2005 第 7.2.2 条、《住宅设计规范》GB 50096—2011 第 7.2.4 条等规定：

卧室、起居室应设置外窗，窗地面积比不应小于 1/7。卧室、起居室、明卫生间的直接自然通风开口面积不应小于该房间地板面积的 1/20；当采用自然通风的房间外设置阳台时，阳台的自然通风开口面积不应小于房间和阳台地板面积总和的 1/20。每套住宅的通风开口面积不应小于地面面积的 5%。

《浙江省住宅设计标准》DB 33/ 1006—2017 第 7.2.3 条规定，每套住宅的外窗（包括阳台门）通风开口面积，北区建筑不应小于地面面积的 5%，南区建筑不应小于地面面积的 8% 或外窗面积的 45%。

当住宅外窗采用固定大玻璃、小扇开启时，应复核卧室、起居室、厨房等的通风开口面积要求，尚应复核整套住宅（含暗卫、套内走廊、储存等）的通风开口面积要求。

（6）《住宅建筑规范》GB 50368—2005 第 5.4.1 条规定，卧室、起居室、厨房不应布置在地下室。当布置在半地下室时，必须采取采光、通风、日照、防潮、排水及安全防护措施。

9.2.4 公共部分

1. 新建住宅应每套配套设置信报箱（《住宅设计规范》GB 50096—2011 第 6.7.1 条）。

2. 七层及七层以上住宅或住户入口层楼面距室外设计地面的高度超过 16m 时（《浙江省住宅设计标准》DB 33/ 1006—2017 第 5.3.1 条规定：四层及四层以上住宅或住户入口层楼面距室外设计地面的高度超过 10m 时）应设置电梯；十二层及以上时，每单元应设置两台电梯，其中一台应为担架梯。建筑高度超过 33m 时应设置消防电梯。电梯厅进深不应小于 1.5m（满足无障碍要求）；消防电梯厅短边不应小于 2.4m。

3. 电梯布置。

（1）《住宅建筑规范》GB 50368—2005 第 7.1.5 条规定，电梯不应与卧室、起居室紧邻布置。受条件限制需要紧临布置时，必须采取有效的隔声和减振措施。《住宅设计规范》GB 50096—2011 第 6.4.7 条、《浙江省住宅设计标准》DB 33/ 1006—2017 第 5.3.6 条规定，电梯不应紧邻卧室布置。当受条件限制，电梯不得不紧邻兼起居的卧室布置时，应采取隔声、减震的构造措施。

对电梯是否可贴邻卧室布置，在规范理解执行时有歧义，建议电梯不贴邻卧室布置。

（2）电梯宜成组布置。

（3）《浙江省住宅设计标准》DB 33/ 1006—2017 第 5.3.4 条规定，当附设为本住宅楼服务的地下汽车库时，至少应有一台电梯通向地下汽车库。当地下室为自行车停车库或机电设备用房时，电梯宜到达该楼层。

（4）《浙江省住宅设计标准》DB 33/ 1006—2017 第 5.3.5 条规定，候梯厅深度不应小于多台电梯中最大轿厢的深度，且不应小于 1.50m。电梯候梯厅和楼梯平台共用时，平台净深不宜小于 2.10m。

（5）《浙江省住宅设计标准》DB 33/ 1006—2017 第 5.3.5 条规定，候梯厅的净高不宜低于 2.40m。电梯厅顶部需设置消防给水管（消火栓环通管）、增压送风井送风口时，应复核净高。

9.2.5 消防设计

除下列住宅专门规定外，消防设计尚应符合相关防火规范要求执行。

1．建筑功能。

住宅建筑及住宅与商业网点组合建造的建筑，消防设计按住宅楼的相关要求执行，并按建筑高度 27m、54m 为界进行消防分类；

住宅与商业网点外的其他功能组合建造的建筑，整体上消防设计按公共建筑的相关要求执行，按建筑高度 24m、50m 为界进行消防分类。住宅部分和非住宅部分的安全疏散、防火分区和室内消防设施配置，可根据各自的建筑高度分别按照本规范有关住宅建筑和公共建筑的规定执行。

2．防火分隔。

（1）住宅与非住宅部分，应采用耐火极限不低于 2.00h 且无门、窗、洞口的防火隔墙和 2.00h 的不燃性楼板完全分隔。住宅部分和非住宅部分的安全出口和疏散楼梯应分别独立设置。

（2）住宅设计强调户与户之间的分隔。

根据《建筑设计防火规范》GB 50016—2014（2018 年版）第 6.2.5 条的规定，住宅建筑外墙上相邻户开口之间的墙体宽度不应小于 1.0m；小于 1.0m 时，应在开口之间设置突出外墙不小于 0.6m 的隔板。

住宅建筑外墙上、下层开口之间的构造要求同其他建筑，即应设置高度不小于 1.2m 的实体墙或挑出宽度不小于 1.0m、长度不小于开口宽度的防火挑檐（进深小于 1.0m 的阳台不符合防火挑檐的要求）；当室内设置自动喷水灭火系统时，上、下层开口之间的实体墙高度不应小于 0.8m。当上、下层开口之间不足时，高层住宅可设置耐火完整性不应低于 1.00h 的外窗，多层住宅可设置耐火完整性不应低于 0.5h 的外窗（《建筑设计防火规范》GB 50016—2014（2018 年版）第 6.2.5 条）。

《浙江省消防技术规范难点问题操作技术指南（2020 版）》第 3.4.4 条规定，当相邻户开口之间的间距小于 1.0m 时，可采用乙级及以上的防火门窗。

《浙江省消防技术规范难点问题操作技术指南（2020 版）》第 3.4.6 条规定，当住宅采用封闭阳台时，上、下层开口之间和相邻户开口之间的距离按《建筑设计防火规范》GB 50016—2014（2018 年版）第 6.2.5 条的规定执行。既有住宅后期封闭阳台时，易出现不符合该项规定的情形。

3．疏散楼梯数量。

根据《建筑防火通用规范》GB 55037—2022 第 7.3.1 条、《建筑设计防火规范》GB 50016—2014（2018 年版）第 5.5.25 条规定，符合下列规定之一的住宅建筑每个单元任一楼层的安全出口，可只设 1 个：

（1）建筑高度不大于 27m 的建筑，当每个单元任一层的建筑面积不大于 650m^2，且任一户门至最近安全出口的距离不大于 15m 时；

（2）建筑高度大于 27m、不大于 54m 的建筑，当每个单元任一层的建筑面积不大于 650m^2，且任一户门至最近安全出口的距离大于 10m，且楼梯可通至屋面且可通过屋面连通时。

4．楼梯形式。

（1）建筑高度不大于 33m 的住宅采用封闭楼梯或敞开楼梯；大于 33m 的住宅采用防烟楼梯。

（2）建筑高度大于 54m 时，可采用剪刀楼梯，住宅户门至楼梯疏散门的距离不应大于 10m。

5. 疏散距离。

（1）户门至最近安全出口的距离按《建筑设计防火规范》GB 50016—2014（2018 年版）第 5.5.29 条执行。对于单元式住宅，往往只设置一座疏散楼梯或一座剪刀楼梯，任一户门至最近安全出口按《建筑设计防火规范》GB 50016—2014（2018 年版）第 5.5.25、5.5.28 条执行。

当建筑高度不大于 27m 时，且仅设置一座疏散楼梯时，任一户门至最近安全出口的距离应不大于 15m；

建筑高度大于 27m、不大于 54m 的建筑，且仅设置一座疏散楼梯时，任一户门至最近安全出口的距离应不大于 10m；

建筑高度大于 54m 的建筑，且仅设置一座剪刀楼梯时，任一户门至最近安全出口的距离应不大于 10m。

（2）当利用敞开连廊或走道作为楼梯前室或合用前室时，疏散距离计算有歧义，即户门同时作为安全出口，此时疏散距离为零。建议按户门到楼梯门间距计算。

6. 楼梯梯段净宽、踏宽、踏高。

楼梯梯段净宽不应小于 1.10m，不超过 18m 的住宅，一边设有栏杆的梯段净宽不应小于 1.00m；楼梯平台净宽不小于 1.20m，当为剪刀梯时楼梯平台的净宽不得小于 1.30m。楼梯踏步宽度不应小于 0.26m，踏步高度不应大于 0.175m（《建筑设计防火规范》GB 50016—2014（2018 年版）第 5.5.30 条、《住宅设计规范》GB 50096—2011 第 6.3.1、6.3.2 条等）。

7. 疏散出口门、疏散走道的净宽度。

住宅的疏散走道、首层疏散外门（不含楼梯首层疏散门）的净宽不应小于 1.10m；疏散出口门（户门）净宽度不应小于 0.80m（《建筑防火通用规范》GB 55037—2022 第 7.1.4 条、《建筑设计防火规范》GB 50016—2014（2018 年版）第 5.5.30 条）。

8. 除允许设置敞开楼梯间的住宅外，楼梯间及前室不应设置或穿过可燃气体管道（《建筑设计防火规范》GB 50016—2014（2018 年版）第 6.4.1 条）。

9.《浙江省消防技术规范难点问题操作技术指南（2020 版）》第 2.3.17 条规定，住宅建筑的各层天井（含底部）均应设置成 U 形，内天井宽度 A 和开口宽度 B 宜对应设置，当 $A < 2m$ 时，$B \geq A$；$A \geq 2m$，$B \geq 0.8A$ 且不小于 2m，且当 $B > 6m$ 时 B 可取 6m；如需设置连廊时应为敞开连廊，该敞开连廊兼作前室或者合用前室时，与疏散无关的门、窗不得直接开向敞廊，开向天井的门窗洞口距离敞廊不得小于 1.0m；开向敞廊的户门数量可超过 3 樘；当住宅建筑的 2 个安全出口（疏散楼梯）分散设置距离不小于 5m 且敞廊长度不小于 4m 时，之间连通的敞廊上可不设防火门，可不按照三合一前室考虑。

《浙江省消防技术规范难点问题操作技术指南（2020 版）》第 2.3.18 条规定，住宅内天井部位可设置不超过 2 个方向的宽度不大于 1.2m 的不燃性挑板，设置挑板的方向内天井宽度净尺寸应不小于 2m。

10. 住宅避难。

（1）建筑高度大于 54m 的住宅建筑，每户应设置 1 个临时避难房间，其应设置乙级防火门，应靠外墙设置且其外窗的耐火完整性不宜低于 1.00h，《浙江省消防技术规范难点问题操作技术指南（2020 版）》要求可开启面积不应小于 1.0m^2。

（2）建筑高度大于 100m 的民用建筑应设置避难层，且第一个避难层的楼面至消防车登高操作场地地面的高度不应大于 50m（《建筑防火通用规范》GB 55037—2022 第 7.1.14 条）。

9.2.6　安全防护

（1）住宅临空窗的窗台距楼地面的净高低于 0.90m 时应设置防护设施，防护高度由楼地面（或可踏面）起计算不应小于 0.90m（《民用建筑通用规范》GB 55031—2022 第 6.5.6 条，《住宅设计规范》GB 50096—2011 第 5.8.1 条）。

（2）当凸窗窗台高度低于或等于 0.45m 时，栏杆防护高度从窗台面起算不应低于 0.9m；当凸窗窗台高度高于 0.45m 时，栏杆防护高度从窗台面起算不应低于 0.6m（《民用建筑统一设计标准》GB 50352—2019 第 6.11.7 条）。

（3）阳台栏板或栏杆净高，《民用建筑通用规范》GB 55031—2022 第 6.6.1 条规定不应小于 1.10m。《住宅设计规范》GB 50096—2011 第 5.6.3 条规定，六层及六层以下不应低于 1.05m；七层及七层以上不应低于 1.10m；第 5.6.4 条规定封闭阳台栏板或栏杆也应满足阳台相关要求。

不论住宅阳台是否封闭、不论住宅层数，建议栏杆高度均按不低于 1.10m 执行。

（4）住宅栏杆设计必须采用防止儿童攀登（攀滑）的构造，栏杆的垂直杆件间净距不应大于 0.11m。梯井净宽大于 0.11m 时，必须采用防止儿童攀滑的措施（《住宅设计规范》GB 50096—2011 第 5.6.2、6.3.5 条）。

（5）住宅单元入口安装可视对讲装置；户门设置钢制防火门。

（6）住宅底层外窗和阳台门、下沿低于 2.0m 且紧邻走廊或共用上人屋面上的窗和门，应采取防卫措施。

（7）住宅应采取防止外窗玻璃、外墙装饰及其他附属设施等坠落或坠落伤人的措施（《住宅建筑规范》GB 50368—2005 第 3.1.12 条）。

9.2.7　无障碍设计

（1）居住建筑应按每 100 套住房设置不少于 2 套无障碍住房，设计应绘出套型内平面布置，包括厨房、不少于 1 个卫生间和 1 个厨房，户门及通道应符合规定（《无障碍设计规范》GB 50763—2012 第 7.4.3 条）。

（2）七层（《浙江省住宅设计标准》DB 33/1006—2017 第 6.2.3 条规定为四层）及以上的住宅的建筑出入口、出入口平台（宽度不应小于 2.0m）、候梯厅（不应小于 1.50m）、公共走廊等应进行无障碍设计（《住宅设计规范》GB 50096—2011 第 5.3.1 条）。

9.2.8　住宅室内防水

（1）卫生间、浴室的楼、地面应设置防水层；墙面、顶棚应设置防潮层（《住宅室内防水工程技术规程》JGJ 298—2013 第 5.2.1 条）。

（2）厨房的地面应设置防水层，墙面应设置防潮层，顶棚上方为无用水点的房间时应设置防潮层（《住宅室内防水工程技术规程》JGJ 298—2013 第 5.2.2 条）。

（3）住宅的排水管道不得穿越卧室；不应穿越下层住户的居室（《住宅设计规范》GB 50096—2011 第 8.2.6 条，《住宅室内防水工程技术规程》JGJ 298—2013 第 5.2.4 条）。

（4）厨房的排水立管支架和洗涤池不应直接安装在与卧室相邻的墙体上（《住宅室内防水工程技术规程》JGJ 298—2013 第 5.2.5 条）。

（5）排水立管不宜设置在靠近与卧室相邻的内墙；当必须靠近与卧室相邻的内墙时，应采用低噪声管材（《住宅设计规范》GB 50096—2011 第 8.2.7 条）。

（6）楼、地面的防水层在门口处应水平延展，且向外延展的长度不应小于 500mm，向两侧延展的宽度不应小于 200mm（《住宅室内防水工程技术规程》JGJ 298—2013 第 5.4.1 条）。

9.2.9 商业服务网点

（1）商业服务网点是指设置在住宅建筑的首层或首层及二层（《浙江省消防技术规范难点问题操作技术指南（2020 版）》第 9.8.1 条规定总高度不应大于 7.8m），每个分隔单元建筑面积不大于 300m^2 的商店、邮政所、储蓄所、理发店等小型营业性用房；每个分隔单元之间应采用耐火极限不低于 2.00h 且无门、窗、洞口的防火隔墙相互分隔。

二次装修中将商业服务网点打通形成超过 300m^2 的商业营业用房或办公，商业服务网点所在的建筑整体不再视为住宅楼，属于消防重大变更。

（2）每个商业服务网点中建筑面积大于 200m^2 的任一楼层均应设置至少 2 个疏散出口。《浙江省消防技术规范难点问题操作技术指南（2020 版）》第 9.8.4 条规定教育培训机构、棋牌室用房设置在商业服务网点中且任一层建筑面积大于 120m^2 时，该层应设置 2 个安全出口或疏散门。

9.3 老年人照料设施项目的关注要点

9.3.1 主要国家及地方标准、规定

《老年人照料设施建筑设计标准》JGJ 450—2018。

注：该标准适用于新建、改建和扩建的设计总床位数或老年人总数不少于 20 床（人）的老年人照料设施建筑设计。

9.3.2 总平面设计

（1）道路系统应保证救护车辆能停靠在建筑的主要出入口处，且应与建筑的紧急送医通道相连（《老年人照料设施建筑设计标准》JGJ 450—2018 第 4.2.4 条）。

（2）设置无障碍停车位或无障碍停车下客点，并与无障碍人行道相连（《老年人照料设施建筑设计标准》JGJ 450—2018 第 4.2.5 条）。

（3）地面应平整防滑，有坡度时，坡度不应大于 2.5%（《老年人照料设施建筑设计标准》JGJ 450—2018 第 4.3.1-3 条）。

（4）总平面内设置观赏水景水池时，应有安全提示与安全防护措施（《老年人照料设

施建筑设计标准》JGJ 450—2018 第 4.4.2 条）。

（5）老年人全日照料设施设有生活用房的建筑间距应满足卫生间距要求，且不宜小于 12m（《老年人照料设施建筑设计标准》JGJ 450—2018 第 6.4.1 条）。

（6）遗体运出的路径不宜穿越老年人日常活动区域（《老年人照料设施建筑设计标准》JGJ 450—2018 第 6.4.4 条）。

9.3.3 平面布置

（1）老年人照料设施的老年人居室和老年人休息室不应设置在地下室、半地下室（《老年人照料设施建筑设计标准》JGJ 450—2018 第 5.1.2 条）。

（2）老年人照料设施的老年人居室和老年人休息室不应与电梯井道、有噪声振动的设备机房等相邻布置（《老年人照料设施建筑设计标准》JGJ 450—2018 第 6.5.3 条）。

（3）照料单元的使用应具有相对独立性，每个照料单元的设计床位数不应大于 60 床。失智老年人的照料单元应单独设置，每个照料单元的设计床位数不宜大于 20 床（《老年人照料设施建筑设计标准》JGJ 450—2018 第 5.1.4 条）。

9.3.4 交通空间

1．出入口和门厅。

（1）宜采用平坡出入口，平坡坡度不应大于 1/20，有条件时不宜大于 1/30；

（2）出入口严禁采用旋转门；

（3）出入口附近应设助行器和轮椅停放区（《老年人照料设施建筑设计标准》JGJ 450—2018 第 5.6.2 条）。

2．走廊。

《老年人照料设施建筑设计标准》JGJ 450—2018 第 5.6.3 条规定，老年人使用的走廊，通行净宽不应小于 1.80m，确有困难时不应小于 1.40m；当走廊的通行净宽大于 1.40m 且小于 1.80m 时，走廊中应设通行净宽不小于 1.80m 的轮椅错车空间，错车空间的间距不宜大于 15.00m（《老年人照料设施建筑设计标准》JGJ 450—2018 第 5.6.3 条）。

老年人使用的室内外交通空间，当地面有高差时，应设轮椅坡道连接，且坡度不应大于 1/12。当轮椅坡道的高度大于 0.10m 时，应同时设无障碍台阶（《老年人照料设施建筑设计标准》JGJ 450—2018 第 6.1.3 条）。

3．电梯（《老年人照料设施建筑设计标准》JGJ 450—2018 第 5.6.4、5.6.5 条）。

电梯应作为楼层间供老年人使用的主要垂直交通工具，为老年人居室使用的电梯，每台电梯服务的设计床位数不应大于 120 床。

二层及以上楼层、地下室、半地下室设置老年人用房时应设电梯；电梯应为无障碍电梯，且至少 1 台能容纳担架。

4．楼梯（《老年人照料设施建筑设计标准》JGJ 450—2018 第 5.6.6、5.6.7 条）。

（1）老年人使用的楼梯严禁采用弧形楼梯和螺旋楼梯。

（2）梯段通行净宽不应小于 1.20m，踏步宽度最小宽度为 0.32m，最大高度为 0.13m。楼梯缓步平台内不应设置踏步。

（3）踏步前缘不应突出，踏面下方不应透空，踏步上的防滑条、警示条等附着物均不应突出踏面。

5. 交通空间的主要位置两侧应设连续扶手（《老年人照料设施建筑设计标准》JGJ 450—2018 第 6.1.4 条）。

6. 交通空间的地面均应采用防滑材料铺装。

9.3.5　专门要求

（1）老年人照料设施内供老年人使用的场地及用房均应进行无障碍设计，包括且不限于主要出入口、人行道、停车场；活动场地、活动设施、休憩设施；门厅、走廊、楼梯、电梯等交通空间；居室、餐厅、卫生间等生活用房；文娱健身用房，康复医疗用房，登记室、接待室等管理服务用房。

（2）老年人的居室门、居室卫生间门、公用卫生间厕位门、盥洗室门、浴室门等，均应选用内外均可开启的锁具及方便老年人使用的把手，且宜设应急观察装置。

（3）全部老年人用房与救护车辆停靠的建筑物出入口之间的通道，应满足担架抬行和轮椅推行的要求，且应连续、便捷、畅通（《老年人照料设施建筑设计标准》JGJ 450—2018 第 6.3.6 条）。

9.3.6　消防设计

1. 平面布置。

（1）老年人照料设施（包含组合建筑时的老年人照料设施部分），对于一、二级耐火等级建筑，不应布置在楼地面设计标高大于 54m 的楼层上，（《建筑设计防火规范》GB 50016—2014（2018 年版）第 5.3.1A 条，不宜布置在大于 32m 的楼层上）。

（2）居室和休息室不应布置在地下或半地下。

（3）老年人公共活动用房、康复与医疗用房，应布置在地下一层及以上楼层，当布置在半地下或地下一层、地上四层及以上楼层时，每个房间的建筑面积不应大于 200m^2 且使用人数不应大于 30 人（《建筑防火通用规范》GB 55037—2022 第 4.3.5 条、《建筑设计防火规范》GB 50016—2014（2018 年版）第 5.4.4B 条）。

（4）组合建造时，老年人照料设施应采用防火门、防火窗、耐火极限不低于 2.00h 的防火隔墙和耐火极限不低于 1.00h 的楼板与其他区域分隔（《建筑防火通用规范》GB 55037—2022 第 4.1.3 条、《建筑设计防火规范》GB 50016—2014（2018 年版）第 6.2.2 条）。除另有规定外，应独立疏散。

既有建筑内的老年人照料设施改建工程，当与其他单、多层民用建筑合建时，应设置不少于 1 个独立的安全出口或疏散楼梯，其疏散宽度不应少于该场所设计疏散总宽度的 70%（《浙江省既有建筑托育机构、老年人照料设施改建工程防火技术导则（试行）》第 5.2.19 条）。

2. 电梯。

五层及以上且建筑面积大于 3000m^2（包括设置在其他建筑内第五层及以上楼层）的老年人照料设施，或建筑高度大于 24m 的老年人照料设施（一类高层公共建筑），应设置消防电梯（《建筑防火通用规范》GB 55037—2022 第 2.2.6 条、《建筑设计防火规范》GB 50016—2014（2018 年版）第 7.3.1 条）。

老年人照料设施内的非消防电梯应采取防烟措施，当火灾情况下需用于辅助人员疏散时，该电梯及其设置应符合有关消防电梯的要求（《建筑设计防火规范》GB 50016—2014（2018 年版）第 5.5.14 条）。

3．老年人照料设施的老年人居室开向公共内走廊或封闭式外走廊的疏散门，应在关闭后具有烟密闭的性能（《建筑防火通用规范》GB 55037—2022 第 6.4.1 条）。

4．独立建造的老年人照料设施，或与其他功能的建筑组合建造且老年人照料设施部分的总建筑面积大于 500m^2 的老年人照料设施，其内、外保温系统和屋面保温系统均应采用燃烧性能为 A 级的保温材料或制品（《建筑防火通用规范》GB 55037—2022 第 6.6.4 条）。

5．疏散门和安全出口。

老年人照料设施中的老年人活动场所，当房间位于走道尽端时，疏散门不应少于 2 个；当房间位于两个安全出口之间或袋形走道两侧且建筑面积不大于 50m^2 时，可只设一个疏散门（《建筑防火通用规范》GB 55037—2022 第 7.4.2 条）。

二、三层老年人照料设施，即使每层建筑面积不大于 200m^2，第二三层的人数之和不超过 50 人，每个楼层的安全出口也不应少于 2 个（《建筑设计防火规范》GB 50016—2014（2018 年版）第 5.5.8 条）。

6．楼梯间形式。

多层老年人照料设施，与敞开式外廊不直接连通的室内疏散楼梯均应为封闭楼梯间；

建筑高度大于 24m 的老年人照料设施，其室内楼梯应采用防烟楼梯间（《建筑防火通用规范》GB 55037—2022 第 7.4.5 条、《建筑设计防火规范》GB 50016—2014（2018 年版）第 5.5.13A 条）。

7．避难间。

根据《建筑设计防火规范》GB 50016—2014（2018 年版）第 5.5.24A 条的规定，3 层及 3 层以上总建筑面积大于 3000m^2（包括设置在其他建筑内三层及以上楼层）的老年人照料设施，应在二层及以上各层“老年人照料设施部分”的“每座”疏散楼梯间的相邻部位设置 1 间避难间。避难间内可供避难的净面积不应小于 12m^2，避难间可利用疏散楼梯间的前室或消防电梯的前室（该前室面积不应小于 12m^2 即可，但不能利用合用前室）；避难间可利用平时使用的公共就餐室或休息室等房间，一般从该房间要能避免再经过走道等火灾时的非安全区进入疏散楼梯间或楼梯间的前室；避难间的门可直接开向前室或疏散楼梯间。

避难间的其他要求应符合《建筑设计防火规范》GB 50016—2014（2018 年版）第 5.5.24 条的规定。

当老年人照料设施设置与疏散楼梯或安全出口直接连通的开敞式外廊、与疏散走道直接连通且符合人员避难要求的室外平台等时，可不设置避难间。

供失能老年人使用且层数大于 2 层的老年人照料设施，应按核定使用人数配备简易防毒面具。

8．设备。

老年人照料设施应设置自动灭火系统和火灾自动报警系统。老年人照料设施中的老年人用房及其公共走道，均应设置火灾探测器和声警报装置或消防广播（《建筑防火通用规范》GB 55037—2022 第 8.1.9、8.3.2 条、《建筑设计防火规范》第 8.4.1 条)。

老年人照料设施内应设置与室内供水系统直接连接的消防软管卷盘，消防软管卷盘的设置间距不应大于 30.0m（《建筑设计防火规范》第 8.2.4 条）。

9.4 托儿所、幼儿园项目的关注要点

幼儿园的设计应符合幼儿人体尺度和卫生防疫的要求，包括且不限于走道、楼梯、栏杆、门窗、卫生间等。

9.4.1 主要国家及地方标准、规定

（1）《托儿所、幼儿园建筑设计规范》JGJ 39—2016（2019 年版）；

（2）《浙江省普通幼儿园建设标准》DB33/ 1040—2007。

9.4.2 一般规定

1. 节能计算遵循居住建筑标准。

2. 日照。

托儿所、幼儿园的活动室、寝室及具有相同功能的区域，应布置在当地最好朝向，冬至日底层满窗日照不应小于 3h，且需要获得冬季日照的婴幼儿生活用房窗洞开口面积不应小于该房间面积的 20%（《托儿所、幼儿园建筑设计规范》JGJ 39—2016（2019 年版）第 3.2.8、3.2.8A 条）。

《托儿所、幼儿园建筑设计规范》JGJ 39—2016（2019 年版）第 3.2.3 条规定，室外活动场地应有 1/2 以上的面积在标准建筑日照阴影线之外。《浙江省普通幼儿园建设标准》DB33/ 1040—2007 第 3.4.2 条规定，室外游戏场地“尚应”保证有一半以上的面积冬至日日照不少于“连续”2h。

3. 四个班及以上的托儿所、幼儿园建筑应独立设置。三个班及以下时，可与居住、养老、教育、办公建筑合建，但应设独立的疏散楼梯和安全出口，出入口处应设置人员安全集散和车辆停靠的空间，应设独立的室外活动场地，场地周围应采取隔离措施（《托儿所、幼儿园建筑设计规范》JGJ 39—2016（2019 年版）第 3.2.2 条）。

4. 当托儿所、幼儿园场地内设汽车库时，汽车库应设置单独的车道和出入口（《托儿所、幼儿园建筑设计规范》JGJ 39—2016（2019 年版）第 4.5.8 条）。

《浙江省消防技术规范难点问题操作技术指南（2020 版）》第 2.3.6 条规定，汽车坡道及其他开口（楼梯间除外）距上部建筑的外墙开口之间的直线距离不应小于 6m（且水平距离不应小于 4m）。

5. 出入口不应直接设置在城市干道一侧；在出入口处应设大门和警卫室（《托儿所、幼儿园建筑设计规范》JGJ 39—2016（2019 年版）第 3.2.6、3.2.7 条）。

6. 根据《托儿所、幼儿园建筑设计规范》JGJ 39—2016（2019 年版）第 3.2.3 条规定，室外活动场地应符合下列规定：

（1）幼儿园每班应设专用室外活动场地，人均面积不应小于 $2m^2$，各班活动场地之间宜采取分隔措施；应设全园共用活动场地，人均面积不应小于 $2m^2$；托儿所室外活动场地

人均面积不应小于 3m^2。

（2）《托儿所、幼儿园建筑设计规范》JGJ 39—2016（2019 年版）第 3.2.2 条规定，室外活动场地范围内应采取防止物体坠落措施。《浙江省普通幼儿园建设标准》DB33/ 1040—2007 第 6.1.5 条规定，室外活动场地严禁贴近建筑外墙布置。

（3）地面应平整、防滑、无障碍、无尖锐突出物，并宜采用软质地坪。

（4）应设置游戏器具、沙坑、30m 跑道等，宜设戏水池，储水深度不应超过 0.30m。

（5）《浙江省普通幼儿园建设标准》DB33/ 1040—2007 第 6.1.5 条规定，室外活动场地应与城市道路有 5m 以上的隔离带。

9.4.3 平面布置

1．托儿所、幼儿园中的生活用房不应设置在地下室或半地下室，应布置在三层及以下（《托儿所、幼儿园建筑设计规范》JGJ 39—2016（2019 年版）第 4.1.3、4.1.3A 条）。

同一个班的活动室与寝室应设置在同一楼层内，不应布置双层床（《托儿所、幼儿园建筑设计规范》JGJ 39—2016（2019 年版）第 4.3.6、4.3.9 条）。

托儿所的生活用房应布置在首层。当布置在首层确有困难时，可将托大班布置在二层，其人数不应超过 60 人（《托儿所、幼儿园建筑设计规范》JGJ 39—2016（2019 年版）第 4.1.3B 条）。

2．活动室的面积、专用活动室的数量应符合规定（含地方规定）（《托儿所、幼儿园建筑设计规范》JGJ 39—2016（2019 年版）第 4.2.3、4.2.3A、4.2.3B 条）。

3．生活用房、服务管理用房、厨房、楼梯均应有直接自然采光，单侧采光的活动室进深不宜大于 6.60m（《托儿所、幼儿园建筑设计规范》JGJ 39—2016（2019 年版）第 4.1.11、4.3.4、5.1.1 条）。

4．厨房、卫生间、试验室、医务室等使用水的房间不应设置在婴幼儿生活用房的上方（《托儿所、幼儿园建筑设计规范》JGJ 39—2016（2019 年版）第 4.1.17A 条）。

5．活动用房内卫生间设置应符合《托儿所、幼儿园建筑设计规范》JGJ 39—2016（2019 年版）4.3.10 ～ 4.3.15 条规定：

（1）幼儿园每班卫生间卫生设备的最少数量：污水池 1 个，大便器 6 个（女 4 男 2），小便器 4（或小便槽 2.5m），盥洗台 6 个（《浙江省普通幼儿园建设标准》DB33/ 1040—2007 第 6.2.3 条规定 6—8 个）；夏热冬冷和夏热冬暖地区，托儿所、幼儿园建筑的幼儿生活单元内宜设淋浴室（《浙江省普通幼儿园建设标准》DB33/ 1040—2007 第 6.2.3 条规定应设置 2 个淋浴龙头）；寄宿制幼儿生活单元内应设置淋浴室，并应独立设置（《托儿所、幼儿园建筑设计规范》JGJ 39—2016（2019 年版）第 4.3.15 条）。

（2）卫生间应由厕所、盥洗室组成，并宜分间或分隔设置。当设置成人厕位时，应与幼儿卫生间隔离（《托儿所、幼儿园建筑设计规范》JGJ 39—2016（2019 年版）第 4.2.5A 条）。

（3）卫生间开门不宜直对寝室或活动室。盥洗室与厕所之间应有良好的视线贯通。

（4）盥洗池距地面的高度宜为 0.50 ～ 0.55m，宽度宜为 0.40 ～ 0.45m，水龙头的间距宜为 0.55 ～ 0.60m；大便器宜采用蹲式便器，大便器或小便槽均应设隔板，隔板处应加设幼儿扶手。厕位的平面尺寸不应小于 0.70m × 0.80m（宽 × 深），坐式便器的高度宜为

0.25 ～ 0.30m。

（5）厕所、盥洗室、淋浴室地面不应设台阶。

6. 教职工的卫生间、淋浴室应单独设置，不应与幼儿合用（《托儿所、幼儿园建筑设计规范》JGJ 39—2016（2019 年版）第 4.4.5 条）。

每层应设无障碍卫生间（设计宜结合教职工卫生间设计）(《建筑与市政工程无障碍通用规范》GB 55019—2021 第 3.2.4 条）。

7. 幼儿生活用房的中间走廊净宽不应小于 2.4m，单面走道净宽不应小于 1.8m；服务用房的中间走廊净宽不应小于 1.5m，单面走道净宽不应小于 1.3m（《托儿所、幼儿园建筑设计规范》JGJ 39—2016（2019 年版）第 4.1.14 条）。

8. 保健观察室宜设单独出入口；应设独立的厕所，厕所内应设幼儿专用蹲位和洗手盆；应设有一张幼儿床的空间；应与幼儿生活用房有适当的距离，并应与幼儿活动路线分开（《托儿所、幼儿园建筑设计规范》JGJ 39—2016（2019 年版）第 4.4.4 条）。

9.4.4 建筑层高

《托儿所、幼儿园建筑设计规范》JGJ 39—2016（2019 年版）第 4.1.17、4.5.3 条规定，多功能活动室净高不应低于 3.9m，幼儿活动室、寝室净高、厨房加工间不应低于 3.0m。《浙江省普通幼儿园建设标准》DB33/ 1040—2007 第 6.2.2 条规定，多功能活动室内净高不应低于 3.6m，幼儿活动室、寝室、专用活动室室内净高不应低于 3.1m，办公用房室内净高不应低于 2.8m。

9.4.5 建筑构造和安全防护

1. 活动室、寝室、多功能活动室等幼儿使用的房间应做暖性、有弹性的地面（《托儿所、幼儿园建筑设计规范》JGJ 39—2016（2019 年版）第 4.3.7 条）。

2. 门厅、通道、厕所、盥洗室、淋浴室、厨房地面等应采取地面防滑措施（《托儿所、幼儿园建筑设计规范》JGJ 39—2016（2019 年版）第 4.3.7、4.3.14 条，《建筑地面设计规范》GB 50037—2013 第 3.2.1 条）。

3. 根据《托儿所、幼儿园建筑设计规范》JGJ 39—2016（2019 年版）第 4.1.5 条，托儿所、幼儿园建筑窗的设计应符合下列规定：

（1）活动室、多功能活动室的窗台面距地面高度不宜大于 600mm；《浙江省普通幼儿园建设标准》DB33/ 1040—2007 第 6.2.7 条规定，距楼面 1300mm 以下的外墙窗应设固定安全窗。

（2）当窗台面距楼地面高度低于 900mm 时，应采取防护措施，防护高度应从可踏部位顶面起算，不应低于 900mm（《浙江省普通幼儿园建设标准》DB33/ 1040—2007 第 6.2.5 条规定，低窗台栏杆不应低于 1100mm）；《浙江省普通幼儿园建设标准》DB33/ 1040—2007 第 6.2.7 条规定，栏杆应为竖式防护栏。

（3）窗距离楼地面的高度小于或等于 1.80m 的部分，不应设内悬窗和内平开窗扇。

（4）外窗开启扇均应设纱窗。

4. 根据《托儿所、幼儿园建筑设计规范》JGJ 39—2016（2019 年版）第 4.1.6、4.1.8 条规定，托儿所、幼儿园的建筑门应符合下列规定：

（1）活动室、寝室、多功能活动室等幼儿使用的房间应设双扇平开门，门净宽不应小于1.20m；且应向疏散方向开启，开启后不应妨碍走道疏散通行。

（2）当使用玻璃材料时，应采用安全玻璃。

（3）距离地面0.60m处宜加设幼儿专用拉手；平开门距离楼地面1.2m以下部分应设防止夹手设施；《浙江省普通幼儿园建设标准》DB33/ 1040—2007第6.2.7条规定，在距地600～1200mm高度内应安装安全玻璃（观察窗）。

（4）门下不应设门槛；不应设置旋转门、弹簧门、推拉门，不宜设金属门。

5．根据《托儿所、幼儿园建筑设计规范》JGJ 39—2016（2019年版）第4.1.9、4.1.16条规定，托儿所、幼儿园的栏杆的设计应符合下列规定：

（1）托儿所、幼儿园的外廊、室内回廊、内天井、阳台、上人屋面、平台、看台及室外楼梯等临空处应设置防护栏杆，防护栏杆的高度应从可踏部位顶面起算，且净高不应小于1300mm（《浙江省普通幼儿园建设标准》DB33/ 1040—2007第6.2.5条规定上人屋面、阳台1200mm，外廊1100mm）。防护栏杆必须采用防止幼儿攀登和穿过的构造，当采用垂直杆件做栏杆时，其杆件净距离不应大于90mm。

（2）出入口台阶高度超过0.30m，并侧面临空时，应设置防护设施，防护设施净高不应低于1.05m。

6．根据《托儿所、幼儿园建筑设计规范》JGJ 39—2016（2019年版）第4.1.11、4.1.12条规定，楼梯、扶手和踏步等应符合下列规定：

（1）楼梯间应有直接的天然采光和自然通风。

（2）幼儿使用的楼梯，当楼梯井净宽度大于0.11m时，必须采取防止幼儿攀滑措施；当楼梯井净宽大于0.20m时，应采取防止少年儿童坠落的措施（《民用建筑通用规范》GB 55031—2022第5.3.11条）。

楼梯栏杆应采取不易攀爬的构造，当采用垂直杆件做栏杆时，其杆件净距不应大于0.09m；楼梯除设成人扶手外，应在梯段两侧设幼儿扶手，其高度宜为600mm；梯段栏杆高度900mm；楼梯水平段大于500mm，扶手高度应大于1100mm。（《民用建筑统一设计标准》GB 50352—2019第6.8.8条，《托儿所、幼儿园建筑设计规范》JGJ 39—2016（2019年版）第4.1.12条）。

室外楼梯等临空处防护栏杆高度不应小于1300mm（《托儿所、幼儿园建筑设计规范》JGJ 39—2016（2019年版）第4.1.9条）。

（3）供幼儿使用的楼梯踏步高度宜为0.13m，宽度宜为0.26m。

（4）严寒地区不应设置室外楼梯。

（5）幼儿使用的楼梯不应采用扇形、螺旋形踏步。

（6）楼梯踏步面应采用防滑材料，踏步踢面不应漏空，踏步面应做明显警示标识。

（7）楼梯间在首层应直通室外。

（8）应设置一座无障碍楼梯。

（9）楼梯间墙、顶、地面，应采用燃烧性能等级为A级的装饰材料，不应采用木墙裙、地胶板等。

7．幼儿经常通行和安全疏散的走道（《浙江省普通幼儿园建设标准》DB33/ 1040—2007第6.2.8条规定含门厅）不应设有台阶，当有高差时，应设置防滑坡道，其坡度不应大于 1 ： 12（《托儿所、幼儿园建筑设计规范》JGJ 39—2016（2019 年版）第 4.1.13 条）。

8．疏散走道的墙面距地面 2m 以下不应设有壁柱、管道、消火栓箱、灭火器、广告牌等突出物（《托儿所、幼儿园建筑设计规范》JGJ 39—2016（2019 年版）第 4.1.13 条）。

9．距离地面高度 1.30m 以下，幼儿经常接触的室内外墙面，宜采用光滑易清洁的材料；墙角、窗台、暖气罩、窗口竖边等阳角处应做成圆角（《托儿所、幼儿园建筑设计规范》JGJ 39—2016（2019 年版）第 4.1.10 条）。

10．建筑室外出入口应采取防止物体坠落措施，雨篷挑出长度宜超过首级踏步 0.50m（《托儿所、幼儿园建筑设计规范》JGJ 39—2016（2019 年版）第 3.2.2、4.1.15 条）。

9.4.6 消防设计

（1）托儿所、幼儿园不应与汽车库组合建造。当汽车库设置在托儿所、幼儿园的地下部分时，应采用耐火极限不低于 2.00h 的楼板完全分隔；安全出口和疏散楼梯应分别独立设置，（地下车库的首层疏散门应直通室外，不应通向托儿所、幼儿园的疏散楼梯和疏散走道）（《汽车库、修车库、停车场设计防火规范》GB 50067—2014 第 4.1.4 条）。

（2）地下汽车库与托儿所、幼儿园组合建造时，电梯可通至地下汽车库，但应设候梯厅并采用耐火极限不低于 2.00h 的防火隔墙和甲级防火门分隔，不得用防火卷帘替代（《浙江省消防技术规范难点问题操作技术指南（2020 版）》第 2.3.6 条）。

（3）托儿所、幼儿园内，直通疏散走道的房间疏散门至安全出口的距离应符合《建筑设计防火规范》GB 50016—2014（2018 年版）第 5.5.17 条的相关规定，当位于两个安全出口之间时，不应大于 25m，当位于袋形走道两侧时不应大于 20m。建筑物内全部设置自动喷水灭火系统时，其安全疏散距离可增加 25%。敞开外走道时，可增加 5m。当设置敞开楼梯间，位于两个安全出口之间时应减少 5m，位于袋形走道两侧时应减少 2m。

《浙江省消防技术规范难点问题操作技术指南（2020 版）》第 4.1.15 条规定，当托儿所、幼儿园的疏散内走道两侧墙体或窗（教学建筑窗台离地 1.5m 以上的高侧窗除外）的耐火极限低于 1.00h 时，托儿所、幼儿园的疏散直线距离不应大于 25m。

（4）大中型幼儿园（托儿班 4 个及以上、幼儿班 5 个及以上）应设置自动喷水灭火系统。

（5）活动室、寝室、多功能活动室等幼儿使用的房间设成双扇平开门，净宽不应小于 1200mm；且应向疏散方向（疏散走道）开启，开启后不应妨碍走道疏散通行（《托儿所、幼儿园建筑设计规范》JGJ 39—2016（2019 年版）第 4.1.6、4.1.8 条）。

（6）儿童活动场所，当位于走道尽端时，疏散门不应少于 2 个；当位于两个安全出口之间或袋形走道两侧且建筑面积不大于 $50m^2$ 时，疏散门可为 1 个（幼儿园活动室一般大于 $50m^2$，应设置 2 个疏散门；专用教室小于 $50m^2$ 时，可设置 1 个门）（《建筑防火通用规范》GB 55037—2022 第 7.4.2 条）。

（7）幼儿园活动室、多功能室等建筑面积大于 $100m^2$ 的房间，疏散走道等应协调暖通专业，标注自然排烟相关信息。

（8）外墙保温材料应采用燃烧性能为 A 级的材料（《建筑设计防火规范》GB 50016—2014（2018 年版）第 6.7.4 条）。

（9）托儿所、幼儿园的居住及活动场所的装修材料的燃烧性能等级，顶棚、墙面不应低于 A 级，隔断、地面不应低于 B1 级；当设置自动灭火系统时，除顶棚外，其内部装修材料的燃烧性能等级可在上述规定的基础上降低一级；当同时装有火灾自动报警装置和自动灭火系统时，其装修材料的燃烧性能等级可在上述规定的基础上降低一级（《建筑内部装修设计防火规范》GB 50222—2017 第 5.1.1、5.1.3 条）。

9.5 中小学校项目的关注要点

9.5.1 主要国家及地方标准、规定

（1）《中小学校设计规范》GB 50099—2011；

（2）《中小学体育设施技术规程》JGJ/T 280—2012。

9.5.2 总平面布置

（1）学校主要教学用房设置窗户的外墙与铁路路轨的距离不应小于 300m，与高速路、地上轨道交通线或城市主干道的距离不应小于 80m。当距离不足时，应采取有效的隔声措施（《中小学校设计规范》GB 50099—2011 第 4.1.6 条）。

（2）采光：普通教室冬至日满窗日照不应少于 2h；至少应有 1 间科学教室或生物实验室的室内能在冬季获得直射阳光；所有教室、楼梯、台阶、卫生间等学生用房均应有自然采光（《中小学校设计规范》GB 50099—2011 第 4.3.3、4.3.4 条）。

（3）建筑层数：各类小学的主要教学用房不应设在四层以上，各类中学的主要教学用房不应设在五层以上（《中小学校设计规范》GB 50099—2011 第 4.3.2 条）。

（4）各类教室的外窗与相对的教学用房或室外运动场地边缘间的距离不应小于 25m（《中小学校设计规范》GB 50099—2011 第 4.3.7 条）。

（5）停车场地及地下车库的出入口不应直接通向师生人流集中的道路（《中小学校设计规范》GB 50099—2011 第 8.5.6 条）。

（6）室外田径场地及室外足球、篮球、排球、网球、羽毛球场等运动场地的长轴，宜南北向布置。长轴南偏东宜小于 20°，南偏西宜小于 10°（《中小学校体育设施技术规程》JGJ/T 280—2012 第 5.2.3 条）。

（7）中小学校的室外运动场地应满足各项运动场地的坡度要求及排水要求，田径场跑道、跳远、铅球、铁饼等场地纵坡应≤ 0.1%，横坡应≤ 1%；跳高场地纵坡应≤ 0.4%；足球场、排球场、篮球场横坡 0.3% ～ 0.5%；网球场横坡≤ 0.5%（《中小学校体育设施技术规程》JGJ/T 280—2012 第 5.2.6 条）。

9.5.3 平面布置

（1）普通教室的数量、专业教室的数量应符合要求。

（2）各教室前端（讲台）侧窗窗端墙的长度不应小于 1.00m。窗间墙宽度不应大于 1.20m（《中小学校设计规范》GB 50099—2011 第 5.1.8 条）。

（3）化学实验室的平面布置：宜设置在建筑物首层；化学实验室、化学药品室不宜朝西或西南。每一间化学实验室内应至少设置一个急救冲洗水嘴，急救冲洗水嘴的工作压

力不得大于0.01MPa。化学实验室的外墙至少应设置2个机械排风扇，排风扇下沿应在距楼地面以上0.10～0.15m高度处（《中小学校设计规范》GB 50099—2011第5.3.7、5.3.8、5.3.9条）。

（4）中小学校老师与学生应分别设置卫生间；男、女生卫生间应分别设置前室，不得共用一个前室（《中小学校设计规范》GB 50099—2011第6.2.5条）。

9.5.4 建筑层高

中小学校普通教室、史地、美术、音乐教室的最小净高，小学为3.00m，初中为3.05m，高中为3.10m；舞蹈教室最小净高为4.50m；科学教室、实验室等为3.10m；阶梯教室最后一级净高为2.20m（《中小学校设计规范》GB 50099—2011第7.2.1条）。

9.5.5 安全疏散

1. 每间教学用房的疏散门：均不应少于2个，且应外开，每樘疏散门的通行净宽度不应小于0.90m。尽端房间疏散距离不超过15m、建筑面积不超过200m^{2}时，可仅设置1个宽度不小于1.50m宽的门。

2. 中小学校内，每股人流的宽度应按0.60m计算。

3. 中小学校建筑的疏散通道宽度最少应为2股人流，并应按0.60m的整数倍增加疏散通道宽度。教学用房的内走道净宽度不应小于2.40m，单侧走道及外廊的净宽度不应小于1.80m（《中小学校设计规范》GB 50099—2011第8.2.2条）。

4. 中小学校教学用房的楼梯梯段宽度应为人流股数的整数倍。梯段宽度不应小于1.20m，并应按0.60m的整数倍增加梯段宽度。每个梯段可增加不超过0.15m的摆幅宽度（《中小学校设计规范》GB 50099—2011第8.7.2条）。

5. 中小学校建筑的安全出口、疏散走道、疏散楼梯和房间疏散门等处每100人的净宽度应按《中小学校设计规范》GB 50099—2011第8.2.3条计算。该表格中的层数指教室所在的楼层数（与《建筑设计防火规范》GB 50016—2014（2018年版）第5.5.21条含义不同）。每班的核定人数是否执行《建筑设计防火规范》GB 50016—2014（2018年版）第5.5.21条第5款的规定即有固定座位的场所疏散人数按实际座位数的1.1倍计算，有争议（《中小学校设计规范》GB 50099—2011第8.2.3条）。

6. 中小学校的建筑物内，当走道有高差变化且设置台阶时，台阶处应有天然采光或照明，踏步级数不得少于3级（《民用建筑通用规范》GB 55031—2022为2级），并不得采用扇形踏步。当高差不足3级踏步时，应设置坡道。坡道的坡度不应大于1 ∶ 8，不宜大于1 ∶ 12（《中小学校设计规范》GB 50099—2011第8.6.2条）。

7. 教学用建筑物出入口净通行宽度不得小于1.40m，门内与门外各1.50m（《建筑设计防火规范》GB 50016—2014（2018年版）为1.40m）范围内不宜设置台阶（《中小学校设计规范》GB 50099—2011第8.5.3条）。

8. 教学用建筑物的出入口应采取防止上部物体坠落的措施（《中小学校设计规范》GB 50099—2011第8.5.5条）。

9. 楼梯构造要求。

（1）中小学校室内楼梯扶手高度不应低于0.90m，室外楼梯扶手高度不应低于1.10m；

水平扶手高度不应低于 1.10m。

（2）楼梯栏杆不得采用易于攀登的构造和花饰；杆件或花饰的镂空处净距不得大于 0.11m；楼梯扶手上应加装防止学生溜滑的设施（《中小学校设计规范》GB 50099—2011 第 8.7.6 条）。

（3）疏散楼梯不得采用螺旋楼梯和扇形踏步（《中小学校设计规范》GB 50099—2011 第 8.7.4 条）。

（4）除首层及顶层外，教学楼疏散楼梯在中间层的楼层平台与梯段接口处宜设置缓冲空间，缓冲空间的宽度不宜小于梯段宽度（《中小学校设计规范》GB 50099—2011 第 8.7.7 条）。

（5）中小学校的楼梯两相邻梯段间不得设置遮挡视线的隔墙（《中小学校设计规范》GB 50099—2011 第 8.7.8 条）。

（6）教学用房的楼梯间应有天然采光和自然通风（《中小学校设计规范》GB 50099—2011 第 8.7.9 条）。

10. 风雨操场的安全疏散：风雨操场在实际使用时，常用作会议场所，其人数计算宜按实际使用人数确定；当疏散宽度较难满足时，应限定使用人数。

9.5.6 安全防护

（1）中小学校防护栏杆水平荷载应取 1.5kN/m；

（2）学校宿舍阳台栏板栏杆净高不应低于 1.20m（《宿舍建筑设计规范》JGJ 36—2016）；

（3）应采取地面防滑措施。

9.6 医院项目的关注要点

9.6.1 主要国家及地方标准、规定

（1）《综合医院建筑设计规范》GB 51039—2014；

（2）《综合医院建设标准》建标 110—2021；

（3）《医院洁净手术部建筑技术规范》GB 50333—2013；

（4）《传染病医院建设标准》建标 173—2016。

9.6.2 总平面

（1）病房建筑的前后间距应满足日照和卫生间距要求，且不宜小于 12m（《综合医院建筑设计规范》GB 51039—2014 第 4.2.6 条）。

（2）新建传染病医院选址，以及现有传染病医院改建和扩建及传染病区建设时，医疗用建筑物与院外周边建筑应设置大于或等于 20m 绿化隔离卫生间距（《传染病医院建筑设计规范》GB 50849—2014 第 4.1.3 条）。

（3）传染病不应邻近幼儿园、学校等人员密集的公共设施或场所。

在综合医院内设置独立传染病区时，传染病区与医院其他医疗用房的卫生间距应大

于或等于 20m。传染病区宜设有相对独立的出入口（《传染病医院建设标准》建标 173—2016 第二十条）。

（4）《综合医院建筑设计规范》GB 51039—2014 第 5.1.7 条规定，一半以上的病房日照应符合现行国家标准《民用建筑统一设计标准》GB 50352 的有关规定。浙江省《城市建筑工程日照分析技术规程》第 3.2.3 条规定，医院病房、休（疗）养室窗台必须满足冬至日有效日照 2h。详见本书第 7.2.2 条第 5 款。

9.6.3 医院“工艺”关注要点

1. 主楼梯宽度不得小于 1.65m，踏步宽度不应小于 0.28m，高度不应大于 0.16m（《综合医院建筑设计规范》GB 51039—2014 第 5.1.5 条）。

2.《综合医院建筑设计规范》GB 51039—2014 第 5.1.4 条规定，电梯的设置应符合下列规定：

（1）二层医疗用房宜设电梯；三层及三层以上的医疗用房应设电梯，且不得少于 2 台。供患者使用的电梯和污物梯，应采用病床梯。

（2）医院住院部宜增设供医护人员专用的客梯、送餐和污物专用货梯。

（3）电梯井道不应与有安静要求的用房贴邻。

3. 通行推床的通道，净宽不应小于 2.40m。有高差者应用坡道相接，坡道坡度应按无障碍坡道设计（《综合医院建筑设计规范》GB 51039—2014 第 5.1.6 条）。

4. 室内净高应符合下列要求：诊查室不宜低于 2.60m；病房不宜低于 2.80m；公共走道不宜低于 2.30m；洁净手术室不宜低于 2.7m；洁净手术部的设备层梁下净高不宜低于 2.2m（《综合医院建筑设计规范》GB 51039—2014 第 5.1.9 条，《医院洁净手术部建筑技术规范》GB 50333—2013 第 7.3.8、7.3.10 条）。

5. 患者使用的卫生间的设置应符合下列要求：卫生间应设前室；隔间平面不应小于 1.10m × 1.40m，门应朝外开，门闩应能里外开启。卫生间隔间内应设输液吊钩。进入蹲式大便器隔间不应有高差。大便器旁应装置安全抓杆。宜设置无性别、无障碍患者专用卫生间（《综合医院建筑设计规范》GB 51039—2014 第 5.1.13 条）。

6. 洁净手术部：

（1）洁净手术部不宜设在首层和高层建筑的顶层（《医院洁净手术部建筑技术规范》GB 50333—2013 第 7.1.2 条）。

（2）洁净手术部应独立成区（《医院洁净手术部建筑技术规范》GB 50333—2013 第 7.1.3 条）。

（3）洁净手术部平面必须分为洁净区与非洁净区。洁净区与非洁净区之间的联络必须设缓冲室或传递窗（《医院洁净手术部建筑技术规范》GB 50333—2013 第 7.2.2 条）。

（4）负压手术室和感染手术室在出入口处都应设准备室作为缓冲室。负压手术室应有独立出入口（《医院洁净手术部建筑技术规范》GB 50333—2013 第 7.2.5 条）。

（5）当人、物用电梯设在洁净区，电梯井与非洁净区相通时，电梯出口处必须设缓冲室（《医院洁净手术部建筑技术规范》GB 50333—2013 第 7.2.7 条）。

（6）供手术车进出的门净宽不宜小于 1.40m；除洁净区通向非洁净区的平开门和安全门应为向外开之外，其他洁净区内的门均应向静压高的方向开（《医院洁净手术部建筑技术规范》GB 50333—2013 第 7.3.11 条)。

通往外部的门应采用弹簧门或自动启闭门(《综合医院建筑设计规范》GB 51039—2014 第 5.7.2 条)。

(7)洁净手术部内与室内空气直接接触的外露材料不得使用木材和石膏(《医院洁净手术部建筑技术规范》GB 50333—2013 第 7.3.7 条)。

7. 病房设置应符合下列要求:平行的两床净距不应小于 0.80m,靠墙病床床沿与墙面的净距不应小于 0.60m;单排病床通道净宽不应小于 1.10m,双排病床(床端)通道净宽不应小于 1.40m;病房门净宽不应小于 1.10m,门扇宜设观察窗;病房走道两侧墙面应设置靠墙扶手及防撞设施(《综合医院建筑设计规范》GB 51039—2014 第 5.5.5 条)。

8. 医疗废物和生活垃圾应分别处置(《综合医院建筑设计规范》GB 51039—2014 第 5.1.14 条)。

9.6.4 消防设计

1. 建筑消防分类:建筑高度超过 24m 的医疗建筑即为一类高层民用建筑;同时,建筑高度超过 24m 的医疗建筑即需要设置消防电梯和设置防烟楼梯间。

2.《综合医院建筑设计规范》GB 51039—2014 第 5.24.2 条规定,防火分区应符合下列要求:

(1)多层医疗建筑的防火分区为 $2500m^2$,设有自动灭火系统时为 $5000m^2$;高层医疗建筑设有自动灭火系统时为 $3000m^2$。

(2)高层建筑内的门诊大厅,当设有火灾自动报警系统和自动灭火系统并采用不燃或难燃材料装修时,地上部分防火分区的允许最大建筑面积应为 $4000m^2$。

(3)手术部,当设有火灾自动报警系统并采用不燃或难燃材料装修时,地上部分防火分区的允许最大建筑面积应为 $4000m^2$。

3. 防火分隔。

医院和疗养院的病房楼内相邻护理单元之间应采用耐火极限不低于 2.00h 的防火隔墙分隔,隔墙上的门应采用乙级防火门,设置在走道上的防火门应采用常开防火门(《建筑设计防火规范》GB 50016—2014(2018年版)第 5.4.5 条)。

医疗建筑内的手术室或手术部、产房(《综合医院建筑设计规范》GB 51039—2014 第 5.24.2 条含病房)、重症监护室、贵重精密医疗装备用房、储藏间、实验室、胶片室等,应采用耐火极限不低于 2.00h 的防火隔墙和 1.00h 的楼板与其他场所或部位分隔,墙上必须设置的门、窗应采用乙级防火门、窗(《建筑设计防火规范》GB 50016—2014(2018年版)第 6.2.2 条)。

4. 疏散楼梯:多层医疗建筑应设置封闭楼梯间;高层医疗建筑应设置防烟楼梯间。

5. 疏散距离。

位于两个安全出口之间的疏散门至最近安全出口的距离,高层病房部分为 24m,高层其他部分为 30m,单多层时为 35m;

位于袋形走道两侧的疏散门至最近安全出口的距离,高层病房部分为 12m,高层其他部分为 15m,单多层时为 20m。

6. 疏散宽度。

《建筑设计防火规范》GB 50016—2014（2018 年版）第 5.5.18 条规定：高层医疗建筑的楼梯间首层疏散门、首层疏散外门、疏散楼梯的最小净宽度不应小于 1.3m；门诊大厅的疏散门净宽不应小于 1.4m，且紧靠门口内外各 1.40m 范围内不应设置踏步。

疏散走道的最小净宽度：当单面布房时，不应小于 1.40m，当双面布房时，不应小于 1.50m。

7．避难间。

《建筑防火通用规范》GB 55037—2022 第 7.1.16、7.4.8 条规定：

（1）高层病房楼应在第二层及以上的病房楼层和洁净手术部设置避难间；楼地面距室外设计地面高度大于 24m 的洁净手术部及重症监护区，每个防火分区应至少设置 1 间避难间；《建筑设计防火规范》GB 50016—2014（2018 年版）第 5.5.24 条规定：高层病房楼应在二层及以上的病房楼层和洁净手术部设置避难间。

（2）每间避难间服务的护理单元不应大于 2 个，每个护理单元的避难区净面积不应小于 25.0m^2；避难间兼作其他用途时，不得减少可供避难的净面积，净面积应满足避难间所在区域设计避难人数避难的要求。

（3）避难间应靠近楼梯间，不应在可燃物库房、锅炉房、发电机房、变配电站等火灾危险性大的场所的正下方、正上方或贴邻。

（4）应采用耐火极限不低于 2.00h 的防火隔墙和甲级防火门与其他部位分隔，除外窗和疏散门外，避难间不应设置其他开口。

（5）避难区应采取防止火灾烟气进入或积聚的措施，并应设置可开启外窗。《建筑设计防火规范》GB 50016—2014（2018 年版）第 5.5.23 条规定，应设置直接对外的可开启窗口或独立的机械防烟设施，外窗应采用乙级防火窗。

《消防设施通用规范》第 11.2.4 条规定，（采用自然通风方式防烟的）避难间应至少有一侧外墙具有可开启外窗，可开启有效面积应大于或等于该避难间地面面积的 2%，并应大于或等于 2.0m^2。

《浙江省消防技术规范难点问题操作技术指南（2020 版）》7.1.10 规定，采用自然通风方式防烟的避难间，当其建筑面积小于等于 100m^2，可设置一个朝向的可开启外窗，其有效面积不应小于该避难间地面面积的 3%，且不应小于 2.0m^2。对于建筑面积小于等于 30m^2 的避难间，其可开启外窗的有效面积不应小于 1.0m^2。

8．房间疏散门。

位于两个安全出口或袋形走道两侧的房间，建筑面积不大于 75m^2，可设 1 个疏散门；位于袋形走道尽端的房间，应设置不少于 2 个疏散门。

9．平面布置。

医院和疗养院的住院部分不应设置在地下或半地下（《建筑设计防火规范》GB 50016—2014（2018年版）第 5.4.5 条）。

10．洁净手术部宜划分为单独的防火分区。当洁净手术部内每层或一个防火分区的建筑面积大于 2000m^2 时，宜采用耐火极限不低于 2.00h 的防火隔墙分隔成不同的单元，相邻单元连通处应采用常开甲级防火门，不得采用卷帘。当与其他部门处于同一防火分区时，应采取有效的防火防烟分隔措施，并应采用耐火极限不低于 2.00h 的防火隔墙、乙级防火门与其他部位隔开（《医院洁净手术部建筑技术规范》GB 50333—2013 第 12.0.2、

12.0.3 条)。

11. 汽车库不应与病房楼组合建造。当汽车库设置在病房楼的地下部分时，应采用耐火极限不低于 2.00h 的楼板完全分隔；安全出口和疏散楼梯应分别独立设置(《汽车库、修车库、停车场设计防火规范》第 4.1.4 条)。

12. 医用液氧罐。

(1) 医用液氧罐的单罐容积不应大于 5m^3，总容积不应大于 20m^3；罐体之间的间距不应小于直径的 0.75 倍(《建筑设计防火规范》GB 50016—2014(2018年版)第 4.3.4 条)。

(2) 医用液氧罐应设高度不低于 0.9m 防火围堰，围堰容积不应小于最大储罐的容积；实体围墙的高度不应低于 2.5m，距围墙间距不应小于 1m；围墙外有建筑物时，距围墙间距不应小于 5m(《医用气体工程技术规范》GB 50751—2012 第 4.6.3、4.6.4 条)。

(3) 医用液氧罐 5m 范围内不应有可燃物和沥青路面；与医院内道路不应小于 3m；与建筑物距离不应小于 10m，其中距变电站不应小于 12m，与车库、公共集会场所、生命支持区域、排水沟不应小于 15m；距一般架空电力线不应小于 1.5 倍杆高；与人防的距离不应小于 50m(《医用气体工程技术规范》第 4.6.3、4.6.4 条，《建筑设计防火规范》GB 50016—2014(2018年版)第 4.3.5 条)。

9.6.5 其他

1.《民用建筑通用规范》GB 55031—2022 第 6.6.1 条规定，中庭临空部位应设置垂直高度不应小于 1.10m 的防护栏杆(栏板)。《民用建筑设计统一标准》GB 50352—2019 第 6.7.2 条规定，医院临开敞中庭的栏杆高度不应小于 1.20m。建议按 1.20m 执行。

2. 住房城乡建设部《关于进一步加强玻璃幕墙安全防护工作的通知》(建标〔2015〕38 号)第二条第二款规定，新建医院门诊急诊楼和病房楼，不得在二层及以上采用玻璃幕墙。

浙江省住房和城乡建设厅《建筑幕墙安全技术要求》(浙建〔2013〕2 号)第 1.1 条规定，医院的新建、改建、扩建工程以及立面改造工程不宜采用玻璃或石材幕墙。

9.7 宿舍项目的关注要点

9.7.1 主要国家及地方标准

(1)《宿舍建筑设计规范》JGJ 36—2016；
(2)《宿舍、旅馆建筑项目规范》GB 55025—2022。

9.7.2 一般规定

1. 宿舍属于居住建筑，不低于 50% 的宿舍应符合项目所在地住宅日照标准，节能计算执行居住建筑类标准。

2. 宿舍按公共建筑进行消防设计，且属于人员密集场所。《浙江省消防技术规范难点问题操作技术指南(2020 版)》第 1.4.1 条规定，宿舍楼的消防设计应符合规范有关公共建筑的规定(规划部门认可按照成套住宅功能设置的除外)。

3. 男女宿舍应分别设置无障碍宿舍，每100套宿舍各应设置不少于1套无障碍宿舍（《无障碍设计规范》GB 50763—2012第7.4.5条）。

9.7.3 平面布置

（1）员工宿舍严禁设置在厂房和仓库内（《建筑设计防火规范》第3.3.5、3.3.9条）。

（2）居室不应布置在地下室，不宜布置在半地下室；中小学学生宿舍居室不应布置在半地下室（《宿舍建筑设计规范》JGJ 36—2016第4.2.5、4.2.6条、《中小学设计规范》GB 50099—2011第6.2.24条）。

（3）居室不应与电梯、设备机房紧邻布置（《宿舍建筑设计规范》JGJ 36—2016第6.2.2条）。

（4）柴油发电机房、变配电室和锅炉房等不应布置在宿舍居室、疏散楼梯间及出入口门厅等部位的上一层、下一层或贴邻，并应采用防火墙与相邻区域进行分隔（《宿舍建筑设计规范》JGJ 36—2016第5.1.2条，《建筑设计防火规范》GB 50016—2014（2018年版）第5.4.12、5.4.13条）。

（5）宿舍建筑内不应设置使用明火、易产生油烟的餐饮店。学校宿舍建筑内不应布置与宿舍功能无关的商业店铺（《宿舍建筑设计规范》JGJ 36—2016第5.1.3条）。

在学校建筑中，宿舍是否可以与食堂合建，在消防审查中有歧义。当两者合建时，疏散应完成独立建设。

9.7.4 安全疏散

1.《宿舍建筑设计规范》JGJ 36—2016第5.2.2条规定，宿舍与其他非宿舍功能合建时，安全出口和疏散楼梯宜各自独立设置，并应采用防火墙及耐火极限不小于2.0h的楼板进行防火分隔。

《浙江省消防技术规范难点问题操作技术指南（2020版）》第1.4.1条规定，宿舍用房不得与其他功能建筑（配套用房除外）共用疏散楼梯。

2. 根据《宿舍建筑设计规范》JGJ 36—2016第5.2.4、5.2.5条，宿舍建筑内安全出口、疏散通道和疏散楼梯的宽度应符合下列规定：

（1）梯段净宽不应小于1.20m；楼梯疏散门、首层疏散外门，净宽不应小于1.40m；出口处距门的1.40m范围内不应设踏步。

（2）通廊式宿舍走道的净宽度，当单面布置居室时不应小于1.60m，当双面布置居室时不应小于2.20m；单元式宿舍公共走道净宽不应小于1.40m。

3. 根据《宿舍建筑设计规范》JGJ 36—2016第4.5.1条，宿舍楼梯应符合下列规定：

（1）楼梯踏步宽度不应小于0.27m，踏步高度不应大于0.165m；楼梯扶手高度自踏步前缘线量起不应小于0.90m，楼梯水平段栏杆长度大于0.50m时，其高度不应小于1.05m。

（2）开敞楼梯的起始踏步与楼层走道间应设有进深不小于1.20m的缓冲区。

（3）疏散楼梯不得采用螺旋楼梯和扇形踏步。

（4）楼梯防护栏杆最薄弱处承受的最小水平推力不应小于1.50kN/m。

（5）宿舍的居室、旅馆建筑的客房开向公共内走廊或封闭式外走廊的疏散门，应在关闭后具有烟密闭的性能。宿舍的居室、旅馆建筑的客房的疏散门，应具有自动关闭的功能（《建筑防火通用规范》GB 55037—2022 第 6.4.1 条）。

9.7.5　安全防护

（1）窗台距楼面、地面的净高小于 0.90m 时，应设置防护措施（《宿舍建筑设计规范》JGJ 36—2016J 第 4.6.2 条）。

（2）《宿舍、旅馆建筑项目规范》GB 55025—2022 第 2.0.17 条规定，宿舍建筑的防护栏杆或栏板垂直净高不应低于 1.10m，学校宿舍的防护栏杆或栏板垂直净高不应低于 1.20m 。

《宿舍建筑设计规范》JGJ 36—2016 第 4.6.10 条规定，多层及以下的宿舍开敞阳台栏杆净高不应低于 1.05m（与《宿舍、旅馆建筑项目规范》GB 55025—2022 第 2.0.17 条规定不符，应按 1.10m 执行）；高层宿舍阳台栏板栏杆净高不应低于 1.10m；学校宿舍阳台栏板栏杆净高不应低于 1.20m。

（3）宿舍的公共出入口位于阳台、外廊及开敞楼梯平台的下部时，应采取防止物体坠落伤人的安全防护措施（《宿舍建筑设计规范》JGJ 36—2016 第 4.1.7 条）。

9.8　办公项目的关注要点

9.8.1　主要国家及地方标准

《办公建筑设计标准》JGJ/T 67—2019。

9.8.2　平面布置

（1）四层及四层以上或楼面距室外设计地面高度超过 12m 的办公建筑应设电梯（《办公建筑设计标准》JGJ/T 67—2019 第 4.1.5 条）。

（2）当走道长度不大于 40m 时，单面布房的走道净宽不应小于 1.30m，双面布房的走道净宽不应小于 1.50m。

当走道长度大于 40m 时，单面布房的走道净宽不应小于 1.50m，双面布房的走道净宽不应小于 1.80m（《办公建筑设计标准》JGJ/T 67—2019 第 4.1.9 条）。

（3）走道高差不足 0.30m 时，不应设置台阶，应设坡道，其坡度不应大于 1 ： 8（《办公建筑设计标准》JGJ/T 67—2019 第 4.1.9 条）。

（4）《办公建筑设计标准》JGJ/T 67—2019 第 4.1.11 条，办公建筑的走道净高不应低于 2.20m。

9.8.3　消防

（1）办公综合楼内办公部分的安全出口不应与同一楼层内对外营业的商场、营业厅、娱乐、餐饮等人员密集场所的安全出口共用（《办公建筑设计标准》JGJ/T 67—2019 第 5.0.2 条）。

（2）《办公建筑设计标准》JGJ/T 67—2019 第 5.0.3 条规定，办公建筑疏散总净宽度应按总人数计算，当无法额定总人数时，可按其建筑面积 9m²/ 人计算（《浙江省消防技术规范难点问题操作技术指南（2020 版）》第 4.1.4 条规定可按 9.3m²/ 人计算疏散人数）。根据《办公建筑设计标准》JGJ/T 67—2019 第 4.2.3 条，普通办公室每人使用面积不应小于 6m²；《办公建筑设计标准》JGJ/T 67—2019 第 4.2.4 条，手工绘图室，每人使用面积不应小于 6m²；研究工作室每人使用面积不应小于 7m²。

（3）机要室、档案室、电子信息系统机房和重要库房等隔墙的耐火极限不应小于 2h，楼板不应小于 1.5h，并应采用甲级防火门（《办公建筑设计标准》JGJ/T 67—2019 第 5.0.4 条）。

9.9　商店建筑的关注要点

9.9.1　主要国家及地方技术标准

《商店建筑设计规范》JGJ 48—2014。

9.9.2　一般规定

（1）《商店建筑设计规范》JGJ 48—2014 不适用于建筑面积不小于 100m² 的单建或附属商店的建筑设计，也不适用于附设于住宅底部的商业服务网点（建筑面积不小于 300m²）。

（2）商店根据单项建筑内的商店总建筑面积进行划分：小于 5000m² 的为小型；5000 ～ 20000m² 的为中型；大于 20000m² 的为大型。

（3）经营易燃易爆及有毒性类商品的商店建筑不应位于人员密集场所附近，且安全距离应符合相关规定（《商店建筑设计规范》JGJ 48—2014 第 3.1.4 条）。

（4）大型商店建筑的基地沿城市道路的长度不宜小于基地周长的 1/6，并宜有不少于两个方向的出入口与城市道路相连接（《商店建筑设计规范》JGJ 48—2014 第 3.1.6 条）。

（5）营业厅的净高，当设有空气调节系统时，不应小于 3.00m；机械排风和自然通风相结合或前后开窗时，不应小于 3.50m；单侧开窗时，不应小于 3.20m。

（6）栏杆。

楼梯、室内回廊、内天井等临空处的栏杆应按儿童活动场所的要求设置，且应采用防攀爬的构造，垂直栏杆的净距不应大于 0.11m。

人员密集的大型商店建筑的中庭应提高栏杆的高度。上人屋面、中庭栏杆高度，《民用建筑通用规范》GB 55031—2022 第 6.6.1 条中要求不应低于 1.10m，《民用建筑设计统一标准》GB 50352—2019 第 6.7.3 条中要求不应小于 1.20m。

（7）无障碍。

中型以上的商店建筑应设无障碍专用厕所，小型商店建筑应设置无障碍厕位（《无障碍设计规范》GB 50763—2012 第 8.8.2 条）。

9.9.3　楼梯、通道

1．营业区的公用楼梯，梯段净宽应不小于 1.40m，踏步宽度应不小于 0.28m，踏步高度应不大于 0.16m；室外楼梯，梯段净宽应不小于 1.40m，踏步宽度应不小于 0.30m，踏步高度应不大于 0.15m；专用疏散楼梯，梯段净宽应不小于 1.20m，踏步宽度应不小于 0.26m，踏步高度应不大于 0.17m。

2．商店建筑内的自动扶梯倾斜角度不应大于 30°，自动人行道倾斜角度不应大于 12°；出入口畅通区的宽度从扶手带端部算起不应小于 3.00m（《商店建筑设计规范》JGJ 48—2014 第 4.1.8 条）。

两梯（道）相邻平行或交叉设置，当扶手带中心线与平行墙面或楼板（梁）开口边缘完成面之间的水平投影距离、两梯（道）之间扶手带中心线的水平距离小于 0.50m 时，应在产生的锐角口前部 1.00m 处范围内，设置具有防夹、防剪的保护设施或采取其他防止建筑障碍物伤害人员的措施（《商店建筑设计规范》JGJ 48—2014 第 4.1.8 条、《民用建筑通用规范》GB 55031—2022 第 5.4.3 条）。

3．通道。

（1）当设置货架时，通道宽度与货架长度相关，按《商店建筑设计规范》JGJ 48—2014 第 4.2.2 条设置，单侧为货架时，最小净宽度为 2.20m；双侧为货架，两侧货架长度小于 7.50m 时，最小净宽度为 2.20m；一侧为 7.50 ～ 15m 时，最小净宽度为 3.00m；两侧均为 7.50 ～ 15m 时，最小净宽度为 3.70m；两侧均大于 15m 时，最小净宽度为 4.00m。

通道一端设有楼梯时，通道最小净宽不应小于上下两个梯段宽度之和再加 1.00m。

柜台或货架与开敞楼梯的最小距离不应小于 4.0m，且不小于楼梯间净宽度。

（2）自选营业厅内的通道最小净宽度按《商店建筑设计规范》JGJ 48—2014 第 4.2.7 条设置，最小净宽度为 1.60 ～ 3.60m。

（3）大中型商店设置商铺时，按《商店建筑设计规范》JGJ 48—2014 第 4.2.10 条设置，主要通道单侧设置商铺时最小净宽度为 3.00m，两侧设置商铺时最小净宽度为 4.00m；次要通道相应分别为 2.00m、3.00m。内部作业通道最小净宽为 1.80m。

4．大中型商场内连续排列的饮食店铺的灶台不应面向公共通道。

9.9.4 防火分区和平面布置

1．根据《建筑防火通用规范》GB 55037—2022 第 4.3.15 条、《建筑设计防火规范》GB 50016—2014（2018 年版）第 5.3.1、5.3.4 条规定，一、二级耐火等级建筑内的商店营业厅，当设置自动灭火系统和火灾自动报警系统并采用不燃或难燃装修材料时，每个防火分区的最大允许建筑面积应符合下列规定：

（1）设置在高层建筑内时，不应大于 4000m^2；

（2）设置在多层建筑内时，不应大于 5000m^2（设置自动灭火系统不应大于 5000m^2，不设置自动灭火系统不应大于 2500m^2）；

（3）设置在单层建筑内或“仅”设置在多层建筑的首层时，不应大于 10000m^2；

（4）设置在地下或半地下时，不应大于 2000m^2。

2．营业厅、展览厅不应设置在地下三层及以下楼层。地下或半地下营业厅、展览厅不应经营、储存和展示甲、乙类火灾危险性物品（《建筑防火通用规范》GB 55037—2022 第 4.3.3 条、《建筑设计防火规范》GB 50016—2014（2018年版）第 5.4.3 条）。

3．组合建造时，除为综合建筑配套服务且建筑面积小于 1000m^2 的商店外，商店部分应采用耐火极限不低于2.00h的隔墙和耐火极限不低于1.50h的不燃烧体楼板与其他部分隔开；商店部分的安全出口必须与建筑其他部分隔开。不同楼层时，可以共用疏散楼梯。

4．根据《建筑防火通用规范》GB 55037—2022第4.3.17条、《建筑设计防火规范》GB 50016—2014（2018年版）第5.3.5条规定，总建筑面积大于20000m^{2}的地下或半地下商店，应采用无门、窗、洞口的防火墙、耐火极限不低于2.00h的楼板分隔为多个建筑面积不大于20000m^{2}的区域。相邻区域确需局部连通时，应采用下沉式广场等室外开敞空间、防火隔间、避难走道（应符合《建筑设计防火规范》GB 50016—2014（2018年版）第6.4.14条的规定）、防烟楼梯间（应采用甲级防火门）等方式进行连通，以上防火分隔措施应可靠、有效，并应符合下列规定：

（1）下沉式广场等室外开敞空间应能防止相邻区域的火灾蔓延和便于安全疏散，分隔后的不同区域通向下沉式广场等室外开敞空间的开口最近边缘之间的水平距离不应小于13m。室外开敞空间除用于人员疏散外不得用于商业或其他可能导致火灾蔓延的用途，其中用于疏散的净面积不应小于169m^2。其应设置不少于1部直通地面的疏散楼梯，且疏散楼梯的总净宽度不应小于任一防火分区通向室外开敞空间的设计疏散总净宽度。当其确需设置防风雨篷时，防风雨篷不应完全封闭，四周开口部位应均匀布置，开口的面积不应小于该空间地面面积的25%，开口高度不应小于1.0m；开口设置百叶时，百叶的有效排烟面积可按百叶通风口面积的60%计算。

（2）防火隔间的建筑面积不应小于6m^2，并应采用耐火极限不低于3.00h的防火隔墙和甲级防火门，门的最小间距不应小于4m。通往防火隔间的门不应计入安全出口。

5．同一防火分区内总面积超过500m^{2}的地上和超过200m^{2}的地下附属库房应设置一个独立的安全出口，第二安全出口可利用商业营业厅疏散；同一防火分区内总面积不超过500m^{2}的地上和200m^{2}地下附属库房可不设置独立的安全出口，利用商业营业厅疏散（《浙江省消防技术规范难点问题操作技术指南（2020年版）》第4.1.25条）。

6．商店的易燃、易爆商品储存库房宜独立设置；当存放少量易燃、易爆商品储存库房与其他储存库房合建时，应靠外墙布置，并应采用防火墙和耐火极限不低于1.50h的不燃烧体楼板隔开（《商店建筑设计规范》JGJ 48—2014第5.1.2条）。

7．专业店内附设的作坊、工场应限为丁、戊类生产（《商店建筑设计规范》JGJ 48—2014第5.1.3条）。

8．《浙江省消防技术规范难点问题操作技术指南（2020版）》第3.1.1条规定，地下商业与汽车库之间应采用不开设门窗洞口的防火墙分隔，若有连通口时，应采用下沉式广场等室外开敞空间、避难走道、防火隔间或防烟前室连接。

9．交通车站、码头和机场的候车（船、机）建筑的商业设施内不应使用明火；乘客通行的区域内不应设置商业设施，用于防火隔离的区域内不应布置任何可燃物体（《建筑防火通用规范》GB 55037—2022第4.3.14条）。

9.9.5　安全疏散

1．疏散宽度。

（1）《建筑设计防火规范》GB 50016—2014（2018年版）第5.5.21条规定，对于一二级耐火等级的建筑，每100人最小疏散净宽度（m/百人），地上1～2层时，为0.65；地上 3 层时，为 0.75；地上 4 层及以上时，为 1.00；地下楼层时，为 1.00（楼层数指的是建筑层数，不是指场所所在的层数）。

（2）商店营业厅内的人员密度（人 /m²），地下第二层为 0.56；地下第一层为 0.60，地上第一、二层时为 0.43 ～ 0.60，地上第三层为 0.39 ～ 0.54；地上第四层及以上各层为 0.30 ～ 0.42。

计算商业建筑的疏散人数时，人员密度的取值，当营业厅的建筑面积小于 3000m² 时，宜取上限值，当建筑规模较大时，可取下限值。因规范未对规模较大的具体数值进行明确，编者认为按照《商店建筑设计规范》JGJ 48—2014 中对营业厅面积的定义，当营业厅的建筑面积大于 20000m² 时，取下限即取较小值；当营业厅的建筑面积介于二者之间时，可用插入法取值。

（3）《商店建筑设计规范》JGJ 48—2014 第 4.2.6 条规定，自选营业厅的面积可按每位顾客 1.35m² 计（即 0.74 人 /m²）；当采用购物车时，应按 1.70m² 计（即 0.43 人 /m²）。

（4）计算商业建筑的疏散人数时，“营业厅的建筑面积”，既包括营业厅内展示货架、柜台、走道，也包含营业厅内的卫生间、楼梯间、自动扶梯等的建筑面积。但不包含进行严格的防火分隔（采用防火隔墙和乙级防火门），且疏散时不进入营业厅的仓储、设备房、工具间、办公室等，可不计入营业厅的建筑面积，但应按实际情况核定疏散人数。

2. 大型商店的营业厅设置在五层及以上时，应设置不少于 2 个直通屋顶平台的疏散楼梯间。屋顶平台上无障碍物的避难面积不宜小于最大营业层建筑面积的 50%。

3. 商店营业厅的疏散门应为平开门，且应向疏散方向开启，其净宽不应小于 1.40m，并不宜设置门槛。且紧靠门口内外各 1.40m 范围内不应设置踏步（《建筑设计防火规范》GB 50016—2014（2018 年版）第 5.5.19 条，《商店建筑设计规范》JGJ 48—2014 第 5.2.3 条）。

4.《浙江省消防技术规范难点问题操作技术指南（2020 版）》第 4.1.10 条规定，地下商业可利用通往避难走道的门作为任一防火分区的安全出口使用；通往避难走道的疏散宽度不应大于该防火分区疏散总宽度的 30%；疏散宽度取通向避难走道门的总宽度、避难走道的宽度、疏散走道直通地面的楼梯宽度三者中的最小值；避难走道尚应符合《建筑设计防火规范》的相关规定。

9.9.6　内装修

根据《建筑内部装修设计防火规范》GB 50222—2017 相关规定，内装修材料的燃烧性能等级，地上时，顶棚为 A 级，墙面为 B1 级，地面为 B1 级，隔断为 B1 级。单层、多层商业，当设有自动灭火系统时，除顶棚外，其他其内部装修材料的燃烧性能等级可降低一级；当同时装有火灾自动报警装置和自动灭火系统时，其装修材料的燃烧性能等级均可降低一级。高层商业当设有火灾自动报警装置和自动灭火系统时，除顶棚外，其内部装修材料的燃烧性能等级可降低一级。

内装修材料的燃烧性能等级，地下时，顶棚、墙面、顶棚均应为 A 级。

9.9.7　步行商业街

（1）《商店建筑设计规范》JGJ 48—2014 第 3.3 节规定，利用现有街道改造的步行商业街，最窄处的宽度不宜小于6m；新建步行商业街应留有宽度不小于4m的消防车道；限制车辆通行的步行商业街的长度不宜大于500m（注：该节规定的步行商业街有别于《建筑设计防火规范》GB 50016—2014（2018年版）第5.3.6条规定中的步行商业街）。

（2）《建筑设计防火规范》GB 50016—2014（2018年版）第5.3.6条规定的有顶棚的餐饮、商店步行街，详见本书第4.6.3.5条。

附录 A　主要现行国家及地方性法规、标准、规定

A.1　土地、规划

《中华人民共和国土地管理法》

《中华人民共和国土地管理法实施条例》

《城市国有土地使用权出让转让规划管理办法》

《中华人民共和国城乡规划法》

《城市用地分类与规划建设用地标准》GB 50137—2011

《建筑工程面积计算规范》GB/T 50353—2013

浙江省《建筑工程建筑面积计算和竣工综合测量技术规程》DB 33/T 1152—2018

《建筑工程建筑面积计算和竣工测量技术补充规定》（浙自然资发〔2019〕34 号）

浙江省《建筑工程建筑面积计算和竣工综合测量技术规程》DB 33/T 1152—2018

浙江省自然资源厅 浙江省住房和城乡建设厅《关于调整〈建筑工程建筑面积计算和竣工综合测量技术规程〉有关技术标准的通知》（浙自然资函〔2023〕20 号）

《浙江省房屋建筑面积测算实施细则》（浙房建〔2007〕51 号）

浙江省《城市建筑工程日照分析技术规程》DB 33/1050—2016

《杭州市建设用地选址论证管理办法》（杭政办函〔2014〕12 号）

《杭州市城市规划管理技术规定》

《关于印发〈杭州市建筑工程容积率计算规则〉的通知》（杭规发〔2016〕31 号）

A.2　投资

《政府投资条例》（国令字第 712 号）

《企业投资项目核准和备案管理条例》（国令第 673 号）

《浙江省政府投资项目管理办法》（省政府令 2018 年第 363 号）

A.3　生态环境

《中华人民共和国环境保护法》

《建设项目环境保护管理条例》

《中华人民共和国水污染防治法》

《中华人民共和国大气污染防治法》

《中华人民共和国土壤污染防治法》

《中华人民共和国固体废物污染环境防治法》

《大气污染物综合排放标准》GB 16297—1996

《工业企业厂界环境噪声排放标准》GB 12348—2008

《社会生活环境噪声排放标准》GB 22337—2008

《建筑环境通用规范》GB 55016—2021

A.4　交通

《城市道路交通规划设计规范》GB 50220—95
《城市道路交通设施设计规范》GB 50688—2011
《城市道路工程设计规范》CJJ 37—2012
《建设项目交通影响评价技术标准》CJJ/T 141—2010
《车库建筑设计规范》JGJ 100—2015
浙江省《城市建筑工程停车场（库）设置规则和配建标准》DB 33/1021—2023
《杭州市城市建筑工程机动车停车位配建标准实施细则（2015 年 6 月修订）》（杭建科〔2015〕110 号、杭规发〔2015〕37 号）

A.5　消防

《中华人民共和国消防法》
《建设工程消防设计审查验收管理暂行规定》（中华人民共和国住房和城乡建设部令第 51 号）
《建筑防火通用规范》GB 55037—2022
《消防设施通用规范》GB 55036—2022
《建筑设计防火规范》GB 50016—2014（2018 年版）
《建筑内部装修设计防火规范》GB 50222—2017
《汽车库、修车库、停车场设计防火规范》GB 50067—2014
《建筑防火封堵应用技术标准》GB/T 51410—2020
《建筑防烟排烟系统技术标准》GB 51251—2017
《消防给水及消火栓系统技术规范》GB 50974—2014
《浙江省消防技术规范难点问题操作技术指南（2020 版）》

A.6　人民防空

《中华人民共和国人民防空法》
《浙江省实施〈中华人民共和国人民防空法〉办法》
《浙江省结合民用建筑修建防空地下室审批管理规定（试行）》（浙人防办〔2020〕31 号）
《浙江省人民防空办公室　浙江省住房和城乡建设厅　关于防空地下室结建标准适用的通知》（浙人防办〔2018〕46 号）
《浙江省人民防空工程防护功能平战功转换管理规定（试行）》（浙人防办〔2022〕6 号）
《人民防空地下室设计规范》GB 50038—2005

《人民防空工程设计规范》GB 50225—2005
《人民防空医疗救护工程设计标准》RFJ 005—2011
《人民防空工程设计防火规范》GB 50098—2009
《金华市防空地下室设计技术咨询服务要点（试行）》

A.7　绿色建筑节能

《中华人民共和国节约能源法》
《绿色建筑评价标准》GB/T 50378—2019
《建筑节能与可再生能源利用通用规范》GB 55015—2021
《公共建筑节能设计标准》GB 50189—2015
《工业建筑节能设计统一标准》GB 51245—2017
浙江省实施《中华人民共和国节约能源法》实施办法
浙江省《绿色建筑条例》
浙江省《绿色建筑设计标准》DB 33/1092—2021
《关于民用建筑外墙外保温限制使用无机轻集料砂浆保温系统的通知》（杭建科发〔2020〕72 号）

A.8　防水

《建筑与市政工程防水通用规范》GB 55030—2022
《建筑外墙防水工程技术规程》JGJ/T 235—2011
《地下工程防水技术规范》GB 50108—2008
《屋面工程技术规程》GB 50345—2012
《种植屋面工程技术规程》JGJ 155—2013
《倒置式屋面工程技术规程》JGJ 230—2010
《坡屋面工程技术规范》GB 50693—2011
《住宅室内防水工程技术规范》JGJ 298—2013
《压型金属板工程应用技术规范》GB 50896—2013
《浙江省建筑防水工程技术规程》DB 33/T 1147—2018

A.9　门窗、幕墙

《铝合金门窗》GB/T 8478—2020
《建筑玻璃应用技术规程》JGJ 113—2015
《玻璃幕墙光热性能》GB/T 18091—2015
《玻璃幕墙工程技术规范》JGJ 102—2019
《金属与石材幕墙工程技术规范》JGJ 133—2001
《采光顶与金属屋面技术规程》JGJ 255—2012

《干挂石材用金属挂件》GB/T 32839—2016
《玻璃幕墙工程质量检验标准》JGJ/T 139—2001

A.10　其他通用类

《建筑与市政工程无障碍通用规范》GB 55019—2021
《无障碍设计规范》GB 50763—2012
《民用建筑通用规范》GB 55031—2022
《民用建筑设计统一标准》GB 50352—2019
《建筑地面设计规范》GB 50037—2013
《建筑地面工程防滑技术规程》JGJ/T 331—2014
《建筑防护栏杆技术标准》JGJ/T 470—2019
《饮食业环境保护技术规范》HJ 554—2010
《市容环卫工程项目规范》GB 55013—2021
《既有建筑维护和改造通用规范》GB 55022—2021
《建筑装饰装修工程质量验收标准》GB 50210—2018
《医用气体工程技术规范》GB 50751—2012
《浙江省城镇生活垃圾分类标准》DB 33/T 1166—2019

A.11　建筑专项

《城市居住区规划设计标准》GB 50180—2018
《老年人照料设施建筑设计标准》JGJ 450—2018
《托儿所、幼儿园建筑设计规范》JGJ 39—2016（2019年版）
《浙江省普通幼儿园建设标准》DB 33/1040—2007
《中小学校设计规范》GB 50099—2011
《中小学体育设施技术规程》JGJ/T 280—2012
《综合医院建筑设计规范》GB 51039—2014
《综合医院建设标准》建标 110—2021
《传染病医院建筑设计规范》GB 50849—2014
《医院洁净手术部建筑技术规范》GB 50333—2013
《传染病医院建筑设计规范》GB 50849—2014
《传染病医院建设标准》建标 173—2016
《住宅建筑规范》GB 50368—2005
《住宅设计规范》GB 50096—2011
《办公建筑设计规范》JGJ 67—2006
《旅馆建筑设计规范》JGJ 62—2014
《宿舍建筑设计规范》JGJ 36—2016
《宿舍、旅馆项目规范》GB 55025—2022

《商店建筑设计规范》JGJ 48—2014
《汽车加油加气加氢站技术标准》GB 50156—2021
《冷库设计规范》GB 50072—2021
《工业企业总平面设计规范》GB 50187—2012
《浙江省住宅设计标准》DB 33/1006—2017

A.12 建设标准

《幼儿园建设标准》建标 175—2016
《城市普通中小学校校舍建设标准》建标〔2002〕102 号
《农村普通中小学校建设标准》建标 109—2008
《中等职业学校建设标准》建标 192—2018
《高等职业学校建设标准》建标 197—2019
《特殊教育学校建设标准》建标 156—2011
《综合医院建设标准》建标 110—2021
《中医院建设标准》建标 106—2021
《精神专科医院建设标准》建标 176—2016
《急救中心建设标准》建标 177—2016
《传染病医院建设标准》建标 173—2016
《妇幼健康服务机构建设标准》建标 189—2017
《儿童医院建设标准》建标 174—2016
《残疾人康复机构建设标准》建标 165—2013
《社区卫生服务中心、站建设标准》建标 163—2013
《疾病预防控制中心建设标准》建标 127—2009
《殡仪馆建设标准》建标 181—2017
《城市社区服务站建设标准》建标 167—2014
《社区老年人日间照料中心建设标准》建标 143—2010
《老年养护院建设标准》建标 144—2010
《综合社会福利院建设标准》建标 179—2016
《残疾人就业服务中心建设标准》建标 178—2016
《儿童福利院建设标准》建标 145—2010
《残疾人托养服务机构建设标准》建标 166—2013
《流浪未成年人救助保护中心建设标准》建标 111—2008
《流浪乞讨人员救助管理站建设标准》建标 171—2015
《公共美术馆建设标准》建标 193—2018
《文化馆建设标准》建标 136—2010
《档案馆建设标准》建标 103—2008
《公共图书馆建设标准》建标 108—2008
《民用机场工程项目建设标准》建标 105—2008

《城市轨道交通工程项目建设标准》建标 104—2008
《公共机构办公用房节能改造建设标准》建标 157—2011
《消防训练基地建设标准》建标 190—2018
《人民检察院办案用房和专业技术用房建设标准》建标 137—2010
《救灾物资库储备库建设标准》建标 121—2009
《城市社区应急避难场所建设标准》建标 180—2017
《国家储备成品油库建设标准》建标 168—2014
《粮食仓库建设标准》建标 172—2016
《植物油库建设标准》建标 118—2009
《湿地保护工程项目建设标准》建标 196—2018
《自然保护区工程项目建设标准》建标 195—2018
《生活垃圾综合处理工程项目建设标准》建标 153—2011
《生活垃圾收集站建设标准》建标 154—2011
《生活垃圾转运站工程项目建设标准》建标 117—2009

A.13 结构、设备专业现行国家及地方性法规、标准、规定

《超限高层建筑工程抗震设防管理规定》（建设部令第 111 号）
《超限高层建筑工程抗震设防专项审查技术要点》（建设部建质〔2010〕109 号）
浙江省《超限高层建筑工程抗震设防专项审查技术要点》（建质〔2015〕67 号）
《建筑与市政工程抗震通用规范》GB 55002—2021
《高层建筑混凝土结构技术规程》JGJ 3—2010
《建筑抗震设计规范》GB 50011—2010（2016 年版）
《地质灾害危险性评估规范》GB/T 40112—2021
《民用建筑可靠性鉴定标准》GB 50292—2015
《建筑抗震鉴定标准》GB 50023—2009
《既有建筑鉴定与加固通用规范》GB 55021—2021

《国务院办公厅关于推进海绵城市建设的指导意见》（国办发〔2015〕75 号）
《浙江省人民政府办公厅关于推进全省海绵城市建设的实施意见》（浙政办发〔2016〕98 号）
《关于印发〈浙江省海绵城市规划设计导则（试行）〉的通知》（建规发〔2017〕1 号）
《建筑给水排水设计标准》GB 50015—2019

《民用建筑电气设计规范》JGJ 16—2008
《66 kV 及以下架空电力线路设计规范》GB 50061—2010
《110kV ～ 750kV 架空输电线路设计规范》GB 50545—2010
《建筑物防雷设计规范》GB 50057—2010

《燃气工程项目规范》GB 55009—2021

A.14 其他现行国家及地方性法规、标准、规定

《国务院办公厅关于全面开展工程建设项目审批制度改革的实施意见》(国办发〔2019〕11号)

《房屋建筑和市政基础设施工程施工图设计文件审查管理办法》(中华人民共和国住房和城乡建设部令第13号)

住房和城乡建设部《建筑工程五方责任主体项目负责人质量终身责任制追究暂行办法》(建质〔2014〕124号)

《中华人民共和国水土保持法实施条例》(2011年修订本)(中华人民共和国国务院令第120号)

《关于进一步加强玻璃幕墙安全防护工作的通知》(建标〔2015〕38号)

《危险性较大的分部分项工程安全管理规定》(住建部〔2018〕37号令)

《危险性较大的分部分项工程安全管理规定》有关问题的通知(建办质〔2018〕31号令)

《建筑工程设计文件编制深度规定》

《建筑幕墙安全技术要求》(浙建〔2013〕2号文)

《浙江省重大决策社会风险评估报告备案文书》(杭政法风评〔2021〕50号)

《浙江省绿色设计条例》

杭州市人民政府办公厅转发市规划局关于《杭州市建筑玻璃幕墙使用有关规定》的通知(杭政办函〔2007〕146号)(杭规发〔2007〕234号)

《杭州市居家养老服务用房配建实施办法》(杭民发〔2020〕91号)

附录 B　相关法规文件和术语

B.1　审批、审查许可

B.1.1　规划许可（方案审批）

《中华人民共和国城乡规划法》的相关规定如下：

（1）第四十条规定，在城市、镇规划区内进行建筑物、构筑物、道路、管线和其他工程建设的，建设单位或者个人应当向城市、县人民政府城乡规划主管部门或者省、自治区、直辖市人民政府确定的镇人民政府申请办理建设工程规划许可证。对符合控制性详细规划和规划条件的，由城市、县人民政府城乡规划主管部门或者省、自治区、直辖市人民政府确定的镇人民政府核发建设工程规划许可证，并依法将经审定的修建性详细规划、建设工程设计方案的总平面图予以公布。

申请办理建设工程规划许可证，应当提交使用土地的有关证明文件、建设工程设计方案等材料。需要建设单位编制修建性详细规划的建设项目，还应当提交修建性详细规划。

（2）第四十一条规定，在乡、村庄规划区内进行乡镇企业、乡村公共设施和公益事业建设的，建设单位或者个人应当向乡、镇人民政府提出申请，由乡、镇人民政府报城市、县人民政府城乡规划主管部门核发乡村建设规划许可证。

在乡、村庄规划区内使用原有宅基地进行农村村民住宅建设的规划管理办法，由省、自治区、直辖市制定。

（3）第四十二条规定，城乡规划主管部门不得在城乡规划确定的建设用地范围以外作出规划许可。

（4）第四十三条规定，建设单位应当按照规划条件进行建设；确需变更的，必须向城市、县人民政府城乡规划主管部门提出申请。变更内容不符合控制性详细规划的，城乡规划主管部门不得批准。

（5）第四十四条规定，在城市、镇规划区内进行临时建设的，应当经城市、县人民政府城乡规划主管部门批准。

（6）第四十五条规定，县级以上地方人民政府城乡规划主管部门对建设工程是否符合规划条件予以核实。未经核实或者经核实不符合规划条件的，建设单位不得组织竣工验收。

建设单位应当在竣工验收后六个月内向城乡规划主管部门报送有关竣工验收资料。

B.1.2　施工图审查

根据《房屋建筑和市政基础设施工程施工图设计文件审查管理办法》第三条的相关规定，国家实施施工图设计文件（含勘察文件）审查制度。施工图未经审查合格的，不得使用，建设主管部门不得颁发施工许可证。

1. 审查依据

（1）《房屋建筑和市政基础设施工程施工图设计文件审查管理办法》（建设部令第13号）（2013.4.27）。（以下简称《审查管理办法》）。

（2）住房和城乡建设部关于修改《房屋建筑和市政基础设施工程施工图设计文件审查管理办法》的决定（建设部令第46号）（2018.12.29）。

（3）《国务院办公厅关于全面开展工程建设项目审批制度改革的实施意见》（国办发〔2019〕11号）。

2. 审查机构

施工图审查由建设主管部门认定的施工图审查机构按照有关法律、法规，对施工图涉及公共利益、公众安全和工程建设强制性标准的内容进行的施工图审查。

施工图审查机构是不以营利为目的的独立法人。省、自治区、直辖市人民政府住房和城乡建设主管部门会同有关主管部门按照《审查管理办法》规定的审查机构条件，结合本行政区域内的建设规模，确定相应数量的审查机构。施工图设计文件审查以政府购买服务方式开展。

3. 送审资料

建设单位应当向审查机构提供建设项目的政府有关部门的批准文件及附件，工程勘察设计报告，全套施工图，以及其他需要办理的专项审查报告如《超限高层建筑工程专项审查报告》《幕墙结构安全性论证报告》等。

4. 审查内容

根据《审查管理办法》第十一条的相关规定：审查机构应当对施工图审查下列内容：

（1）是否符合工程建设强制性标准；

（2）地基基础和主体结构的安全性；

（3）消防安全性；

（4）人防工程（不含人防指挥工程）防护安全性；

（5）是否符合民用建筑节能强制性标准，对执行绿色建筑标准的项目，还应当审查是否符合绿色建筑标准；

（6）勘察设计企业和注册执业人员以及相关人员是否按规定在施工图上加盖相应的图章和签字；

（7）法律、法规、规章规定必须审查的其他内容。

5. 批后修改

任何单位或者个人不得擅自修改审查合格的施工图。确需修改的，凡涉及《审查管理办法》第十一条规定内容的，建设单位应当将修改后的施工图送原审查机构审查。

B.1.3 消防设计审核

B.1.3.1 《中华人民共和国消防法》关于消防设计的相关规定

第十条，对按照国家工程建设消防技术标准需要进行消防设计的建设工程，实行建设工程消防设计审查验收制度。

第十一条，国务院住房和城乡建设主管部门规定的特殊建设工程，建设单位应当将消防设计文件报送住房和城乡建设主管部门审查，住房和城乡建设主管部门依法对审查的结果负责。

前款规定以外的其他建设工程，建设单位申请领取施工许可证或者申请批准开工报告时应当提供满足施工需要的消防设计图纸及技术资料。

第十二条，特殊建设工程未经消防设计审查或者审查不合格的，建设单位、施工单位不得施工；其他建设工程，建设单位未提供满足施工需要的消防设计图纸及技术资料的，有关部门不得发放施工许可证或者批准开工报告。

第十三条，国务院住房和城乡建设主管部门规定应当申请消防验收的建设工程竣工，建设单位应当向住房和城乡建设主管部门申请消防验收。

前款规定以外的其他建设工程，建设单位在验收后应当报住房和城乡建设主管部门备案，住房和城乡建设主管部门应当进行抽查。

依法应当进行消防验收的建设工程，未经消防验收或者消防验收不合格的，禁止投入使用；其他建设工程经依法抽查不合格的，应当停止使用。

第十四条，建设工程消防设计审查、消防验收、备案和抽查的具体办法，由国务院住房和城乡建设主管部门规定。

B.1.3.2　审查范围

根据《建设工程消防设计审查验收管理暂行规定》（中华人民共和国住房和城乡建设部令第 51 号）第十五条的相关规定，对特殊建设工程实行消防设计审查制度。特殊建设工程的建设单位应当向消防设计审查验收主管部门申请消防设计审查，消防设计审查验收主管部门依法对审查的结果负责。特殊建设工程未经消防设计审查或者审查不合格的，建设单位、施工单位不得施工。

第十四条规定，具有下列情形之一的建设工程是特殊建设工程：

（1）总建筑面积大于 2 万 m^2 的体育场馆、会堂，公共展览馆、博物馆的展示厅；

（2）总建筑面积大于 1 万 5 千 m^2 的民用机场航站楼、客运车站候车室、客运码头候船厅；

（3）总建筑面积大于 1 万 m^2 的宾馆、饭店、商场、市场；

（4）总建筑面积大于 2500m^2 的影剧院，公共图书馆的阅览室，营业性室内健身、休闲场馆，医院的门诊楼，大学的教学楼、图书馆、食堂，劳动密集型企业的生产加工车间，寺庙、教堂；

（5）总建筑面积大于 1000m^2 的托儿所、幼儿园的儿童用房，儿童游乐厅等室内儿童活动场所，养老院、福利院，医院、疗养院的病房楼，中小学校的教学楼、图书馆、食堂，学校的集体宿舍，劳动密集型企业的员工集体宿舍；

（6）总建筑面积大于 500m^2 的歌舞厅、录像厅、放映厅、卡拉 OK 厅、夜总会、游艺厅、桑拿浴室、网吧、酒吧，具有娱乐功能的餐馆、茶馆、咖啡厅；

（7）国家工程建设消防技术标准规定的一类高层住宅建筑；

（8）城市轨道交通、隧道工程，大型发电、变配电工程；

（9）生产、储存、装卸易燃易爆危险物品的工厂、仓库和专用车站、码头，易燃易爆气体和液体的充装站、供应站、调压站；

（10）国家机关办公楼、电力调度楼、电信楼、邮政楼、防灾指挥调度楼、广播电视楼、档案楼；

（11）设有本条第一项至第六项所列情形的建设工程；

（12）本条第十项、第十一项规定以外的单体建筑面积大于4万m^2或者建筑高度超过50m的公共建筑。

B.1.3.3 特殊消防设计

根据《建设工程消防设计审查验收管理暂行规定》第十七条的相关规定，具有下列情形之一的特殊建设工程应进行特殊消防设计：

（1）国家工程建设消防技术标准没有规定，必须采用国际标准或者境外工程建设消防技术标准的；

（2）消防设计文件拟采用的新技术、新工艺、新材料不符合国家工程建设消防技术标准规定的。

B.1.3.4 送审资料

《建设工程消防设计审查验收管理暂行规定》第十六、十七条规定，建设单位申请消防设计审查，应当提交下列材料：

（1）消防设计审查申请表。

（2）消防设计文件。

（3）依法需要办理建设工程规划许可的，应当提交建设工程规划许可文件。

（4）依法需要批准的临时性建筑，应当提交批准文件。

（5）依法需要进行特殊消防设计的，尚应提交特殊消防设计技术资料，包括特殊消防设计文件，设计采用的国际标准、境外工程建设消防技术标准的中文文本，以及有关的应用实例、产品说明等资料。

新建建设项目送审时，应提交《建设工程规划许可证》等许可文件；二次装修项目需提交建设项目的房产证或建设项目的消防竣工验收合格证明文件；既有建筑改造项目按需提交相关批复文件。也就是说，消防技术审查项目首先应获得相关主管部门（自然资源、城乡规划或建设主管部门等）的批准，项目是合法的、符合程序的，消防技术审查项目不包含“违章建筑”。

B.1.3.5 执行标准

设计所执行的应是现行的法律法规、国家及地方标准。其中既有建筑改造采用非现行标准时应明确，并在说明中详述理由；对于在取得土地后开始执行、设计文件完成申请审查时已经生效的标准，是否采用应根据相关规定执行。

B.1.3.6 消防申报文件中的建设项目技术经济指标

包括总图及建筑单体指标，包括用地面积、总建筑面积、单体建筑面积、层数（含地下室层数）等，应与《建设工程规划许可证》、项目施工图主体申报及图审报告等的信息完全一致，避免仅仅因数据不一致而引起的“重大变更”二次送审。

B.1.4 审批制度改革

《国务院办公厅关于全面开展工程建设项目审批制度改革的实施意见》（国办发〔2019〕11号）的相关规定如下：

（1）第四条规定，精简审批环节，调整审批时序，地震安全性评价在工程设计前完成即可，环境影响评价、节能评价等评估评价和取水许可等事项在开工前完成即可；可以将用地预审意见作为使用土地证明文件申请办理建设工程规划许可证。

（2）第六条规定，合理划分审批阶段。将工程建设项目审批流程主要划分为立项用地规划许可、工程建设许可、施工许可、竣工验收四个阶段。其中，立项用地规划许可阶段主要包括项目审批核准、选址意见书核发、用地预审、用地规划许可证核发等。工程建设许可阶段主要包括设计方案审查、建设工程规划许可证核发等。施工许可阶段主要包括设计审核确认、施工许可证核发等。竣工验收阶段主要包括规划、土地、消防、人防、档案等验收及竣工验收备案等。

（3）第八条规定，实行联合审图，将消防、人防、技防等技术审查并入施工图设计文件审查，相关部门不再进行技术审查。

（4）第九条规定，推行区域评估。在各类开发区、工业园区、新区和其他有条件的区域，推行由政府统一组织对压覆重要矿产资源、环境影响评价、节能评价、地质灾害危险性评估、地震安全性评价、水资源论证等评估评价事项实行区域评估。

B.2 投资许可或备案

B.2.1 《政府投资条例》（国令第 712 号）

第十条规定，除涉及国家秘密的项目外，投资主管部门和其他有关部门应当通过投资项目在线审批监管平台，使用在线平台生成的项目代码办理政府投资项目审批手续。

投资主管部门和其他有关部门应当通过在线平台列明与政府投资有关的规划、产业政策等，公开政府投资项目审批的办理流程、办理时限等，并为项目单位提供相关咨询服务。

第十一条规定，投资主管部门或者其他有关部门应当根据国民经济和社会发展规划、相关领域专项规划、产业政策等，从下列方面对政府投资项目进行审查，作出是否批准的决定：

（一）项目建议书提出的项目建设的必要性；

（二）可行性研究报告分析的项目的技术经济可行性、社会效益以及项目资金等主要建设条件的落实情况；

（三）初步设计及其提出的投资概算是否符合可行性研究报告批复以及国家有关标准和规范的要求；

（四）依照法律、行政法规和国家有关规定应当审查的其他事项。

投资主管部门或者其他有关部门对政府投资项目不予批准的，应当书面通知项目单位并说明理由。

对经济社会发展、社会公众利益有重大影响或者投资规模较大的政府投资项目，投资主管部门或者其他有关部门应当在中介服务机构评估、公众参与、专家评议、风险评估的基础上作出是否批准的决定。

第十二条规定，经投资主管部门或者其他有关部门核定的投资概算是控制政府投资项目总投资的依据。

初步设计提出的投资概算超过经批准的可行性研究报告提出的投资估算 10% 的，项目单位应当向投资主管部门或者其他有关部门报告，投资主管部门或者其他有关部门可以要求项目单位重新报送可行性研究报告。

第十五条规定，国务院投资主管部门对其负责安排的政府投资编制政府投资年度计划，国务院其他有关部门对其负责安排的本行业、本领域的政府投资编制政府投资年度计划。

县级以上地方人民政府有关部门按照本级人民政府的规定，编制政府投资年度计划。

第二十一条规定，政府投资项目应当按照投资主管部门或者其他有关部门批准的建设地点、建设规模和建设内容实施；拟变更建设地点或者拟对建设规模、建设内容等作较大变更的，应当按照规定的程序报原审批部门审批。

第二十二条规定，政府投资项目所需资金应当按照国家有关规定确保落实到位。政府投资项目不得由施工单位垫资建设。

第二十三条规定，政府投资项目建设投资原则上不得超过经核定的投资概算。

因国家政策调整、价格上涨、地质条件发生重大变化等原因确需增加投资概算的，项目单位应当提出调整方案及资金来源，按照规定的程序报原初步设计审批部门或者投资概算核定部门核定；涉及预算调整或者调剂的，依照有关预算的法律、行政法规和国家有关规定办理。

B.2.2 《企业投资项目核准和备案管理条例》(国令第 673 号)

第三条规定，对关系国家安全、涉及全国重大生产力布局、战略性资源开发和重大公共利益等项目，实行核准管理。具体项目范围以及核准机关、核准权限依照政府核准的投资项目目录执行。政府核准的投资项目目录由国务院投资主管部门会同国务院有关部门提出，报国务院批准后实施，并适时调整。国务院另有规定的，依照其规定。

对前款规定以外的项目，实行备案管理。除国务院另有规定的，实行备案管理的项目按照属地原则备案，备案机关及其权限由省、自治区、直辖市和计划单列市人民政府规定。

第四条规定，除涉及国家秘密的项目外，项目核准、备案通过国家建立的项目在线监管平台（以下简称在线平台）办理。核准机关、备案机关以及其他有关部门统一使用在线平台生成的项目代码办理相关手续。国务院投资主管部门会同有关部门制定在线平台管理办法。

第九条规定，核准机关应当从下列方面对项目进行审查：

（一）是否危害经济安全、社会安全、生态安全等国家安全；

（二）是否符合相关发展建设规划、技术标准和产业政策；

（三）是否合理开发并有效利用资源；

（四）是否对重大公共利益产生不利影响。

项目涉及有关部门或者项目所在地地方人民政府职责的，核准机关应当书面征求其意见，被征求意见单位应当及时书面回复。

核准机关委托中介服务机构对项目进行评估的，应当明确评估重点；除项目情况复杂的，评估时限不得超过 30 个工作日。评估费用由核准机关承担。

第十一条规定，企业拟变更已核准项目的建设地点，或者拟对建设规模、建设内容等作较大变更的，应当向核准机关提出变更申请。核准机关应当自受理申请之日起 20 个工作日内，作出是否同意变更的书面决定。

B.3　城乡规划

根据《中华人民共和国城乡规划法》第二条的相关规定，城市规划、镇规划分为总体规划和详细规划。详细规划分为控制性详细规划和修建性详细规划。

B.3.1　总体规划

（1）第十四条规定，城市人民政府组织编制城市总体规划。

直辖市的城市总体规划由直辖市人民政府报国务院审批。省、自治区人民政府所在地的城市以及国务院确定的城市的总体规划，由省、自治区人民政府审查同意后，报国务院审批。其他城市的总体规划，由城市人民政府报省、自治区人民政府审批。

（2）第十五条规定，县人民政府组织编制县人民政府所在地镇的总体规划，报上一级人民政府审批。其他镇的总体规划由镇人民政府组织编制，报上一级人民政府审批。

（3）第十七条规定，城市总体规划、镇总体规划的内容应当包括：城市、镇的发展布局，功能分区，用地布局，综合交通体系，禁止、限制和适宜建设的地域范围，各类专项规划等。

规划区范围、规划区内建设用地规模 、基础设施和公共服务设施用地、水源地和水系、基本农田和绿化用地、环境保护、自然与历史文化遗产保护以及防灾减灾等内容，应当作为城市总体规划、镇总体规划的强制性内容。

城市总体规划、镇总体规划的规划期限一般为 20 年。城市总体规划还应当对城市更长远的发展作出预测性安排。

B.3.2　控制性详细规划

（1）第十九条规定，城市人民政府城乡规划主管部门根据城市总体规划的要求，组织编制城市的控制性详细规划，经本级人民政府批准后，报本级人民代表大会常务委员会和上一级人民政府备案。

（2）第二十条规定，镇人民政府根据镇总体规划的要求，组织编制镇的控制性详细规划，报上一级人民政府审批。县人民政府所在地镇的控制性详细规划，由县人民政府城乡规划主管部门根据镇总体规划的要求组织编制，经县人民政府批准后，报本级人民代表大会常务委员会和上一级人民政府备案。

B.3.3　修建性详细规划

第二十一条规定，城市、县人民政府城乡规划主管部门和镇人民政府可以组织编制重要地块的修建性详细规划。修建性详细规划应当符合控制性详细规划。

B.3.4　三区三线

政务术语。三区是指城镇空间、农业空间、生态空间三种类型的国土空间。其中，城镇空间是指以承载城镇经济、社会、政治、文化、生态等要素为主的功能空间；农业空间是指以农业生产、农村生活为主的功能空间；生态空间是指以提供生态系统服务或生态产品为主的功能空间。三线分别对应在城镇空间、农业空间、生态空间划定的城镇开发边界、永久基本农田、生态保护红线三条控制线。其中，生态保护红线是指在生态空间范围内具有特殊重要生态功能，必须强制性严格保护的陆域、水域、海域等区域。永久基本农田是指按照一定时期人口和经济社会发展对农产品的需求，依据国土空间规划确定的不能擅自占用或改变用途的耕地。

B.3.5 选址论证报告和选址意见书

建设项目选址论证报告主要依据为《中华人民共和国城乡规划法》，地方城市规划管理规定，城市总体规划、区域控制性详细规划和其他相关规划。

以杭州为例，根据《杭州市建设用地选址论证管理办法》（杭政办函〔2014〕12号）的相关规定，选址论证主要内容：属于划拨用地的，应对建设用地的位置、面积、允许建设的范围等进行论证；属于出让用地的，在土地出让前应对出让地块的位置、使用性质、开发强度等进行论证。选址论证还应对地块及其周边区域现状的土地使用、建筑性质、公共配套、市政设施、交通条件、环境状况等情况开展调查。选址论证中确需局部调整控制性详细规划的，由市城乡规划主管部门结合选址论证调整方案，按控制性详细规划局部调整有关规定，对调整的必要性进行论证。

选址论证报告编制完成后，由市城乡规划主管部门负责对选址论证报告进行审查。规划设计机构依据审查、公示情况，完成对选址论证报告的修改后，由建设单位、土地收储（出让）部门报市城乡规划主管部门审核确认。无需调整控制性详细规划的，划拨用地的由建设单位提供选址论证结论向市城乡规划主管部门申请核发选址意见书，出让用地的由土地收储（出让）部门提供选址论证结论向市城乡规划主管部门申请核发建设用地规划条件；需要局部调整控制性详细规划的，由市城乡规划主管部门会同建设单位、土地收储（出让）部门汇总论证与公示等材料，报市人民政府批准。

B.4 土地

B.4.1 主要法规文件

《中华人民共和国土地管理法》

B.4.2 总则

（1）第四条规定，国家实行土地用途管制制度。

国家编制土地利用总体规划，规定土地用途，将土地分为农用地、建设用地和未利用地。严格限制农用地转为建设用地，控制建设用地总量，对耕地实行特殊保护。

前款所称农用地是指直接用于农业生产的土地，包括耕地、林地、草地、农田水利用地、养殖水面等；建设用地是指建造建筑物、构筑物的土地，包括城乡住宅和公共设施用地、工矿用地、交通水利设施用地、旅游用地、军事设施用地等；未利用地是指农用地和建设用地以外的土地。

使用土地的单位和个人必须严格按照土地利用总体规划确定的用途使用土地。

（2）第九条规定，城市市区的土地属于国家所有。

农村和城市郊区的土地，除由法律规定属于国家所有的以外，属于农民集体所有；宅基地和自留地、自留山，属于农民集体所有。

B.4.3 耕地和建设用地

（1）第十六条规定，下级土地利用总体规划应当依据上一级土地利用总体规划编制。

地方各级人民政府编制的土地利用总体规划中的建设用地总量不得超过上一级土地利用总体规划确定的控制指标，耕地保有量不得低于上一级土地利用总体规划确定的控制指标。

省、自治区、直辖市人民政府编制的土地利用总体规划，应当确保本行政区域内耕地总量不减少。

（2）第二十一条规定，城市建设用地规模应当符合国家规定的标准，充分利用现有建设用地，不占或者尽量少占农用地。

城市总体规划、村庄和集镇规划，应当与土地利用总体规划相衔接，城市总体规划、村庄和集镇规划中建设用地规模不得超过土地利用总体规划确定的城市和村庄、集镇建设用地规模。

在城市规划区内、村庄和集镇规划区内，城市和村庄、集镇建设用地应当符合城市规划、村庄和集镇规划。

（3）第二十三条规定，各级人民政府应当实行建设用地总量控制。

土地利用年度计划，根据国民经济和社会发展计划、国家产业政策、土地利用总体规划以及建设用地和土地利用的实际状况编制。土地利用年度计划应当对本法第六十三条规定的集体经营性建设用地作出合理安排。土地利用年度计划的编制审批程序与土地利用总体规划的编制审批程序相同，一经审批下达，必须严格执行。

（4）第三十三条中的相关规定，国家实行永久基本农田保护制度。

（5）第三十五条规定，永久基本农田经依法划定后，任何单位和个人不得擅自占用或者改变其用途。国家能源、交通、水利、军事设施等重点建设项目选址确实难以避让永久基本农田，涉及农用地转用或者土地征收的，必须经国务院批准。

禁止通过擅自调整县级土地利用总体规划、乡（镇）土地利用总体规划等方式规避永久基本农田农用地转用或者土地征收的审批。

（6）第四十四条规定，建设占用土地，涉及农用地转为建设用地的，应当办理农用地转用审批手续。永久基本农田转为建设用地的，由国务院批准。

B.5 三线一单

B.5.1 政务术语

“三线一单”是指以生态保护红线、环境质量底线、资源利用上线为基础，编制生态环境准入清单，力求用“线”管住空间布局、用“单”规范发展行为，构建生态环境分区管控体系的环境管理机制。与先前发布的“主体功能区划”相比，“三线一单”在编制过程中更侧重于考量环境资源承载能力，能够综合参考五年规划纲要和水、大气、土壤污染防治行动计划等政策文件，依据行政区划及各类法律法规，实现生态环境保护分区的精细化管理，进一步压实各级政府各个部门的权责归属。从落地应用层面来看，“三线一单”为区域内的资源开发、产业布局和结构调整、项目引进等提供了“绿色标尺”，促进产业发展与环境承载能力相结合，倒逼企业等主体走上高质量发展的绿色之路。

生态保护红线指在生态空间范围内具有特殊重要生态功能、必须强制性严格保护的区域；环境质量底线指结合环境质量现状和相关规划、功能区划要求，确定的分区域分阶段环境质量目标及相应的环境管控、污染物排放控制等要求；资源利用上线以保障生态安全和提高环境质量为目的，结合自然资源开发管控，提出的分区域分阶段的资源开发利用总量、强度、效率等上线管控要求；生态环境准入清单则是指基于环境管控单元，统筹考虑“三线”的管控要求，提出的空间布局、污染物排放、环境风险、资源开发利用等方面禁止和限制的环境准入要求。

B.5.2　生态环境部《关于实施“三线一单”生态环境分区管控的指导意见（试行）》（环环评〔2021〕108号）

第九条规定：协同推动减污降碳。充分发挥“三线一单”生态环境分区管控对重点行业、重点区域的环境准入约束作用，提高协同减污降碳能力。聚焦产业结构与能源结构调整，深化“三线一单”生态环境分区管控中协同减污降碳要求。

第十条规定：强化“两高”行业源头管控。加快推进“三线一单”生态环境分区管控在“两高”行业产业布局和结构调整、重大项目选址中的应用，将“两高”行业落实区域空间布局、污染物排放、环境风险防控、资源利用效率等管控要求的情况，作为“三线一单”生态环境分区管控年度跟踪评估的重点。鼓励各地依托“三线一单”数据应用系统，探索开展“两高”行业生态环境准入智能辅助决策，提升管理效率。地方组织“三线一单”生态环境分区管控更新调整时，应在生态环境准入清单中不断深化“两高”行业环境准入及管控要求。

附录 C　杭州 * 住宅项目规划设计条件及评审意见实例

C.1　规划设计条件

一、区域位置

项目选址位于杭州 * 街道，该项目选址在《过渡期城镇开发边界划定方案》中位于城镇开发边界内的集中建设区范围内，符合国土空间规划成果方案。

二、用地情况

项目拟用地总规模 4.3117hm^2。选址用地已经浙土字 * 号批准农转用并征收。

三、规划用途及控制指标

住宅用地（R21），容积率不大于 2.5 且不低于 1.0，建筑密度不大于 22%，绿地率按《杭州市城市绿化管理条例》执行且不小于 35%，建筑高度不大于 80m。面积计算应符合《建设工程建筑面积计算和竣工综合测量技术规程》。

四、建设内容与配套要求

（1）地块为公共租赁房集中配建地块，套型要求按现行政策执行。

（2）地块内配套公建面积不大于地上总建筑面积的 10%。按规范配置物业管理用房、物业经营用房；社区服务用房按不少于 32m^2/ 百户设置（不足百户按百户计），养老用房按不少于 32m^2/ 百户设置且不少于 320m^2，婴幼儿照护服务用房按不少于 16m^2/ 百户设置且不少于 210m^2，公共体育设施按照室内人均建筑面积不低于 0.1m^2 或室外人均用地面积不低于 0.3m^2 设置住宅小区内应同步设计、同步建设智能快递柜或者预留建设智能快递柜的场地。

（3）除公益性配套公建可独立布置以外，其他配套公建全部按照沿街住宅底商形式布置（住宅底商指配套公建利用住宅三层以下空间设置，或依附于住宅建筑主体设置的三层以下附属建筑空间）。

（4）开发利用地下空间，本地块地下室建设不少于 1 层。

（5）设置垃圾房 1 处，建筑面积不小于 80m^2。设置开闭所 1 处，建筑面积不小于 80m^2。

（6）住宅层高不小于 3m。

（7）除底层设置配套公建的单元外的高层住宅须设置架空层且架空层层高不小于 4m，合理布置相应的居民活动、邻里交往空间和设施。

五、城市设计导则要求

建筑风貌、形态和色彩要充分与周边协调，临主要道路的建筑外立面公建化处理，建筑风格简洁现代，外立面以玻璃、金属板材、石材、饰面为主，不宜采用涂料、面砖材质。

六、交通组织

机动车出入口可设置于东侧规划支路和北侧规划支路上，具体在方案论证中明确。

七、其他

（1）项目应符合《杭州市城市规划管理技术规定（试行）》《城市建筑工程日照分析技术规程》等相关技术规范要求。

（2）选址建设项目位于地质灾害易发区或者压覆重要矿产资源的，应当依据相关法律法规的规定，在办理用地预审与选址意见书后，完成地质灾害危险性评估、压覆矿产资源登记等。

（3）项目不涉及各级自然保护区、不在已批准公布的生态保护红线范围内。

（4）在项目用地报批前，你单位按照“先补后占”“占优补优”“占水田补水田”要求，落实补充耕地资金，筹措补充耕地指标，做到数量相等、质量相当。

（5）你单位应依法对拟占用土地的原土地所有者和使用者进行安置补偿，并按法定程序和要求办理具体建设项目用地审批手续，未经批准，不得使用土地。

（6）地块规划条件已包含在本意见书中，如有变化，将在建设用地规划许可证中明确。

（7）在后续审批中，若项目批准、核准时建设主体、项目名称发生变化的，以项目批准、核准文件为准。

C.2 建设条件须知

根据市政府有关文件精神和其他相关职能部门管理要求，汇集其他部门的建设条件如下：

1．商品住宅建筑品质相关要求如下：

（1）住宅墙体：禁止使用薄抹灰外墙外保温系统；住宅外墙及卫生间内墙面应采取墙面整体连续防水措施。

（2）外立面用材：建筑外立面材料应使用耐脏、耐老化、易清洗的高品质材料，建筑底部（1～2层）应采用干挂石材或金属幕墙外饰面，建筑上部鼓励采用金属幕墙、保温装饰一体化板或高性能建筑外墙涂料；鼓励使用经绿色认证的绿色建材。

（3）外墙门窗：采用隔热金属型材多腔密封窗框中空玻璃窗并满足抗风压、气密、水密、保温隔热、隔声、采光、防雷、耐火各项性。

（4）地下室公共部位：当住宅地下室功能为机动车库时，住宅单元内所有电梯均应通达至本单元对应的每层地下车库；地下车库地坪采用水泥类整体面层的，其面层应采用混凝土固化剂、金刚砂等建筑材料，不得使用低品质水泥砂浆面层。

（5）无障碍环境：当住宅地下室功能为机动车库时，地下室电梯厅地面建筑标高宜与地下车库地面标高一致。当条件限制确有高差时，高度不应大于 300mm，且应用坡度不大于 1 ： 12 的无障碍坡道连接。

（6）物业保修：出让地块项目在后续商品房买卖合同中承诺延长保修期，在《浙江省住宅物业保修金管理办法》规定的各分项保修期基础上，整体各延长 2 年。

〔本条款第（1）～（5）项内容由建设主管部门负责解释并监督实施，第（6）项内容由住保房管部门负责解释并监督实施〕。

2. 根据《杭州市海绵城市低影响开发建设项目管理行规定》及《杭州钱塘区海绵城市近期建设实施方案修编》落实海绵城市相关建设要求：年径流总量控制率＞ 75%，年径流污染削减率（SS）＞ 50%，综合雨量径流系数＜ 0.60（此条款由建设主管部门负责解释并监督实施）。

3. 根据《杭州市人民政府办公厅关于推进绿色建筑和建筑工业化发展的实施意见》（杭政办函〔2017〕119 号），该地块按照绿色建筑专项规划要求进行设计，按照建筑工业化要求全部实施装配式建造（本条款由建设主管部门负责解释并监督实施）。

4. 根据《杭州市城市建筑工程机动车停车位配建标准实施细则（2015 年 6 月修）》要求配建各类车位、充电桩或预留充电设施接口（本条款由交警及建设主管部门负责解释及监督实施）。

5. 按照府办简复第 B20101547 号文在地块内配置公共自行车停放点，具体规模及位置在方案阶段予以确定，配置的公共自行车位可以按 1 ： 3 抵减地块需配设的自行车位（本条款由公共自行车公司负责解释及监督实施）。

6. 公共文化活动设施及体育健身设施应符合《浙江省居民住宅区公共文化设施配套建设标准》（建规发〔2018〕349 号）等规范要求（本条款由文化体育主管部门负责解释并监督实施）。

7. 根据《关于加强人民防空规划融入城市规划建设的实施细则》，落实人防设施建设相关要求（本条款由人防部门负责解释并监督实施）。

8. 地块内如有古树名木应进行保护，胸径 30cm 以上的大树要保护，确需迁移或砍伐须另办审批手续（本条款由园文部门负责解释并监督实施）。

9. 土地调查发现现状为工业和仓储用地的，应委托专业机构进行土壤分析（本条款由生态环境主管部门负责解释并监督实施）。

10. 玻璃幕墙的设置应严格按照《杭州市建筑玻璃幕墙使用有关规定》执行（杭政办函〔2007〕146 号）。

11. 配建分类垃圾房 1 处，建筑面积不小于 $80m^2$（本条款由城管部门负责解释并监督实施）。

12. 配建环网室及配电站，建筑面积及设置要求按现行政策执行（本条款由电力部门负责解释并监督实施）。

13. 配建移动基站 1 处，设置要求按现行政策执行，并处理好地块与现状通信基站之间的关系，具体与通信基站业主单位做好衔接（本条款由铁塔公司负责解释并监督实施）。

14. 建设前进行考古发掘，具体事宜与市文保部门联系。

15. 其他要求以相关行业标准为准，应符合住建（消防、人防绿化）、城管、生态环境、卫健、交警、人防等各部门相关规定。

C.3　评审及专家意见

1. 规划和自然资源局

原则同意。

（1）图纸表达细节完善，效果图、总彩图、总平图纸表达一致，如主入口开口，与道路关系等。

（2）其余意见以技术复核为准。

2. 市住保中心

请建设单位按以下要求调整后报我中心审查：

（1）社会停车库建议调整至地下二层；

（2）小区大堂设置过于简单，应结合人行和非机动车流线细化门卫；

（3）垃圾房建议调整至北侧停车位处；

（4）北走廊应加雨棚；

（5）7 号楼架空层是否计容请核实；

（6）边套主卧进深不应小于 3500mm（A1 和 B2户型）；

（7）B2 户型客餐厅空调机位摆放不合理，请优化；

（8）快递柜建议设置在小区出入口，请优化。

3. 公安（交警）

（1）本项目设置二个出入口。地块东侧规划支路设置 1 个出入口，宽 11m；地块北侧规划支路设置一个出入口，宽 11m。

（2）基地内部交通设计：内部主干道双向通行的通道宽度不应小于 7m；双向通行的通道宽度不应小于 6 m，单向通行的通道宽度不应小于 5m，转弯半径不小于 5m。

（3）停车配建：机动车停车泊位按照市标进行配建；非机动车泊位按照省标进行配置：

① 机动车位

泊位总数：应配 1790 个，实配 1801 个，其中地面 40 个，地下 1761 个（含社会公共泊位 337 个）；特殊泊位：无障碍车位 38 个，充电桩车位 273 个；不计入配建的特殊泊位：访客泊位 20 个。

② 非机动车位

非机动车泊位总数：应配 3804 个，实配 3809 个（含 3 组公共自行车折抵 189 个，富余 10 个机动车折抵 200 个）。

（4）其他意见

① 小汽车车位尺寸为 2.5m × 6m；单侧靠墙车位按 2.7m × 6m 设置，双侧靠墙车位按 3.0m × 6m 设置，无障碍车位尺寸按（2.5+1.2）m × 6m 设置、装卸车位尺寸按 4m × 12m 设置。机动车位与墙、柱、车等距离应符合《车库建筑设计规范》JGJ 100—2015 建筑设计规范等相关要求。

② 停车库通道的净宽、净高、坡度等应符合《车库建筑设计规范》JGJ 100—2015 建筑设计规范等相关要求。地库坡道口及通道交叉口处应保证行车视距通透，可设置矮墙或栏杆，尽端超过 26m 的通道应设置回车车位。

请后续设计结合上述意见进一步优化完善。其他未尽事宜请按相关规范文件落实。同时请企业落实交通安全责任管理。

4. 住房和城乡建设局（消防）

（1）复核各建筑之间防火间距；

（2）合理设置室外消防车登高操作场地，确保不被占用；

（3）消防专篇中明确从东侧和南侧各引入一根 DN150 管作为消防水源，请征求水务公司意见能否实施；

（4）在方案中明确防排烟管道防火处理和耐火要求；

（5）请按现行建筑设计防火规范等进行深化设计；

（6）请按规定进行专项审查和报批。

5. 住房和城乡建设局（城市建设科）

（1）工程概况

根据《杭州市建设项目海绵城市设计文件编制导则（试行）》及《杭州市＊区海绵城市建设实施方案修编》相关要求，本项目海绵城市建设管控指标按照如下执行：年径流总量控制率达到≥ 75%，年径流污染削减率≥ 50%，综合雨量径流系数达到≤ 0.60。

（2）审查内容

文本及图纸满足相关文件设计深度要求。

（3）审查结论

本次海绵城市建设方案及初步设计审查原则通过。

本项目采用 3413m^2 透水铺装，2950m^2 下沉式绿地及 150m^3 雨水调蓄池等海绵措施。本次提交的海绵城市设计文本及图纸满足《关于发布杭州市建设项目海绵城市设计文件编制导则（试行）的通知》设计深度要求。请设计单位自行校核海绵城市图纸与给排水、景观图纸的衔接，并在施工图和绿化图纸中继续深化海绵城市设计内容，按图施工。根据建设单位需要，海绵办在设计深化阶段、施工阶段均可提供现场指导。

6. 行政执法局绿化科

（1）技术经济指标中明确集中绿地指标。

（2）绿化总平图中，地下室轮廓线范围内的地下室及半地下室顶地面块状绿化需在绿地计算表内标注覆土厚度、折算系数、折算前后面积，并在图中标注地下室顶板与室外地坪标高，屋顶块状绿化（若有）需在绿地计算表内标注覆土厚度、折算系数、折算前后面积，以便根据《杭州市城市绿化管理条例实施细则》（市政府令〔2019〕320 号）确定绿地折算比率是否符合要求，在绿化面积块状表中单独标注。

（3）绿化总平面图中，标注绿地面积计算后退建筑墙角距离 1.5m。

7. 行政执法局设施运行科

（1）严格执行雨污分流排放制度，雨污水管道接入位置及标高，需同我局市政养护单位现场踏勘后再确认。

（2）涉及雨污水接管、排水、道口开设等事宜，需按要求办理行政许可手续。

（3）严格参照《杭州市生活小区类和其他类“污水零直排区”建设改造指导意见》，避免后期重复改造。其中重点包括小区阳台合适位置须单独设置一根污水管道；小区配套公建（含小区内商铺及小区裙楼底商铺）须单独设立污水收集系统，并合理设置隔离池的预处理设施，不得与小区共用管道；垃圾房（清洗点）不得露天设置，内部四周须设置排水及沉淀过滤设施等（附杭治水办〔2018〕101号文件中《杭州市生活小区类和其他类“污水零直排区”建设改造指导意见》）。

（4）认真吸取“住宅小区内井盖伤人亡人”实践经验教训，小区内井盖强度、重量、耐久度等应合理选择，同时根据井深，井内科学设置防坠网等设施。

（5）根据《杭州市建设项目节水设施建设管理办法》要求，建设项目的节水设施必须做好“三同时”建设，具体为建筑面积在2万m^2以上的大型城市公共建筑和建筑面积在10万m^2以上的大中型居民住宅区，应当配套建设中水利用系统。中水利用系统应当与主体工程同时设计、同时施工、同时投入使用。节约用水设施和中水利用系统应当经城市供水行政主管部门竣工验收。验收不合格的，主体工程不得投入使用。

8．行政执法局固废处置专班

依照杭州市城市管理委员会《关于印发杭州市垃圾分类收集设施设置导则的通知》杭城管委〔2017〕61号以及《关于进一步完善垃圾分类设施设置和管理工作的通知》（杭城管局〔2019〕146号），现将该项目审核意见如下：

（1）本项目已落实“生活垃圾收集房”（把技术经济指标里的“垃圾房”改为“生活垃圾收集房”），其中建筑高度不应低于3.4m，独立式收集房距离住宅楼不应小于8m，外围宜合理设置绿化隔离带，宽度不宜小于2m。

（2）设置沿街非居民垃圾收集房（点），与居民生活垃圾收集房不得共用，面积宜在30m^2以上。请在总图和技术经济指标中明确。

（3）本项目已落实“再生资源回收房”，其中建筑高度不低于2.6m。

（4）本项目应落实一处“特殊垃圾堆放点”。其中围挡面积不宜小于50m^2，存放点应相对隐蔽、围挡高度不得低于2m，且不宜超过2.5m。请在总图中明确特殊垃圾堆放点的位置。

（5）按照个/300户配置，本项目涉及1684户，经测算，需落实5处“生活垃圾收集点”，请合理安排收集点的点位，收集点应与周边的通行结合起来，在人行道内侧或外侧设置港湾式垃圾收集点。尺寸不应小于长度4m，宽度2m。请在总图中明确收集点的点位。

9．市场管理科（绿色建筑与建筑节能）

（1）根据绿色建筑专项规划，该项目应按绿色建筑二星级（含）以上进行设计建造。《绿色建筑设计标准》DB33/ 1092—2021自2022年1月1日起实施，《居住建筑节能设计标准》DB33/ 1015—2021自2022年2月1日起实施，设计应依据新版设计规范。

（2）在施工许可证办理前，建设单位及时在市建筑节能信息管理平台中上传经备案的施工图设计文件审查合格书、节能审查意见、节能评估文件（或节能登记表），系统即自动生成《民用建筑节能审查意见书》。建设单位可通过系统查询和打印。

（3）根据《关于民用建筑外墙外保温限制使用无机轻集料砂浆保温系统的通知》要求：“外墙外保温使用无机轻集料砂浆保温系统的，禁止用于建筑外墙高度大于27m的部位；27m及以下部位使用无机轻集料砂浆外墙外保温系统时，其保温层厚度不应大于25mm，且保温层和找平层的总厚度不应大于45mm（含抗裂砂浆层、保温层内侧的防水砂浆层），装饰面不应使用面砖粘结饰面构造。”该项目在设计中如涉及，请按要求实施。

10．市场管理科（建筑工业化）

（1）按《装配式建筑评价标准》DB33/T 1165—2019要求落实，参照《关于发布〈杭州市民用建筑装配式设计专篇模板〉及〈杭州市民用建筑设计文件审查要点（装配式建筑部分）〉的通知》（杭建设发〔2020〕347号）执行。

（2）按《关于明确装配式建筑评价有关事项的通知》（杭建工业办〔2022〕2号）的要求，落实施工图专项设计、装配率计算和装配式建筑评价（设计阶段预评价、竣工阶段评价）。

11．卫健局

（1）应对婴幼儿照护场地功能用房进行方案模拟，注明各功能用房面积；

（2）建议街道提前明确托育机构运营主体，提前介入托育场所装修；

（3）项目竣工后，建设单位应委托专业测量单位对托育场所面积进行预测、实测，并单独列项，注明其中位置和面积。

12．供水公司

（1）文本中未明确具体市政给水初步方案。建议考虑双路供水形式，对周边市政道路进行有序建设，方便随路供水管线跟进接入。

（2）工程临时接水和永久接水需要分两次向属地营业所申请。

（3）直供楼层是否满足文本中“地下室—地上3层”，需要向属地营业所结合周边区域压力情况确认。建议考虑高峰供水时期的管网压力。直供楼层建议不超过2层，若市政水压不稳定，直供楼层向下靠。

（4）二次加压问题对接二次供水办公室。加压模式采用“变频＋水箱”。

（5）生活小区永久水配套工程在项目设计方案完善后，提前对接供水查勘设计。

（6）生活用水以树枝状布设小区内部管线。商业部分如无业态不同或后续实际产权人不同的情况，市政供水与住宅分开设置总表，表后用户自理。

（7）公租房考虑实际产权所有，以及实际居住人员的流动性。设置总表作为贸易结算表。

（8）周边目前有DN300混凝土管在本项目红线内，设计迁改。请及时对接供水管网科。

（9）未尽事宜可进一步对接。

13．国网**区供电公司

（1）如遇电力线路（架空线路或电缆线路）在该地块红线内，请相关单位及时向供电部门递交迁改报告，包括地块新建出入口在电力管道上也需进行相应迁改或加固。

（2）若有专变用电接入事宜待用户申请后经供电部门现场察看，并经会议讨论后为准。

（3）本项目住宅区域初步设计应满足以下要求：

① 本项目需设置一座环网室。

② 在地面一层设置独立建筑开闭所。同时靠近市政道路，环网室与市政道路间无地

库出入口等遮挡，有独立进出通道，并满足环保、消防等要求：环网室内部设置应符合电力运行规范。

③ 环网室两扇门应在对角线位量，地面标高比室外地坪高 0.30m。

④ 环网室为独立建筑，不得设置在地势低洼和可能积水的场所，落地尺寸推荐为 15m × 6m × 7m（长 × 宽 × 高，含楼梯），需在室外地坪以上单独设置电缆层，且净高不小于 1.5m，设备层梁底净高不小于 4m。

⑤ 本项目需设量 20 台 630kVA 配变，共 10 处配电房（其中一处总配房）。

⑥ 一座配电站最多设置 2 台配变，地面标高比室外地坪高 0.30m。

⑦ 小区配电站应设在地上层面，宜为地面独立建筑物，采用户内模式。当条件受限设于建筑物本体内时，应设在地上层面，并应留有电气设备运输和检修通道，且按照尽量靠近各负荷中心的原则分散布置。

⑧ 配电站形状应规整，单个配电站站内面积不小于 $100m^2$（12m × 8.5m），站内无结构柱遮挡，梁下净高不应小于 4.2m。

⑨ 八层及以上住宅必须采用封闭母线，不得采用预分支电，建筑高度超过十九层（含十九层）或单元面积在 $5000m^2$ 以上的高层应配置 2 条及以上的母线。

⑩ 强电井内应留有检修人员足够的维护空间，封闭母线两条及以下的井道净宽度不应小于 1.2m，三条的井道净宽度不应小于 1.5m。高层住宅建筑利用通道作为检修空间时电气竖井的净深度，不小于 0.8m。

⑪ 强电竖井与弱电竖井应分别独立设置。

⑫ 楼道总空开不将设置在公建计量间内。

⑬ 始端箱应设置在地面一层。两条及以上的母线，始端箱设置在同层。

⑭ 表箱安装位置应有利于抄表人员观察表计，安装在建筑物墙体的表箱最高观察窗中心线及门锁高度应不高于 1m，多表位表箱安装时其表箱下沿距地面高度应不低于 0.8m，单表位表箱和单排排列箱组式表箱安装时，其表箱下沿距离地面高度应不低于 1.4m。

⑮ 表箱与门、窗框缘距离不小于 400mm。与采暖管、天然气管道之间距离不小于 300mm，与给排水管道之间的距离不小于 200mm，并应采取安全防护措施。

⑯ 七层及以下住宅按单元设置表箱，表箱应安装在一层，安装方式为明装。

⑰ 八层及以上住宅一户一表应每 2（或 3）层统一集中装设，表箱应设在电气竖井附近的墙上明装。如公共区域无法安装，可在强电井内明装，电井尺寸必须充分考虑设备运行的操作维护距离，除满足表箱布置所必需的尺寸外，进入电井宜在箱体前留有不小于 0.8m 的操作、维护距离，不进入电井可利用公共走道满足操作、维护距离的要求。

⑱ 商铺应每户设置独立表箱，同一投影面积下建筑的商铺表箱集中装设并预留维护通道，应安装在地面一层公共处且便于抄表和维护的位置，每个表箱由独立电源供电。

⑲ 别墅、排屋应每户设置独立表箱，表箱应外墙明装。

⑳ 公建设施中的消防水泵、生活水泵应单独装表，由独立电源供电。

㉑ 公建负荷计量间设置宜相对集中，计量间要求与公变配电站相邻设置。

㉒ 应在表箱预设位置附近预留接地体。

㉓ 除访客车位和共用车位以外的其他固定车位，应 100% 全部预留充电桩建设安装条

件，其中电源线的沟槽、套管或桥架等要 100% 建设到位以满足直接装表接电需要，同时充电表位安装到位比例应达到 50% 以上，宜达到 80% 以上。

㉔ 充电桩计量表箱宜按防火分区为单元分散布点，不得上下层交叉接线，预装表后线距高控制在 50m 以内为宜。

㉕ 小区内部 10kV 电缆应采用地面管沟敷设。

㉖ 电缆分支箱（除充电桩配套外）不得设置在地下，充电配套电缆分支箱不得安装在地下负二层及以下。

㉗ 小区内单体建筑面积在 2000m^2 及以上或用电容量在 200kW 及以上的公建或商业负荷由专变供电，电源接入项目新设或就近环网室。

㉘ 相同级别的小容量负荷（小于等于 20kW 的用电负荷）应按供电区块、用途等合理归并。

㉙ 户内不得安装欠压保护装置。

㉚ 小区地下空间应覆盖三家通信商的信号。

㉛ 环网室、配电站应远离垃圾房，房顶宜为坡面，不得设置女儿墙。

14. 中国铁塔股份有限公司杭州市分公司

根据《建设工程配建 5G 移动通信基站设施技术标准》DB33/ 1239—2021（以下简称《标准》）中强制性标准 3.0.3 与 3.0.5 的要求，房屋建筑工程应按建设用地面积每 40000m^2 配建不少于一处移动通信基站，移动通信基站配建数量应满足信号传输的技术要求，本项目需配建通信基站一处，室内分布一套及室分中心机房一处。

详细要求结合配建标准要求，建议如下：

（1）移动基站需求：

拟在地块 2 号楼（24F）与 7 号楼（24F）楼顶配建 5G 移动通信支撑设施；支撑设施应满足《标准》第五章节的要求。

（2）通信机房要求：

各地块需配置不少于 1 处室分中心机房；机房应满足《标准》第四章节要求。

（3）其他未尽事宜如通信电源、通信管道、防雷接地等内容按照《标准》实施。

15. 城市燃气发展有限公司

架空燃气管道不能穿过合用前室，建议明确合用前室范围。

16. 交通专家

设计依据充分、内容完整，表达清晰，原则赞同设计审查通过。针对交通专业的审查意见如下：

（1）项目的交通影响专篇分析结论可信，交通影响可接受。

（2）地块出入口布置基本合理。

（3）停车配建符合标准。

（4）几点建议供参考：

① 基地机动车出入口宜在东侧增加 1 个社会公共停车场的出入口。

② 地面交通宜在几个机动车出入口之间布设连通道，可考虑在地块东北侧外围布置。

③ 地下车库一、二层的连通宜优化，尽量考虑北侧也有连通通道。

④ 预留将来所有车位改造为充电桩车位的条件。注意电量预留。

17. 建筑专家

原则同意初步设计文本，文本深度已初步达到要求的深度，基本满足规划和设计的要求。现提出以下几点供优化时考虑：

（1）总图的消防车登高操作场地多处借用绿地道路，希望方案进一步明确消防车登高操作场地，保证其切实可用。

（2）小区内二级道路的曲折度希望优化柔和一些，不要太硬直。

（3）设计说明中的工程做法应与节能绿色设计一致。

18. 结构专家

结构设计方案整体可行，有以下几点建议：

（1）根据最新勘探中间资料补充完善结构设计说明；设计依据中补充《混凝土结构通用规范》。

（2）基础垫层的混凝土强度可采用 C15（说明中）。

（3）主楼承压桩单桩承载力较大，选用的 PHC 桩身强度为 C100。省标及国标图集中均无此高强度的可选，建议选用 PHC600（130）的桩型。

（4）地下室 -1 层的楼板厚度，人防区与非人防区的应有区别，荷载差异很大。

（5）底部楼层有养老用房的主楼，建议该楼底部加强部位的抗震等级提高一级。